U0077914

Excel 即戰力速成班 VBA

前言

加不完的班，做不完的報表 — 這是很多上班族都會面臨的困境。儘管 Excel 及其他辦公自動化軟體的廣泛應用已經大大減輕了工作負擔，但各行各業的辦公需求差異性很大，僅靠軟體的固定功能很難做到隨機應變，而且一些模式化、重複性的工作，即便有軟體的輔助，做起來仍然相當枯燥和繁瑣。此時就需要借助 VBA 對 Excel 進行二次開發，達到真正的個性化、批次化、自動化操作。

本書正是一本專為上班族打造的 Excel VBA 速查速用工具書，旨在幫助上班族快速、準確地完成重複、量大的日常工作，徹底從加班隊伍中解脫出來。

內容結構

本書使用 Excel 2016 軟體，循序漸進地講解了 VBA 在多種辦公場景中的應用。全書共 9 章，可分成 3 個部分。

第 1 部分包括第 1 章，主要說明 VBA 和巨集是如何簡化日常工作的，還包括一些基本的 VBA 語法知識，以及實現互動式操作的控制項、表單等的用法。

第 2 部分包括第 2 ～ 5 章，以理論知識為主線，從運用 VBA 進行最基本的儲存格操作開始，逐漸過渡到工作表和活頁簿操作及資料分析，並透過豐富的實例，幫助讀者加深理解。

第 3 部分包括第 6 ～ 9 章，以行業應用為主線，有系統地對前面所學的理論知識進行綜合應用，涵蓋行政與秘書、人力資源、會計與財務、市場與銷售等領域。

編寫特色

- 情景式輕閱讀：以卡通人物的對話引導出工作中常見的問題，營造出讀者熟悉的場景氛圍，有助於讀者克服挫折感，樹立學習信心。

- 理論知識精練：本書不追求物件導向等程式設計理論知識的完整和系統，只精選對理解程式碼不可少的核心要點進行淺顯講解，側重於讓沒有程式設計基礎的讀者也能快速上手解決實際問題。
- 案例解讀全面：書中所有 VBA 程式都附有全面、詳細的註解，能有效幫助讀者快速理解程式所實現的功能及編寫程式碼的思路。
- 實例即是範本：本書最大的重點就是每一個實例都是針對實際的工作需求設計的，不僅能幫助讀者理解和掌握理論知識，還能當作問題的解決方案範本直接套用。有一定程式設計基礎的讀者還可對程式碼稍做修改，用於解決更多實際問題。

讀者對象

本書適合有一定 Excel 操作基礎又想進一步提高工作效率的上班族閱讀，也可當作大專財經科系等專業師生的參考書。

編者

本書範例檔案可自以下網址下載：

http://books.gotop.com.tw/download/ACI028700

閱讀説明

1. 本書適合誰

本書定位於幫助廣大讀者解決工作量大（如成千上萬筆記錄）、重複性強（如幾十到幾百張工作表）的問題，因此本書內容更偏重於實際應用，適合廣大辦公人員閱讀和學習，如圖 1 所示。

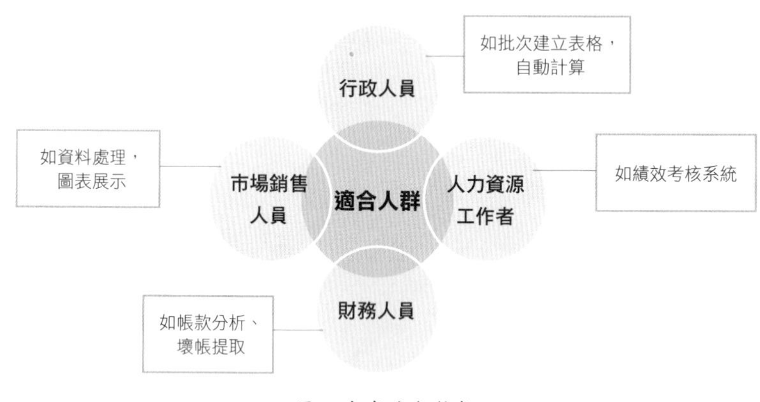

圖 1 本書適合對象

2. 本書怎麼讀

本書邏輯結構清晰，內容安排合理，讀者只需要按照順序閱讀，就能逐步掌握 VBA 理論知識並進行應用實踐。書中的案例大多是透過編寫程式碼來完成的，為幫助讀者更容易理解和使用程式碼，我們在程式碼的表現形式上做了特殊設計，如圖 2 所示。

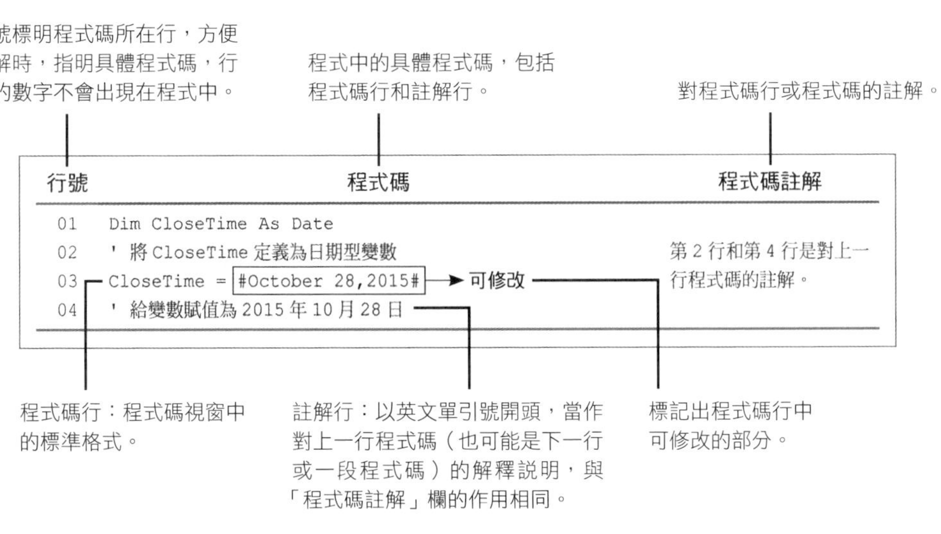

行號標明程式碼所在行，方便註解時，指明具體程式碼，行號的數字不會出現在程式中。
程式中的具體程式碼，包括程式碼行和註解行。
對程式碼行或程式碼的註解。
行號
程式碼
程式碼註解
01 Dim CloseTime As Date
02 ' 將 CloseTime 定義為日期型變數
03 CloseTime = #October 28,2015#
可修改
04 ' 給變數賦值為 2015 年 10 月 28 日
第 2 行和第 4 行是對上一行程式碼的註解。
程式碼行：程式碼視窗中的標準格式。
註解行：以英文單引號開頭，當作對上一行程式碼（也可能是下一行或一段程式碼）的解釋說明，與「程式碼註解」欄的作用相同。
標記出程式碼行中可修改的部分。

圖 2 VBA 程式碼的表現形式

3. 本書怎麼用

本書的目標讀者群較為廣泛，可以是一「碼」不懂的生手，也可以是略知一二的 VBA 初學者，還可以是運用自如的熟手，因此建議不同水準的讀者，對本書採取不同的使用策略。

(1) 直接使用

對於學習 VBA 程式碼有難度的讀者，可以直接套用本書提供的豐富案例，不需要研讀程式碼，把表格結構設計成書中的效果即可。如果涉及的資料區域不同，只需要在程式碼視窗中，修改對應的儲存格區域即可。如圖 3 所示，這是一張簡單的表格，加上書中固定的程式碼後，所呈現的結果。

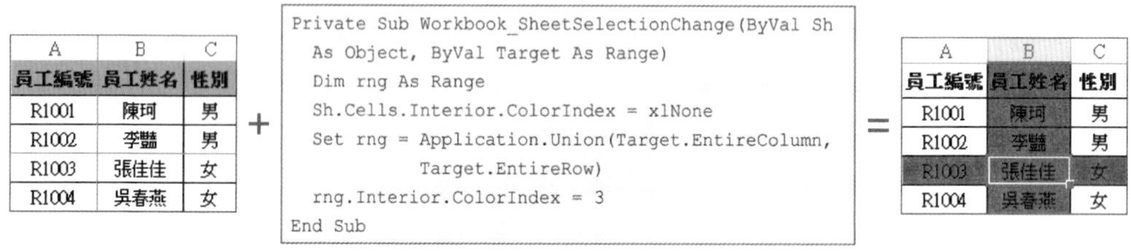

A	B	C
員工編號	員工姓名	性別
R1001	陳珂	男
R1002	李豔	男
R1003	張佳佳	女
R1004	吳春燕	女

\+

```
Private Sub Workbook_SheetSelectionChange(ByVal Sh
  As Object, ByVal Target As Range)
  Dim rng As Range
  Sh.Cells.Interior.ColorIndex = xlNone
  Set rng = Application.Union(Target.EntireColumn,
           Target.EntireRow)
  rng.Interior.ColorIndex = 3
End Sub
```

=

A	B	C
員工編號	員工姓名	性別
R1001	陳珂	男
R1002	李豔	男
R1003	張佳佳	女
R1004	吳春燕	女

圖 3 直接套用案例程式碼

(2) 認真看

如果讀者對 VBA 程式碼有所瞭解，這本書將能發揮更大的價值。讀者不但可以直接套用書中案例，還可以根據書中的提示對程式碼做簡單的修改，以解決更多的實際問題。如圖 4 所示是標記出的可根據不同需求修改的程式碼。

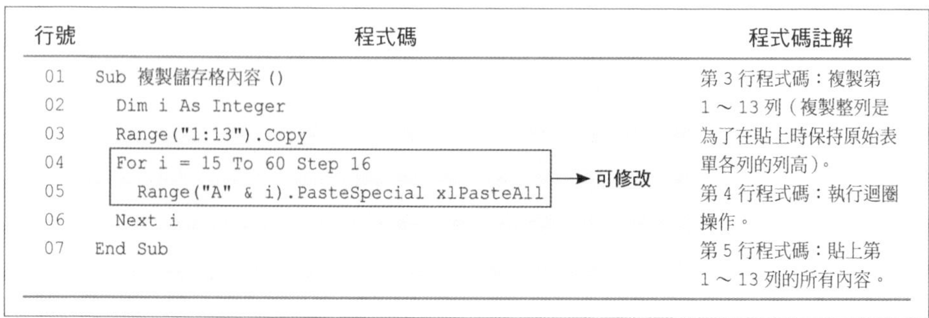

行號	程式碼	程式碼註解
01	Sub 複製儲存格內容 ()	第 3 行程式碼：複製第 1 ~ 13 列（複製整列是為了在貼上時保持原始表單各列的列高）。
02	Dim i As Integer	
03	Range("1:13").Copy	
04	For i = 15 To 60 Step 16 （可修改）	第 4 行程式碼：執行迴圈操作。
05	Range("A" & i).PasteSpecial xlPasteAll （可修改）	第 5 行程式碼：貼上第 1 ~ 13 列的所有內容。
06	Next i	
07	End Sub	

圖 4 可修改的程式碼

（3）仔細琢磨

越是熟手，面對難題時就越應該琢磨。本書提供的案例有限，工作中很多少見的問題還需要讀者自己深入研究。因此，這部分讀者可根據書中的理論知識、程式碼註解和「延伸應用」欄，深入分析程式碼的作用，透過本身紮實的基礎，創造更多解決方案。如圖 5 所示，這是在案例結束後，延伸出的更多程式碼應用。

延伸應用

在上述範例中，將對單一儲存格的操作修改成對 A 至 C 欄的操作，實現了巨集在不同情況下的應用。使用者還可以將 A2 儲存格修改成更多形式，實現對單欄、不連續的多欄、指定儲存格區域等的操作。

- 對單欄儲存格進行操作，如 A 欄，其表示方法為「A:A」。
- 對不連續的多欄儲存格進行操作，如 A、C、D 欄，其表示方法為「A:A,C:D」。
- 對指定的儲存格區域進行操作，如 A2:D8，其表示方法為「A2:D8」。

圖 5 延伸應用

4. 特別說明

- 為了較完整地展示表格中的資料，本書中的範例設計相對簡單，即工作表的個數及表格中的資料量較少。但所編寫的程式碼同樣適用於資料量很大的工作表處理，希望讀者能靈活應用。
- 由於篇幅所限，本書所提供的理論知識不能像其他 VBA 程式設計書那樣全面、細緻，但是會具體介紹每一小節的主要內容，以及與 VBA 相關的重要知識點。圖 6 是用 VBA 製作圖表時所介紹的部分內容。

表 5-4 圖表元素的 VBA 運算式

圖表元素	VBA 運算式	圖表元素	VBA 運算式
繪圖區	PlotArea	圖例	HasLegend
資料數列	Series	趨勢線	Trendlines
圖表標題	ChartTitle	誤差線	ErrorBar
格線	HasMajorGridlines	資料標籤	DataLabels
	HasMinorGridlines		DataLabel

圖 6 VBA 基礎知識

- 書中所顯示的程式碼只針對關鍵語法進行了註解，但是在隨書附帶的範例檔案中，盡可能對程式碼進行了較詳細的解讀，以幫助讀者全面瞭解程式碼的用途。圖 7 是完成檔中，VBA 程式碼的表現形式，其中的綠色文字部分便是程式碼註解語法。

```
Private Sub Workbook_Open()
    Dim Table As Worksheet
    Set Table = Sheets("提醒設置")
    '取得表格的列數
    Dim Num As Integer
    Num = Table.Range("A1").CurrentRegion.Rows.Count
    '針對每一列，根據需要設定提醒
    Dim i As Integer
    For i = 3 To Num
        SetRemind i
    Next i
End Sub
    '為指定列設定自動提醒
Sub SetRemind(Number As Integer)
    Dim Table  As Worksheet
    Set Table = Worksheets("提醒設定")
    Dim DateAndTime As Date, WarnDate As Date, Space As Date
    DateAndTime = CDate(Table.Cells(Number, 1)) + CDate(Table.Cells(Number, 2))
    WarnDate = CDate(Table.Cells(Number, 4))
    Space = CDate(Table.Cells(Number, 5))
    Dim Warntime As Date
    Warntime = WarnDate
    '利用迴圈自動設定會議提醒
    While Warntime < DateAndTime
        Application.OnTime Warntime, "Warning1"
        Warntime = Warntime + Space
    Wend
End Sub
```

圖 7 程式碼的註解

目錄

第 1 章 VBA — 實現自動化操作的金鑰

第 2 章 從儲存格開始練好基本功

第 3 章 提升自我能力，從工作表開始

第 4 章 鞏固基礎，從活頁簿開始

第 5 章 協調運用，從資料開始

第 6 章 行政與秘書管理

第 7 章 人力資源管理

第 8 章 會計與財務管理

第 9 章 市場與銷售管理

VBA — 實現自動化操作的金鑰

VBA 最簡單的應用就是自動執行重複的操作。例如，在 Excel 中格式化報表、設定字型、新增邊框等重複性的操作，使用 VBA 程式碼，可以讓過程自動化。此外，VBA 還可以進行複雜的資料分析對比，製作美觀的圖表，以及自訂個性化使用者介面。

1.1 認識巨集，學習 VBA

Excel 具有強大的資料處理和圖形轉換功能，因而被廣泛應用於各行各業，小到大街上的商販靠它記錄採購、銷售資料，大到上市公司用它分析、預測經營狀況。但是這些功能遠不能展現 Excel 的真正實力，它除了能實現對資料的儲存、處理和管理外，還有更多自動化、人性化的操作是一般使用者所不知的。

又是各種報表，又是不同資料，我只有一個人，面對的卻始終是那些操作！

為什麼不錄製巨集呢？它能自動執行這種重複性的操作哦！

你是否也常被工作中同樣的問題所困擾：同一類表格，在不同時期，只是資料發生了變化，卻要不停地重做！如果只是每月重複一次一張表格的操作，也許不算麻煩。但是，如果遇到每月甚至每天對幾十張、幾百張相同樣式的表格進行處理，你還會認為它是小事嗎？如果你不想加班，如果你還想提高工作效率，就應該學學這個技巧 — 用巨集代替繁複的相同操作！

1.1.1 巨集與 VBA 的關係

什麼是巨集，該怎麼錄製呢？我要快點學會它，早早擺脫這種苦海無涯的日子。

錄製巨集很簡單，但是要學習有關巨集的知識，還需要深入到程式設計語言 VBA。

巨集是一組電腦指令。說得更通俗易懂些，巨集是一個包含一系列操作命令的集合，代表了能實現某種效果的操作過程。巨集主要用於有大量重複性操作的工作，目的是簡化工作步驟。若想更輕鬆地使用巨集，還必須瞭解巨集背後的語言 — VBA。VBA 是 Visual Basic for Application 的縮寫，是 VB（即 Visual Basic，一種視覺化開發環境）下用於開發自動化應用程式的語言，可以建立自訂的解決方案。巨集與 VBA 之間的關係可以用句子與字母之間的關係來比擬，如圖 1-1 所示。

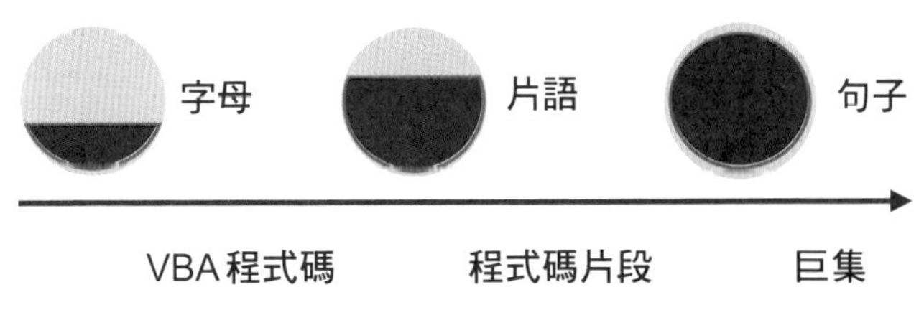

圖 1-1 巨集與 VBA 的關係

眾所周知，Excel 中的所有命令、按鈕的功能都是由程式碼來完成的，這些命令和按鈕其實就代表了一個巨集過程，所以巨集和 VBA 是緊密相關、不可分割的。在 Excel 中有以下兩種建立巨集的工具。

- 巨集錄製器：把操作步驟用 VBA 程式碼記錄下來，幫助使用者建立巨集過程。可透過 VBA 程式設計環境開啟和修改已錄製的巨集。
- VBA 程式設計環境：在 VBA 程式設計環境中，使用者可以自己編寫指令程式碼，並指定巨集名稱。此方法更靈活、強大，能夠完成許多錄製巨集無法達到的功能。

1. 巨集錄製器

在 Excel 中，透過巨集錄製器建立巨集有兩種方法。第一種方法最簡單、快速，就是直接按一下 Excel 活頁簿視窗狀態列上的「錄製巨集」按鈕，如圖 1-2 所示。第二種方法就是在「檢視」索引標籤的「巨集」群組中，按一下「巨集」下三角按鈕，即可選擇錄製或檢視巨集，如圖 1-3 所示。

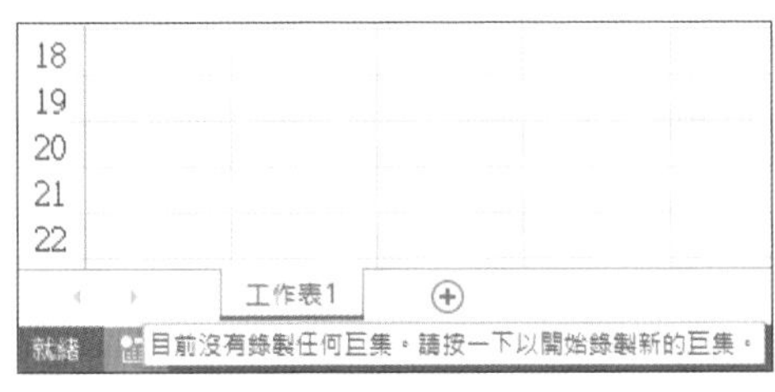

圖 1-2 狀態列中的巨集功能

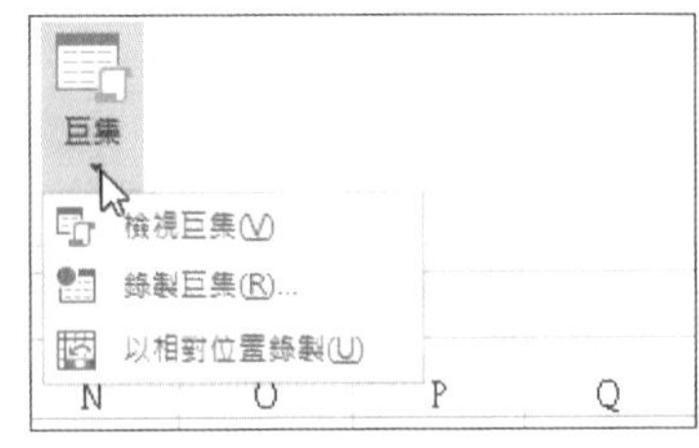

圖 1-3 索引標籤中的巨集功能

預設狀態下 Excel 禁止了所有巨集功能，因此，如果要使用巨集，應先於活頁簿啟用巨集。使用者可開啟「Excel 選項」對話方塊，執行【信任中心→信任中心設定→巨集設定→啟用所有巨集】命令開啟巨集功能。

2. VBA 程式設計環境

要進入 VBA 程式設計環境，首先應在 Excel 中，新增「開發人員」索引標籤。開啟「Excel 選項」對話方塊，在其中按一下「自訂功能區」選項，然後在右側的「主要索引標籤」清單方塊中，勾選「開發人員」核取方塊，如圖 1-4 所示。按一下「確定」按鈕，返回工作介面，即可看到「開發人員」索引標籤及索引標籤中的功能按鈕，如圖 1-5 所示。

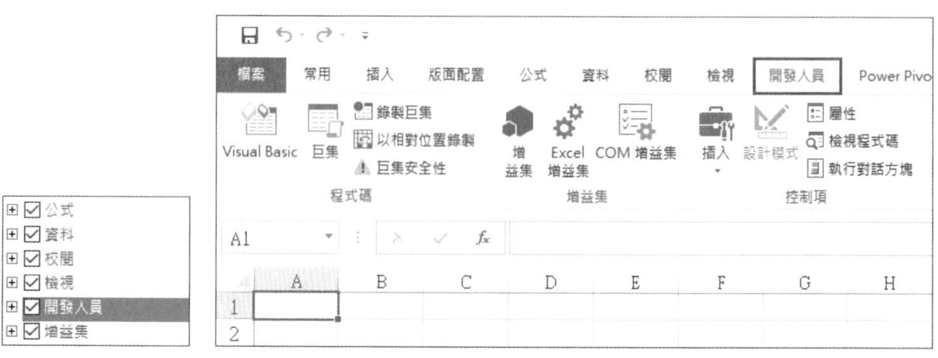

圖 1-4 勾選核取方塊　　圖 1-5「開發人員」索引標籤

在「開發人員」索引標籤中，按一下「Visual Basic」按鈕，即可進入 VBA 程式設計環境，如圖 1-6 所示。預設的 VBA 程式設計環境左側為專案資源管理器，上方為功能表列和常用工具列。

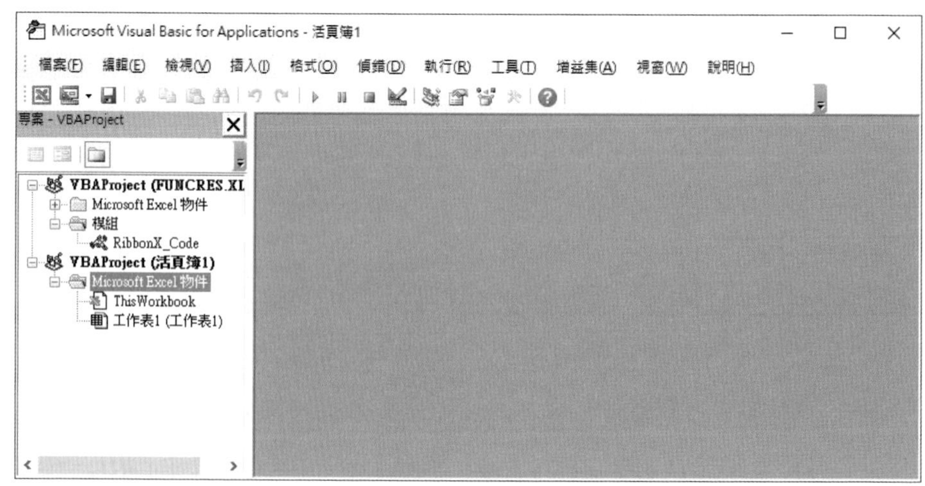

圖 1-6 VBA 程式設計環境

有問必答

问
有關程式的內容都好複雜啊！功能表命令這麼多，我一個什麼都不懂的人，要怎麼記、怎麼用啊？

答
不用擔心，初學者先記住「插入」和「執行」命令就好，用久了，其他功能表你都會熟悉的。

在 VBA 程式設計環境的工作介面中，「插入」功能表是使用頻率最高的功能表，其主要的作用是插入模組和使用者表單（後續會陸續介紹）。模組是用來定義全域變數、函數的地方，也就是輸入程式碼的地方，模組中的程式碼可以控制整個活頁簿中的操作；而使用者表單是實現人機交流的橋樑。此外，「偵錯」和「執行」功能表會在寫程式的時候用到。「偵錯」功能表的主要作用是對輸入的程式碼進行檢查，當檢測到錯誤的程式碼時，系統會自動用醒目的顏色標記出來；而「執行」功能表的主要作用是對程式碼發出執行或中斷信號。

1.1.2 巨集的錄製和使用過程

巨集和 VBA 都說了，但是我還不知道巨集的錄製過程是怎樣，我又該怎麼使用巨集？

巨集的錄製過程很簡單，就是透過巨集錄製器錄下你的操作，在下次需要進行同樣操作時，直接使用巨集即可！

巨集錄製器就像一台攝影機，能完整記錄使用者的動作，即便是錯誤的動作，也會一五一十地記錄下來。巨集的錄製和使用過程可以用如圖 1-7 所示的流程圖來說明。

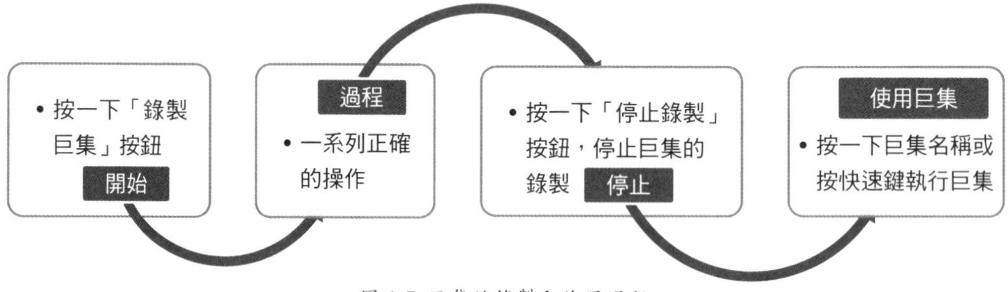

圖 1-7 巨集的錄製和使用過程

巨集就是像這樣，將一系列繁複的操作簡化成一個輕鬆的操作，進而節省大量時間。例如，使用者需要按若干個功能表命令和按鈕才能在 Excel 中建立一張個性化的表格，而每天、每週可能都需要新增這樣的表格，其重複的工作量非常龐大。倘若將這些步驟都錄製在一個巨集中，則每次只需要按一次快速鍵，即可一步完成工作表的設計工作，這就是巨集的功能。

1.2 錄製巨集，減少重複工作

對 Excel 中的巨集有了基本的瞭解後，又該怎麼錄製、使用巨集呢？下面將詳細為大家介紹巨集的錄製、執行和編輯過程。

1.2.1 錄製巨集只要花 3 分鐘

錄製巨集的過程其實很簡單，前提是使用者必須知道需要錄製的巨集包含了哪些操作以及這些操作的順序，以確保巨集過程正確無誤。但是在錄製過程中，錯誤的操作是難免的，此時使用者又該怎麼辦呢？下面提出幾種解決方案供大家參考。

- 如果錄製的巨集包含的操作步驟比較少，一般為 3 ～ 5 步，則可以重新錄製該巨集，這是最直接的作法。
- 一旦執行錯誤的操作，立即按快速鍵 Ctrl+Z 返回前一步驟，然後繼續執行正確的操作。被取消的錯誤操作不會被記錄下來。
- 一旦執行錯誤的操作，則緊接著執行補救操作，消除錯誤操作的影響，然後繼續執行正確的操作。但是巨集程式碼中，將含有錯誤操作和補救操作的多餘程式碼，因而不便於對程式碼進行二次編輯。
- 對於某些簡單的錯誤操作，使用者還可以將錯就錯地錄下去，等錄製完成後，在 VBA 程式設計環境中，對巨集進行編輯，改正錯誤的程式碼。例如，在錄製設定儲存格樣式的巨集時，原本要設定「微軟正黑體」卻設成了「標楷體」，錄製完成後，使用者只需要在 VBA 程式設計環境中，將程式碼中的「標楷體」修改成「微軟正黑體」即可。

範例應用 1-1 錄製一個為所選儲存格中文字設定樣式的巨集

原始檔 範例檔 > 01 > 原始檔 > 1.2.1 樣表.xlsx

完成檔 範例檔 > 01 > 完成檔 > 1.2.1 錄製了巨集的表.xlsm

第 1 步，開始錄製巨集。開啟原始檔，選取 A2 儲存格，然後按一下狀態列中的「錄製巨集」按鈕，如圖 1-8 所示。

第 2 步，輸入巨集名稱和快速鍵。在彈出的「錄製巨集」對話方塊中，輸入巨集名稱「儲存格樣式」，然後設定快速鍵「Ctrl+q」（注意此處在「快速鍵」下的文字方塊中，輸入的是小寫的 q，如果輸入大寫的 Q，則顯示的快速鍵是 Ctrl+Shift+Q。此外要特別說明的是，本書在描述按下快速鍵的操作時，仍按照電腦類書籍的慣例，統一使用大寫字母來代表鍵盤上的字母鍵），在「說明」文字方塊中，輸入說明文字，最後按一下「確定」按鈕，返回工作介面，如圖 1-9 所示。

設定快速鍵是為了方便快速使用巨集。設定的快速鍵最好不要與系統快速鍵衝突，例如不要使用 Ctrl+A、Ctrl+C 等常用的快速鍵。

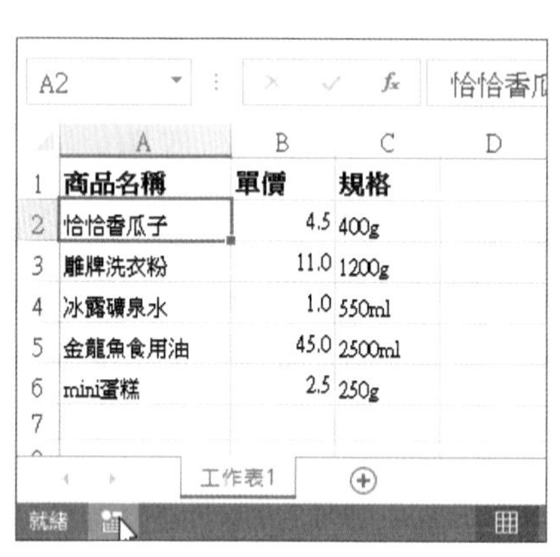

圖 1-8 開始錄製巨集

圖 1-9 輸入巨集名稱和快速鍵

第 3 步，錄製過程。按一下「粗體」按鈕，然後設定字型色彩為「藍色」，再設定文字在儲存格中的對齊方式為垂直和水平置中，如圖 1-10 所示。

第 4 步，停止巨集的錄製。設定完畢後，可看到儲存格樣式的變化，然後按一下狀態列中的「停止錄製」按鈕，停止巨集的錄製，如圖 1-11 所示。

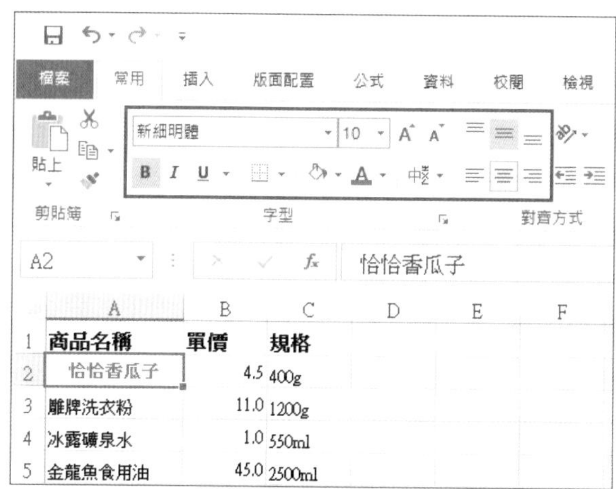

圖 1-10 錄製過程

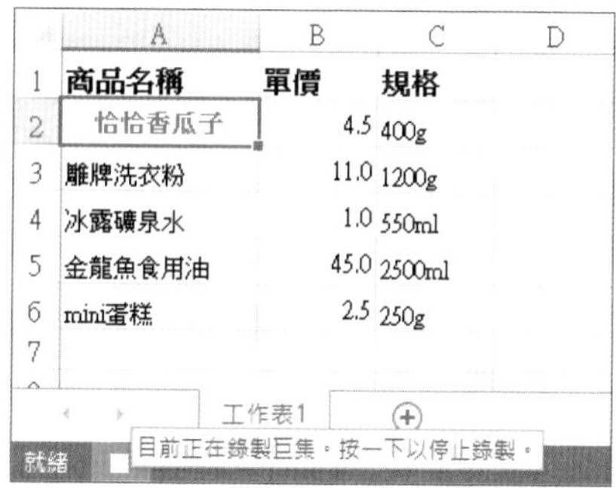

圖 1-11 停止巨集的錄製

上面的 4 個操作步驟就是錄製巨集的完整過程，在任何巨集的錄製過程中都可以用這 4 個步驟概括，它們的主要區別僅在於巨集所指向的過程不同。

延伸應用

對有巨集的活頁簿，如果以預設副檔名「.xlsx」來儲存，則會彈出如圖 1-12 所示的提示框。

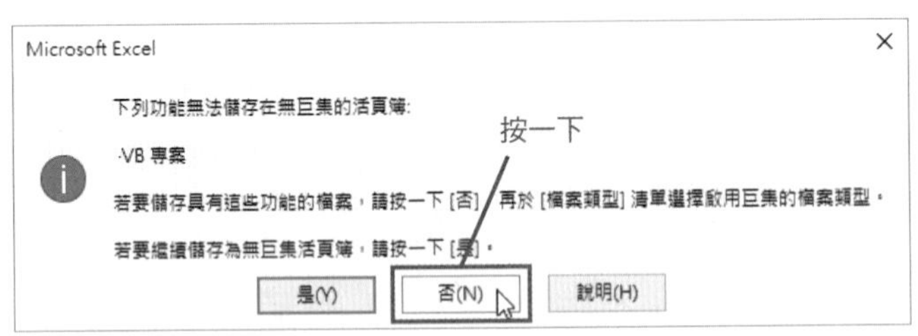

圖 1-12 提示儲存為啓用巨集的活頁簿

使用者需要按一下提示框中的「否」按鈕，然後選取儲存路徑，並在「存檔類型」下拉式清單方塊中選取「Excel 啟用巨集的活頁簿（*.xlsm）」，最後按一下「儲存」按鈕，如圖 1-13 所示。儲存好文件後，系統還會彈出 Excel 提示框，提示使用者所儲存的文件可能包含檢查器無法刪除的個人資訊，請直接按一下「確定」按鈕。

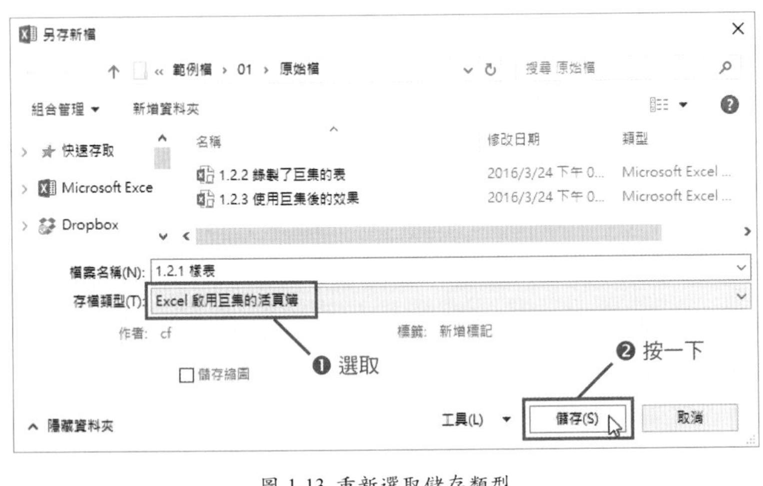

圖 1-13 重新選取儲存類型

1.2.2 一鍵重現相同操作

錄製巨集是為了使用巨集，與錄製巨集相比，使用巨集的操作就非常簡單了。根據前文可知，使用巨集有兩種方式，一是透過設定的快速鍵執行巨集，二是以檢視巨集的方式執行巨集。下面將透過具體範例進行講解。

範例應用 1-2 執行範例應用 1-1 中錄製的巨集

原始檔 範例檔>01>原始檔>1.2.2 錄製了巨集的表.xlsm

完成檔 範例檔>01>完成檔>1.2.2 使用巨集後的效果.xlsm

第 1 步，新增工作表內容。開啟原始檔，然後新增工作表 2，並簡單輸入一些內容，結果如圖 1-14 所示。

第 2 步，檢視巨集。切換至「檢視」索引標籤，在「巨集」群組中，按一下「巨集」下三角按鈕，在展開的清單中，按一下「檢視巨集」選項，如圖 1-15 所示。

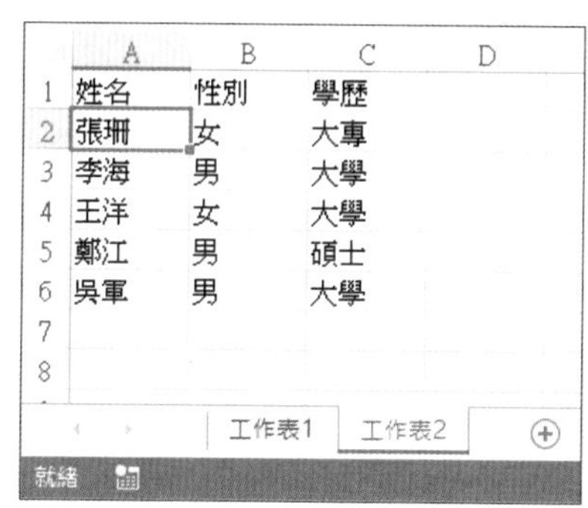

圖 1-14 新的工作表內容

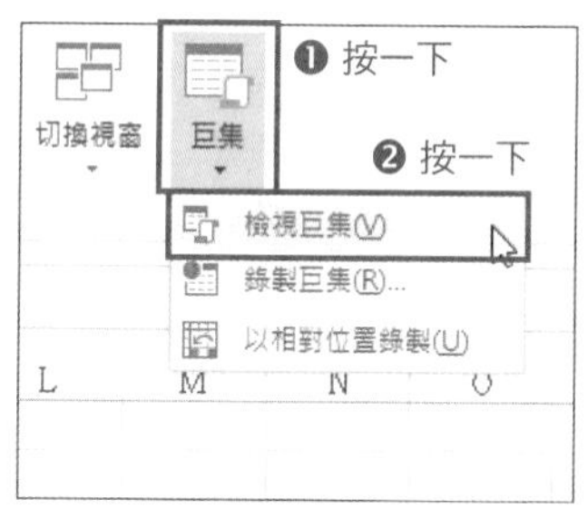

圖 1-15 查看錄製的巨集

第 3 步，執行巨集。在彈出的「巨集」對話方塊中，選擇前文中錄製名稱為「儲存格樣式」的巨集，然後按一下右側的「執行」按鈕，如圖 1-16 所示。

第 4 步，使用巨集後的效果。執行上一步操作後，工作表 2 的 A2 儲存格樣式隨即改變，結果如圖 1-17 所示。使用者也可以直接在活頁簿中，按範例應用 1-1 中定義的快速鍵 Ctrl+Q，快速地執行巨集。

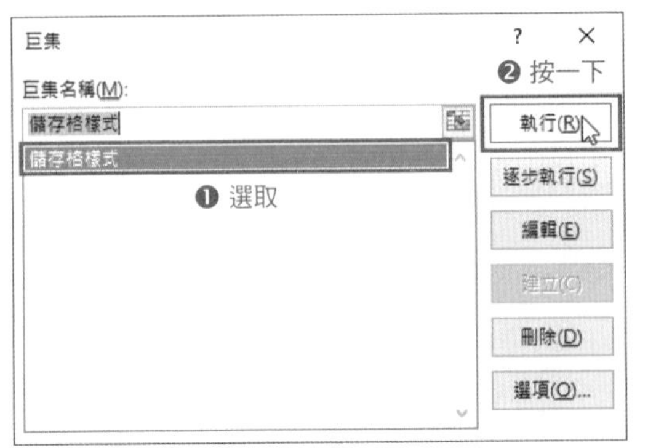

圖 1-16 執行巨集

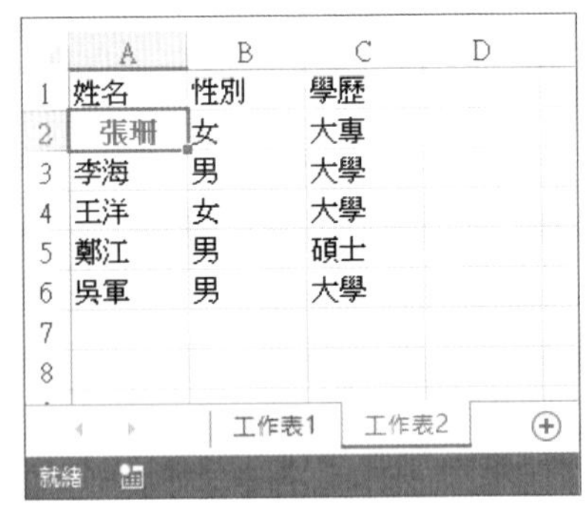

圖 1-17 使用巨集後的效果

1.2.3 編輯巨集程式碼

巨集確實好用！但在上一個範例中，為什麼要新增工作表，而不是直接對原表格中的儲存格使用巨集呢？

因為錄製巨集時，選取了 A2 儲存格，所以這個巨集只能修改 A2 儲存格。不過，修改巨集程式碼，就能設定其他儲存格的樣式。

有時錄製的巨集並不能完全滿足工作的需求，此時就需要對巨集程式碼進行編輯。例如，範例應用 1-1 中只錄製了套用 A2 儲存格的巨集，如果使用者想對工作表中的其他資料區域也套用該巨集，就可以對該程式碼進行修改。下面將詳細說明如何透過 VBA 程式設計環境，實現對工作表中其他資料區域套用該巨集的效果。

範例應用 1-3 編輯範例應用 1-2 中的巨集

原始檔 範例檔>01>原始檔>1.2.3 使用巨集後的效果.xlsm

完成檔 範例檔>01>完成檔>1.2.3 編輯巨集程式碼.xlsm

第 1 步，進入 VBA 程式設計環境。開啟原始檔，按一下「開發人員」索引標籤下的「Visual Basic」按鈕，進入 VBA 程式設計環境，即可看到模組中的程式碼，這些程式碼是 Excel 在錄製巨集時自動生成的，具體如下。

行號　程式碼　程式碼註解

```
01 Sub 儲存格樣式 ()
   '
02 ' 儲存格樣式 巨集
03 ' 為所選儲存格設定樣式
   '
04 ' 快速鍵： Ctrl+q
   '
```

第 2 ～ 4 行註解：對整個巨集的解釋說明，對應範例應用 1-1 的第 2 步。

```
05     Range("A2").Select   → 可修改
06     Selection.Font.Bold = True
07     With Selection.Font
08         .Color = -4165632
09         .TintAndShade = 0
10     End With
11     With Selection
12         .HorizontalAlignment = xlGeneral
13         .VerticalAlignment = xlCenter
14         .WrapText = False
15         .Orientation = 0
16         .AddIndent = False
17         .IndentLevel = 0
18         .ShrinkToFit = False
19         .ReadingOrder = xlContext
20         .MergeCells = False
21     End With
22     With Selection
23         .HorizontalAlignment = xlCenter
24         .VerticalAlignment = xlCenter
25         .WrapText = False
26         .Orientation = 0
27         .AddIndent = False
28         .IndentLevel = 0
29         .ShrinkToFit = False
30         .ReadingOrder = xlContext
31         .MergeCells = False
32     End With
33 End Sub
```

第 6 ～ 10 行程式碼：設定儲存格字型為粗體及設定字型色彩。

第 11 ～ 32 行程式碼：設定儲存格中文字的水平和垂直置中。

第 2 步，修改程式碼。從上述程式碼可以明顯看出錄製巨集的 3 個程式碼片段。若要對工作表的其他儲存格區域使用該巨集，則只需將第 5 行程式碼中的「A2」儲存格修改成相對應的資料區域。例如，這裡將「A2」修改為「A:C」，表示對 A 至 C 欄儲存格套用巨集，其他程式碼保持不變。

第 3 步，對工作表 2 套用巨集。切換至工作表 2，按快速鍵 Ctrl+Q，此時工作表中的 A 至 C 欄就套用了巨集中定義的樣式，結果如圖 1-18 所示。

第 4 步，對工作表 1 套用巨集。同樣地，如果切換至工作表 1，再按快速鍵 Ctrl+Q，則 A 至 C 欄儲存格的樣式也會相對改變，如圖 1-19 所示。

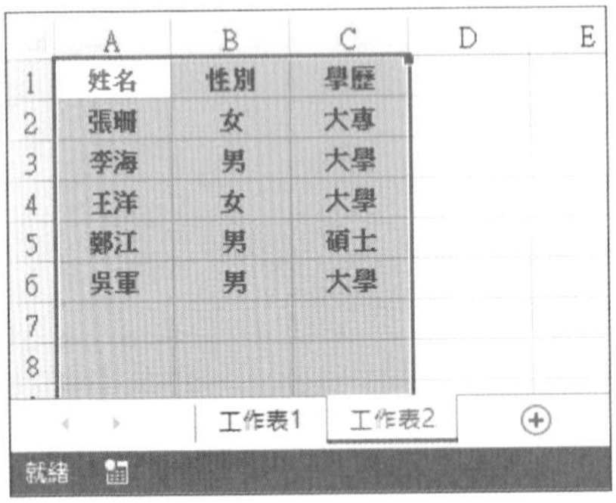

	A	B	C	D	E
1	姓名	性別	學歷		
2	張珊	女	大專		
3	李海	男	大學		
4	王洋	女	大學		
5	鄭江	男	碩士		
6	吳軍	男	大學		
7					
8					

工作表1 工作表2

就緒

圖 1-18 對工作表 2 套用巨集

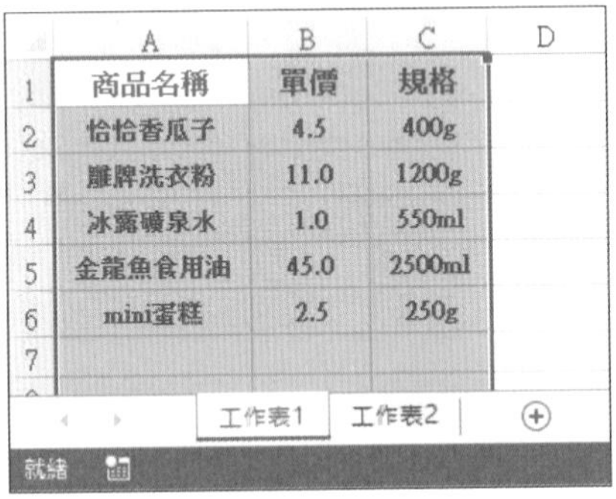

	A	B	C	D
1	商品名稱	單價	規格	
2	恰恰香瓜子	4.5	400g	
3	雕牌洗衣粉	11.0	1200g	
4	冰露礦泉水	1.0	550ml	
5	金龍魚食用油	45.0	2500ml	
6	mini蛋糕	2.5	250g	
7				

工作表1 工作表2

就緒

圖 1-19 對工作表 1 套用巨集

延伸應用

在上述範例中，將對單一儲存格的操作修改成對 A 至 C 欄的操作，實現了巨集在不同情況下的應用。使用者還可以將 A2 儲存格修改成更多形式，實現對單欄、不連續的多欄、指定儲存格區域等的操作。

- 對單欄儲存格進行操作，如 A 欄，其表示方法為「A:A」。
- 對不連續的多欄儲存格進行操作，如 A、C、D 欄，其表示方法為「A:A,C:D」。
- 對指定的儲存格區域進行操作，如 A2:D8，其表示方法為「A2:D8」。

1.3 讀懂 VBA 程式碼，輕鬆實現自動化

巨集的操作是宏觀且易實現的，而 VBA 程式碼就顯得很抽象了。雖然 Excel 擁有很強的資料統計能力，但是常人可以處理的複雜程度是有限的，如果涉及很複雜的操作，就必須依靠 VBA 中的不同物件來實現，如上述範例中出現的儲存格 / 區域物件 Range，以及後面章節中會陸續介紹的工作表物件 Work 工作表、活頁簿物件 Workbook 等。利用 VBA 能處理一般功能所不能完成的工作，如以下個性化操作。

- VBA 能將多個連續的操作合併成一步操作。
- VBA 能規範並控制使用者的操作行為。
- VBA 能實現人性化的操作介面。
- VBA 能製作 Excel 登錄系統。
- 利用 VBA 可開發出更多功能強大的自動化程式。

這就是 VBA 抽象化的力量，VBA 能實現的自動化操作遠比巨集更強、更多，但對一般使用者來說，它也是最難的。因此，要想實現更輕鬆的自動操作，必須對 VBA 程式碼有最基本的認識，即便不會編寫，也要能看懂關鍵程式碼的意義，以便對其進行修改，完成更多功能。

初學 VBA 程式碼的使用者，在學習時可能會感覺很吃力，但是若掌握了學習的方法，它也是一門簡單的語言。有關 VBA 的理論知識，建議從語法、運算子和控制語法這 3 個方面展開學習。

1.3.1 你必須知道的 VBA 語法基礎

看到程式碼，不得不承認自己是「文盲」啊！還沒開始學，就已經一頭霧水了！

別緊張，VBA 並沒有你想像中那麼難！先學好 VBA 的語法基礎吧！

學習 VBA，首先要瞭解的是語法的基礎知識。本小節將分 4 個部分來講解 VBA 的語法，分別是字元集與識別字、常量與變數、資料類型和陣列類型。

1. 字元集與識別字

(1) 字元集

VBA 中的字元集是指在 VBA 程式中可以使用的所有字元，如 10 個阿拉伯數字、52 個大小寫字母、34 個專用字元和一些特殊符號等。

(2) 識別字

VBA 中的識別字是指 VBA 程式中標識變數、常量、程序、函數等語言要素的符號。它可以細分為使用者指定的識別字和系統預設的關鍵字。使用者指定的識別字可以用來表示程式名稱、函數名稱、物件名稱、常量名稱、變數名稱等，定義時一般要「見名知意」，並且不能與系統預設的關鍵字重複。VBA 程式中的常用預設關鍵字如下所示，其具體的用法後續會詳細介紹。

As	Binary	ByRef	ByVal	Date	Dim
Else	Error	False	For	Friend	Get
Input	Is	Len	Let	Lock	Me
Mid	New	Next	Nothing	Null	On
Option	Optional	ParamArray	Print	Privat	Property
Public	Resume	Seek	Set	Static	Step
String	Then	Time	To	True	WithEvents

2. 常量與變數

(1) 常量

常量是指在執行 VBA 程式的過程中，始終保持不變的量，如 1 月是 31 天，這個保持不變的天數就可以定義為 VBA 中的常量。常量又可稱為常數，可在程式碼中的任何地方替代實際值，使程式設計變得更為簡單，增強程式的可讀性和靈活性。VBA 中有兩種常量：字元直接常量和符號常量。

- 字元直接常量：字串、數值、任何算術運算子或邏輯運算子的組合。它們參與運算，被 VBA 程式儲存，且在整個程式的執行過程中都不改變。字元直接常量的值就是這些符號本身，在程式中只出現一次。
- 符號常量：在 VBA 中用來代替字元直接常量的一個識別字，在程式中可多次出現。符號常量可以由 Excel 應用程式指定，或者由使用者指定。使用者自己指定符號常量的語法為：Const < 識別字 > As < 資料類型 > = < 值 >。

（2）變數

變數是指在 VBA 程式執行過程中可以改變的量。例如，一個人的體重是在不斷變化的，就可以設定一個表示體重的變數。變數的使用包含兩層含義：變數名稱和對變數的賦值。變數名稱是使用者自己為變數定義的識別字；變數的值表示其實際的量，儲存在電腦系統中以變數識別字標記的儲存位置。在 VBA 中有 3 種方式宣告變數，如表 1-1 所示。

表 1-1 變數的宣告方式

使用的關鍵字	語法格式	範例	說明
用 Dim 宣告變數	Dim < 識別字 > As < 資料類型 >	Dim change As String	該語法將 change 識別字與 String 資料類型綁在一起，宣告了一個變數，在以後的程式碼中，change 識別字就用來表示一個 String 型的變數，直至程式結束。
用 Public 宣告變數	Public < 識別字 > As < 資料類型 >	Public Num As Integer	該語法將 Num 識別字與 Integer 資料類型綁在一起，宣告了一個變數，其作用與 Dim 語法類似，只是在作用區域上有所差別。
用 Static 宣告變數	Static < 識別字 > As < 資料類型 >	Static go As Boolean	該語法將 go 識別字與 Boolean 資料類型綁在一起，宣告了一個變數，該語法與 Dim 語法的不同之處在於，用 Static 宣告的變數在執行時仍保留它原先的值。

關於常量與變數的辨識與數學一樣，如運算式 y=x+5，其中字母 x 和 y 為變數，數字 5 為常量，其他情況可類推。在表 1-1 中提到了變數的作用區域。簡單來說，作用區域表示變數可以被程式使用的範圍。在 VBA 程式中，共有 3 種不同階層的變數作用區域，如圖 1-20 所示。

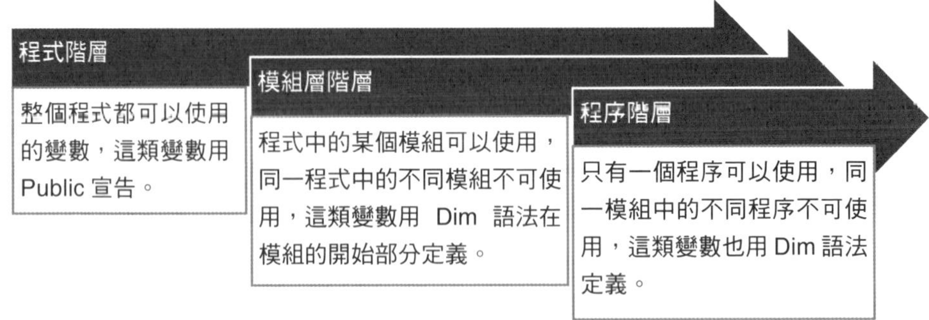

圖 1-20 變數的作用區域

講了這麼多，真的好難理解啊！能不能用一些簡單的例子說明一下呢？

先學習理論基礎，再結合範例分析是最好的學習方式，下面就一起來看一個簡單的範例吧！

範例應用 1-4 宣告變數，並對變數賦值和使用變數

原始檔 無

完成檔 範例檔>01>完成檔>1.3.1 認識變數.xlsm

第 1 步，插入模組。新增工作表，在 VB 程式設計環境中，執行【插入→模組】命令，如圖 1-21 所示。此時會彈出模組視窗，預設情況下會占滿整個工作介面，使用者可按一下右上角的「還原」按鈕將其縮小，如圖 1-22 所示。

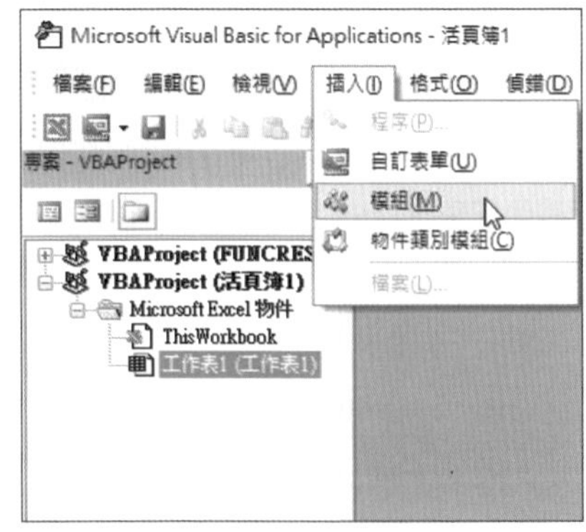

圖 1-21 插入模組

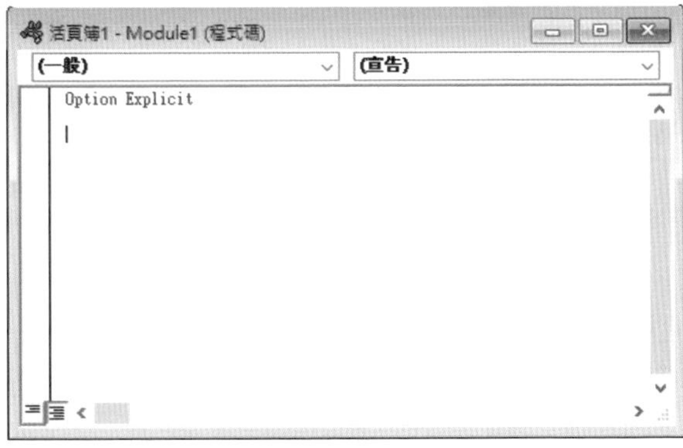

圖 1-22 模組視窗

第 2 步，編寫程式碼。在模組視窗中輸入以下程式碼。（為便於讀者理解程式的結構，本書的程式碼在排版時都做了不同程度的縮排處理，這不會影響程式碼的執行。讀者在輸入程式碼時，可根據自己的習慣選擇縮排或不縮排。）

行號	程式碼	程式碼註解
01	`Sub 認識變數()`	第 2 行程式碼：宣告 Num 為 Integer 型變數。
02	`  Dim Num As Integer`	
03	`  Num = Range("A1").Value`	第 3、4 行程式碼：將 A1 儲存格中的內容寫入 A2 儲存格中。
04	`  Range("A2").Value = Num`	
05	`End Sub`	

第 3 步，在 A1 儲存格中輸入資料。使用者可按 Alt+F11 鍵返回工作表，也可直接在工作列中進行切換。然後在 A1 儲存格中輸入任意資料，這裡輸入數字「25」，如圖 1-23 所示。再切換至 VB 程式設計環境，執行【執行→執行 Sub 或 UserForm】命令，如圖 1-24 所示，或者直接按一下常用工具列中的執行按鈕 。

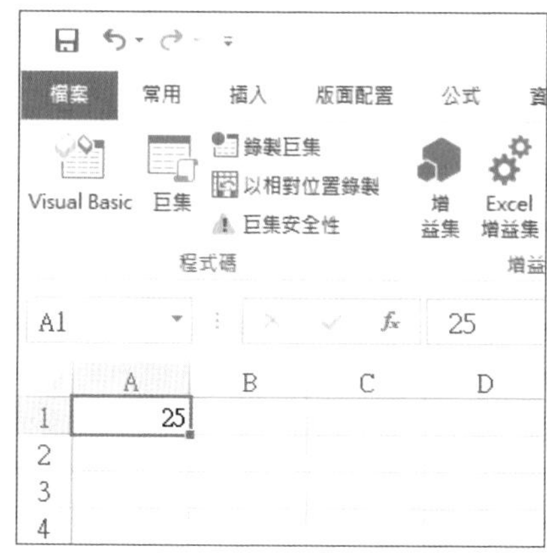

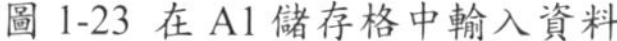
圖 1-23 在 A1 儲存格中輸入資料

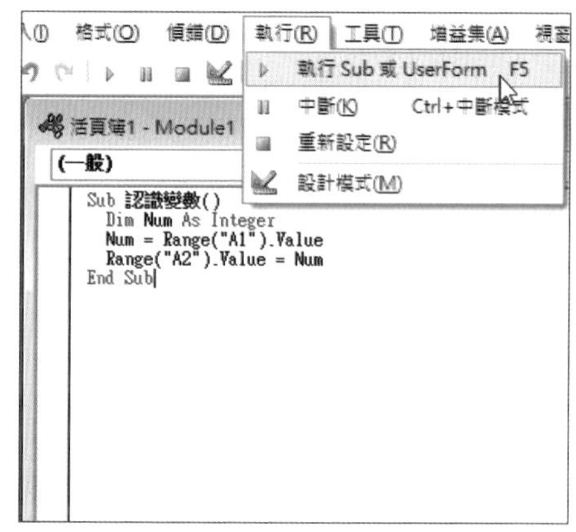

圖 1-24 執行程式碼

第 4 步，執行巨集名稱。執行上一步操作後，系統會彈出「巨集」對話方塊，在其中按一下「執行」按鈕即可，如圖 1-25 所示。

第 5 步，查看執行結果。再次切換到 Excel 工作表，此時可看到 A2 儲存格中的內容為「25」，如圖 1-26 所示。這段程式碼的功能是將 A1 儲存格的內容儲存在 Num 變數中，然後將其複製到 A2 儲存格中。這就是典型的變數使用方法 — 暫存資料，在後面的章節中將會出現大量類似的程式碼。

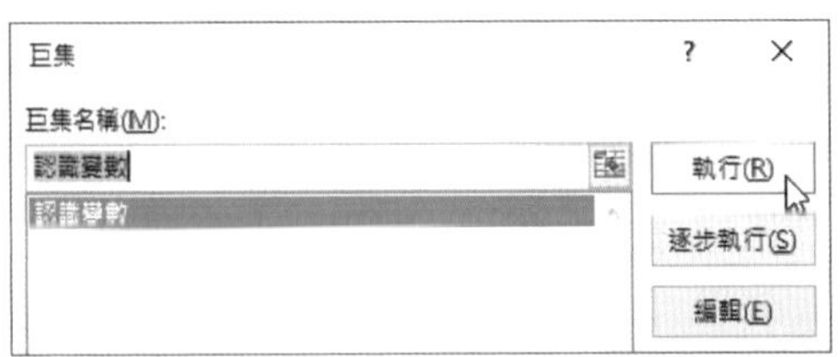

圖 1-25 執行巨集

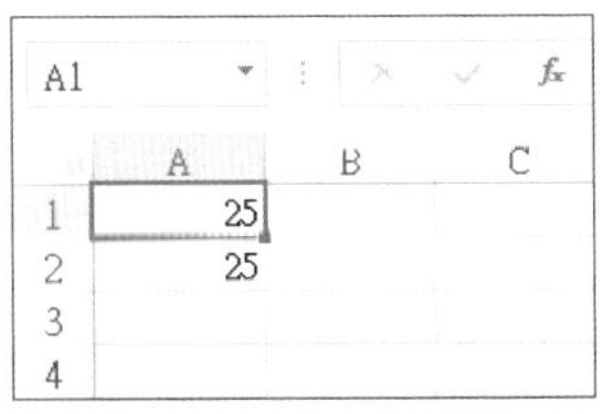

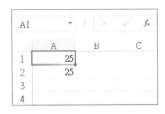

圖 1-26 執行結果

3. 資料類型

在上面的範例中，其實就已經提到了資料類型，如程式碼中的 Integer 就是一種資料類型。在 VBA 中共有 12 種資料類型，如表 1-2 所示。相同資料類型之間可以進行計算、比較、賦值等操作，認識 VBA 中的資料類型就是為了方便計算處理。

表 1-2 資料類型

資料類型	關鍵字	說明	型別宣告字元
布林型	Boolean	最簡單的資料類型，取值只能是 False 或 True，預設為 False	無
整數型	Integer	用於儲存程式中的整數，其範圍為 -32768 ～ 32767 之間	%
長整數型	Long	儲存範圍更大的整數，-2147483648 ～ 2147483647	&
單精確度浮點型	Single	儲存正負的小數數值。其中，負數的範圍為 -3.402823E38 ～ -1.401298E-45，正數的範圍為 1.401298E-45 ～ 3402823E38	!
雙精確度浮點型	Double	同樣儲存正負的小數數值，比單精確度浮點型的精確度更高，也就是可儲存的小數字數更多。其中，負數的範圍為 -1.79769313486231E308～-4.94065645841247E-324，正數的範圍為 4.94065645841247E-324 ～ 1.79769313486232E308	#
字串型	String	儲存可識別的字元排列而成的串，分為定長字串和變長字串。使用定長字串定義變數時需要為其指定長度，其格式為 String*[指定長度]	$
日期型	Date	儲存日期和時間的資料類型，任何可辨認的文字日期都可賦值給 Date 型變數	無

資料類型	關鍵字	說明	型別宣告字元
貨幣型	Currency	貨幣型變數儲存為 8 個位元組的整數形式，在貨幣計算與定點計算中很有用	@
小數型	Decimal	小數型變數儲存為 12 個位元組帶符號的整數形式，並除以一個 10 的冪數	無
位元組型	Byte	儲存一個特定長度的資料，還可以定義不帶正負號的整數，一切可以應用於整數型變數的操作，都可以應用於位元組型變數	無
變體型	Variant	一種特殊的資料類型，所有沒有被宣告資料類型的變數，都預設為變體型變數，因此只需省略宣告語法中的 As 部分，就可宣告變體型變數	無
物件型	Object	儲存為 4 個位元組的位址形式，為物件的引用，利用 Set 體語法	無

有問必答

哇！這麼多資料類型啊，能夠理解理論，但是不知如何應用呢？

對，這只是基礎知識。為了讓你更容易理解變數的資料類型，這裡還是舉一個簡單的範例吧！

這裡以日期型資料類型為例，說明如何在程式中，定義日期型變數，並對其賦值。以下是一段簡單的程式碼，該段程式碼定義了一個日期型變數 CloseTime，用來儲存檔關閉的時間。

行號	程式碼	程式碼註解
01	`Dim CloseTime As Date`	
02	`' 將 CloseTime 定義為日期型變數`	第 2 行和第 4 行是對上一行程式碼的註解。
03	`CloseTime = #October 28,2015#`	
04	`' 給變數賦值為 2015 年 10 月 28 日`	

延伸應用

日期型變數會根據電腦中的短日期格式來顯示，而時間則根據電腦中的時間格式來顯示，在對日期型變數賦值時，需要使用「#」將日期資料括起來，即日期資料的左右都應有「#」。

4. 陣列類型

上面介紹的資料類型是 VBA 中的基底資料型別，在 VBA 程式中，還有非基底資料型別，即 VBA 陣列，它是一種複合的資料類型。陣列是一系列相同類型元素的有序集合，使用陣列可提高程式的靈活性和可讀性。在記憶體中，VBA 陣列占用一片連續的儲存區域，它們具有相同的名稱和資料類型，根據陣列名稱和具體元素的位置，就可以得到相對應的元素。

陣列的宣告方式和普通變數是相同的，都可以使用 Dim、Static 和 Public 語法來宣告。下面分別說明不同類型陣列的宣告過程。

（1）固定大小的陣列

當陣列大小不隨程式的變化而改變時，可宣告固定大小的陣列。例如，宣告一個陣列，陣列元素是某個部門 20 位員工的姓名：Dim Department(1 To 20) As String。

（2）動態的陣列

當陣列的元素個數不可預測時，就宣告動態的陣列。動態陣列靈活方便，可有效利用記憶體空間。例如，宣告一個動態陣列，陣列元素是某個部門各位員工的姓名：Dim Department() As String。

1.3.2 不得不學的 4 類 VBA 運算子

真棒！VBA 的語法基礎我已經瞭解得差不多了，而且也有了一定的認識，相信對一些簡單的程式碼也能辨認了。

別得意太早了，前面介紹的畢竟是基礎，真正的困難點還在後面呢！不過只要用心學下去，那些都不是問題！

在 1.3.1 中介紹了 VBA 中的常量、變數及各種資料類型，接下來要學習 VBA 中的各類運算子和由關鍵字、運算子、變數等組成的運算式。VBA 中共有 4 類運算子：算術運算子、比較運算子、邏輯運算子、連接運算子。

1. 算術運算子

算術運算子是用來進行數值運算的符號，是最常用、也是最簡單的運算子。VBA 中的算術運算子的語法格式和功能如表 1-3 所示。

表 1-3 算術運算子

運算子	名稱	語法格式	功能說明
+	加法運算子	result=number1+number2	用於求兩數之和
-	減法運算子／負號	result=number1-number2; -number	當作二元運算子時，求兩數之差；當作一元運算子時，說明運算式的值為負值
*	乘法運算子	result=number1*number2	用於求兩數相乘之積
/	除法運算子	result=number1/number2	進行兩個數的除法運算並傳回一個浮點數
^	乘方運算子	result=number1 ^ number2	用來求一個數字的某次方，即指數運算
\	取商運算子	result=number1\number2	用來對兩個數做除法運算並傳回一個整數

運算子	名稱	語法格式	功能說明
Mod	取餘運算子	result=number1 Mod number2	用來對兩個數做除法運算並且只傳回餘數

上述 7 種運算子可以同時在程式碼視窗中編輯，待執行後，以「即時運算」的形式顯示結果。

範例應用 1-5 在「即時運算」中顯示算數運算的結果

原始檔 無

完成檔 範例檔>01>完成檔>1.3.2 算術運算子.xlsm

第 1 步，在模組中輸入程式碼。進入 VBA 程式設計環境，然後插入模組，並在模組中輸入如下程式碼。在該程式中比較詳細地示範了算術運算子的使用。

行號 / 程式碼 / 程式碼註解

```
01  Sub 算術運算子 ()
02    Dim result1 As Integer
03    Dim result2 As Single
04    Dim result3 As Integer
05    Dim result4 As Double
06    Dim result5 As Integer
07    Dim result6 As Integer
08    Dim result7 As Integer
```

第 2 ～ 8 行程式碼：定義了 7 個不同類型的變數。

```
09    result1 = 15 + 25    '定義兩個整數相加
10    Debug.Print "15+25="; result1   '從「立即窗口」中取得結果
11    result2 = 15.56 - 10.23    '實現兩個單精確度浮點型資料相減
12    Debug.Print "15.56-10.23="; result2
13    result3 = 4 * 5    '實現兩個整數相乘
14    Debug.Print "4*5="; result3
15    result4 = 10 / 3    '兩個數不能除盡
16    Debug.Print "10/3="; result4
17    result5 = (-4) ^ 3
18    Debug.Print " (-4) ^ 3="; result5
19    result6 = 100 / 8    '能除盡但不能整除
20    Debug.Print "100/8="; result6
21    result7 = 20 Mod 6
22    Debug.Print "20 Mod 6="; result7
23  End Sub
```

第 9 ～ 22 行程式碼：分別對定義的變數賦值，並透過「即時運算」輸出結果。

第 2 步，輸出結果。準確無誤地輸入程式碼後，先按一下工具列中的執行按鈕，再執行【檢視→即時運算視窗】命令，如圖 1-27 所示。「即時運算」中顯示的執行結果如圖 1-28 所示。按一下執行按鈕後，直接按快速鍵 Ctrl+G 也可開啟「即時運算」視窗。

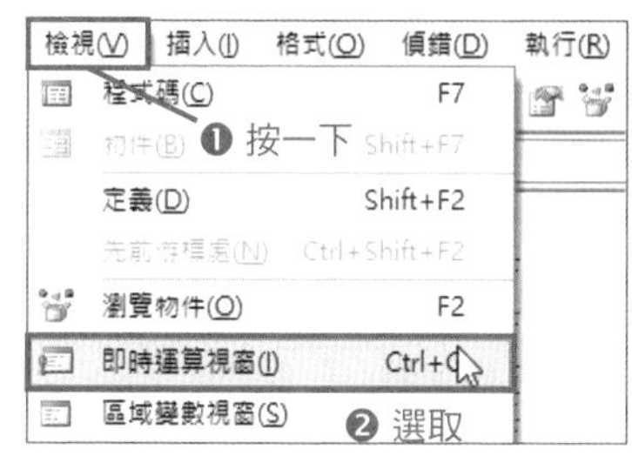

圖 1-27 顯示「即時運算」

圖 1-28 運算結果

2. 比較運算子

比較運算子是用來比較兩個運算元，因此它是二元運算子。比較運算子包括大於、小於、大於等於、小於等於等，運算結果是 Boolean 型，其作用和語法格式如表 1-4 所示。此外還有兩個特殊的比較運算子 Is 和 Like。

表 1-4 比較運算子

運算子	功能	語法格式	運算子	功能	語法格式
=	等於	result=epn1=epn2	<=	小於等於	result=epn1<=epn2
<	小於	result=epn1<epn2	>=	大於等於	result=epn1>=epn2
>	大於	result=epn1>epn2	<>	不等於	result=epn1<>epn2

注：表中的 epn1、epn2 分別指運算式 1、運算式 2。當 epn1 或 epn2 中有一個為 Null 時，最後的運算結果也為 Null。

下面透過比較 A1 和 A2 儲存格中的值，說明比較運算子的應用。其中，A1 儲存格中的值為 125，A2 儲存格中的值為 225。

範例應用 1-6 比較 A1 和 A2 儲存格中的值

原始檔 無

完成檔 範例檔>01>完成檔>1.3.2 比較運算子.xlsm

第 1 步，在模組中輸入程式碼。分別在 A1、A2 儲存格中輸入 125 和 225，然後進入 VBA 程式設計環境並插入模組，在模組中輸入如下程式碼。

行號	程式碼	程式碼註解
01	`Sub 比較運算子()`	
02	`  Dim a, b As Integer`	
03	`  Dim result As Boolean`	第 4 ～ 6 行程式碼：將 A1 和 A2 儲存格中的值分別賦值給 a 和 b，並在「即時運算」中顯示。
04	`  a = Range("A1").Value`	
05	`  b = Range("A2").Value`	
06	`  Debug.Print "a="; a, "b="; b`	
07	`  result = a = b`	第 7、9、11 行程式碼：分別比較 a 與 b 的關係。
08	`  Debug.Print "a=b"; result`	
09	`  result = a > b`	
10	`  Debug.Print "a>b"; result`	
11	`  result = a < b`	
12	`  Debug.Print "a<b"; result`	
13	`End Sub`	

第 2 步，顯示比較結果。輸入程式碼後，同樣先按一下執行按鈕，或者按 F5 鍵選擇巨集名稱並執行，再按 Ctrl+G 快速鍵，在「即時運算」中顯示比較結果，如圖 1-29 所示。可看出，只有 a 小於 b 的運算結果才為真。

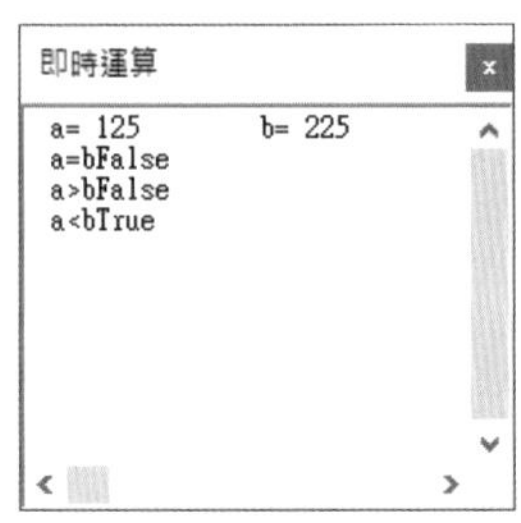

圖 1-29 比較結果

有問必答

不是說還有 Is 和 Like 比較運算子嗎？怎麼沒後文啦？

這兩個比較運算子有特定的比較功能，不同於表 1-4 中的運算子。

Is 和 Like 運算子是兩個特殊的比較運算子，其區別和用法如下：

- Is 用來比較兩個物件的引用變數，其語法格式為：result=object Is object。如果兩者引用相同的物件，則結果為 True，否則為 False。
- Like 用來比較兩個字串，其語法格式為：result=string Like pattern。如果 string 和 pattern 相符，則結果為 True，否則為 False。

3. 邏輯運算子

邏輯運算子用來執行運算式之間的邏輯操作，其執行結果也為 Boolean 型，即為 True 或 False。邏輯運算子的語法和功能如表 1-5 所示。

表 1-5 邏輯運算子

運算子	名稱	語法格式	功能說明
And	邏輯與	result=epn1 And epn2	運算子兩邊運算式同為真時，結果為 True，否則為 False
Or	邏輯或	result=epn1 Or epn2	兩個運算式至少有一個為真時，結果為 True，否則為 False
Xor	邏輯異或	result=epn1 Xor epn2	當兩個運算式同為真或同為假時，結果為 False，否則為 True
Not	邏輯非	result=Not(epn1)	一元運算子，當運算式的值為真時，結果為 False，否則為 True

運算子	名稱	語法格式	功能說明
Eqv	邏輯相等	result=epn1 Eqv epn2	當兩個運算式的值相同時，結果為 True；當兩個運算式的值不同時，結果為 False
Imp	邏輯蘊涵	result=epn1 Imp epn2	當運算式 1 為真而運算式 2 為假時，結果為 False，其他情況都為 True

注：表中的 epn1、epn2 分別指運算式 1、運算式 2。

比較運算子的用法與算術運算子相似，也可以在模組中宣告變數和資料類型，然後對變數賦值，再使用 Debug.Print 語法將運算結果輸出在「即時運算」中，這裡就不再舉例說明了。

4. 連接運算子

連接運算子主要用於連接兩個字串，包括「+」和「&」兩種，如表 1-6 所示。

表 1-6 連接運算子

運算子	語法格式	功能說明
+	result=epn1+epn2	可連接資料類型同為 String 或 Variant 的字串，或一個運算式為 String，另一個為 Null 之外的任意 Variant
&	result=epn1 & epn2	可以將兩個運算式當作字串強制連接。「強制」意味著如果運算式不是 String，則會將其轉換成 String 後再連接

注：表中的 epn1、epn2 分別指運算式 1 和運算式 2。

連接運算子的應用同樣與算術運算子類似，為了讓讀者可以自行編寫比較運算子和連接運算子的相關程式，這裡總結了一個結構框架，供讀者參考應用，如圖 1-30 所示。此框架僅限於有關運算子操作後，在「即時運算」中顯示結果的程式。當然，如果讀者對程式碼比較熟悉，則可對框架進行變換，使其可應用於更多的程式中。

宣告 Sub 程序

- 在程式開頭輸入“Sub 程序名稱()”，按 Enter 鍵後自動顯示“End Sub”語法，表示程序結束，這是一組固定格式。

定義變數和類型

- 用 Dim 語法定義變數，可以是多個變數同時定義，對於同類型的變數，可用逗號分開定義。不同類型的變數需要分行單獨定義。
- 如 Dim A,B As Integer；Dim result As Boolean

給變數賦值

- 將假設的值分配給宣告的變數。
- 如 A=15；B=20

運算子的運用

- 輸入帶有運算子的程式碼。
- 如 result=Not(A=15)

列印輸出

- 輸入顯示結果的程式碼，此過程也有固定格式。
- 如 Debug.Print "Not(A=15)",result

圖 1-30 比較運算子和連接運算子的程式框架

延伸應用

學習了各種運算子後，還需要掌握不同運算子在同一運算式中的優先運算關係。在一個運算式中，進行若干操作時，每一部分都會按照預先確定的順序進行計算，這稱為運算子的優先順序。本小節中，前 3 類運算子的優先順序如表 1-7 所示。連接運算子的優先順序在所有算術運算子之後，在所有比較運算子之前。

表 1-7 運算子的優先順序

優先順序	算術運算子	比較運算子	邏輯運算子
1	^	–	Not
2	-（負號）	<>	And
3	*,/	<	Or
4	\	>	Xor
5	Mod	<=	Eqv
6	+,-（減號）	>=	Imp

1.3.3 一定要會的 3 種 VBA 控制語法

語法是一段程式碼的核心，VBA 語法按照其執行的順序可以分為順序結構、迴圈結構和選擇結構。正確使用控制語法，程式的執行就會變得有條不紊，利用不同的流程控制結構，可以實現不同的功能。

終於要學習程式結構了，是不是學完這個知識，就可以嘗試自動化工作了？

看來大家很期待更多 VBA 知識的學習！自動化工作涉及的內容很廣，而 1.3 節的內容只是程式設計的基礎。

學習程式控制語法是為了讓程式結構更有規律，可以幫助使用者在編寫程式碼時，形成固有的思維模式，使用者只要掌握以下 3 種控制結構及相對應的控制語法，就能輕鬆駕馭各種複雜的自動化操作過程。

1. 順序結構

順序結構是按照語法出現的順序逐步執行，執行順序是自上而下、依次執行，它是最簡單的一類結構。1.3.2 所舉的範例都是順序結構。順序結構沒有複雜的邏輯關係，使用者只需要按照解決問題的先後順序編寫程式碼即可。

2. 迴圈結構

迴圈結構可以當作一個條件判斷語法和一個像轉向語法的組合。迴圈結構可以減少來源程式重複書寫的工作量，用來描述重複執行某段演算法的問題，這是程式設計中，最能發揮電腦特長的程式結構。迴圈結構可以用圖 1-31 所示的結構進行描述。

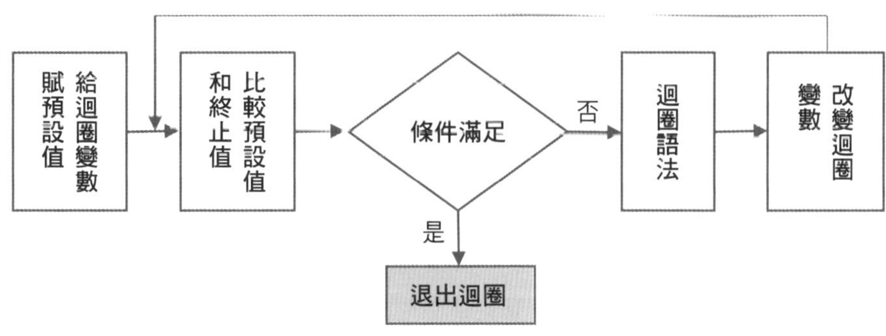

圖 1-31 迴圈結構

從圖中可看出，迴圈結構有 3 個要素：迴圈變數、循環體和迴圈終止條件。VBA 提供了 3 種迴圈語法：Loop 語法、While 語法和 For…Next 語法。這 3 種迴圈語法的語法格式和功能如表 1-8 所示。

表 1-8 迴圈語法

<table>
<tr><th>迴圈語法</th><th>語法格式</th><th>功能說明</th></tr>
<tr><td>Do…Loop</td><td>Do [{While | Until} 條件]
  [循環體]
  [Exit Do]
  [循環體]
Loop</td><td>當條件為 True 或條件變為 True 時，重複執行一個語法塊</td></tr>
<tr><td>While…Wend</td><td>While < 條件 >
  < 循環體 >
Wend</td><td>當條件判斷為 True 時，將重複執行循環體</td></tr>
<tr><td>For…Next</td><td>For < 迴圈變數 >=< 預設值 > To < 終止值 > [Step 間距值]
  [循環體]
  [Exit For]
  [循環體]
Next[]</td><td>實現指定次數的迴圈，因此它也稱為計數迴圈</td></tr>
</table>

迴圈語法太複雜了，看得懵懵懂懂的！還是用一個範例講講怎麼用吧，最好是For…Next語法。

和順序結構相比，迴圈結構確實顯得不好懂，重點在於循環體的運用。還是看下面的例子吧！

範例應用 1-7 For…Next 語法的應用

原始檔 範例檔>01>原始檔>1.3.3 迴圈語法.xlsx

完成檔 範例檔>01>完成檔>1.3.3 迴圈語法.xlsm

第 1 步，查看原始表格。開啟原始檔，表格預設效果如圖 1-32 所示。該表內容的字型樣式為「新細明體，10pt」，且字型色彩預設為「黑色」。由於表格中的記錄項排列緊湊，列與列之間不便於區分，因此需要對偶數列設定不一樣的字型樣式，以免看錯列。要達到這個目的，使用 Excel 的表格樣式功能更方便，但這裡為了學習 VBA 程式設計，我們將採用迴圈語法來解決問題。

	A	B	C	D	E	F	G
1	車輛編號	調車時間	交車時間	調用部門	使用人	事由	批准人
2	川A 51621	2015/4/22 9:00	2015/4/22 18:00	行政部	譚曄	公事	張東
3	川A R6511	2015/4/27 8:35	2015/4/27 15:30	企劃部	張華傑	公事	張東
4	川A 325V3	2015/5/10 9:40	2015/5/10 16:40	宣傳部	朱俊	公事	張東
5	川A 78SD3	2015/5/22 10:10	2015/5/22 18:00	市場部	何春燕	公事	張東
6	川A 69411	2015/6/14 9:25	2015/6/14 17:25	企劃部	李凱	公事	張東
7	川A 5DS33	2015/7/25 8:20	2015/7/25 15:50	宣傳部	吳梅	公事	張東
8	川A XE540	2015/8/3 8:50	2015/8/3 12:40	行政部	李佳樂	公事	張東
9	川A 65Q22	2015/8/19 10:30	2015/8/19 17:30	市場部	魏浩	公事	張東
10	川A SD689	2015/9/4 13:00	2015/9/5 9:10	銷售部	陳家	公事	張東
11	川A 54102	2015/9/11 14:20	2015/9/12 10:10	銷售部	張婕	公事	張東
12	川A 36945	2015/9/23 9:00	2015/9/23 16:10	行政部	譚林	公事	張東
13	川A 695AS	2015/10/10 8:45	2015/10/10 14:00	行政部	張可哥	公事	張東
14	川A 6314C	2015/10/19 11:00	2015/10/20 8:50	市場部	林傑慧	公事	張東
15	川A 5639G	2015/10/25 14:30	2015/10/26 10:25	企劃部	張志華	公事	張東

圖 1-32 原始表格

第 2 步，輸入程式碼。在 VBA 程式設計環境中插入模組，然後輸入以下程式碼。在該段程式碼中，首先對迴圈變數 j 進行預設化，設定預設值為 1，終止值為 7（因偶數列共有 7 列），間距值預設情況下為 1；然後進行條件判斷，如果迴圈變數 j 的值小於等於終止值，則執行循環體。執行到 Next 語法後，將 j 的值加 1，再返回 For 語法進行判斷，這樣一直重複到 j=8 時才不再執行循環體，並從 Next 語法的下一條語法開始執行。

行號	程式碼	程式碼註解
01	`Sub for語法()`	
02	`  Dim j As Integer`	
03	`    For j = 1 To 7    '設定迴圈變數的值`	
04	`    Worksheets(1).Rows(2 * j).Select`	第 4 ～ 6 行程式碼：更改偶數列的字型樣式。
05	`    Selection.Font.ColorIndex = 32`	
06	`    Selection.Font.Size = 12`	
07	`  Next j`	
08	`End Sub`	

第 3 步，輸入程式碼。按常規方法執行完程式碼後，返回 Excel 工作表，可看到表格效果，如圖 1-33 所示。可見，程式碼的作用是將偶數列的字型色彩更改為「藍色」，字型大小改為「12pt」。這段程式可用在列印薪資條前，對各位員工的資料進行設定。

	A	B	C	D	E	F	G
1	車輛編號	調車時間	交車時間	調用部門	使用人	事由	批准人
2	GT-856	2015/4/22 9:00	2015/4/22 18:00	行政部	譚暉	公事	張東
3	GT-215	2015/4/27 8:35	2015/4/27 15:30	企劃部	張華傑	公事	張東
4	GT-333	2015/5/10 9:40	2015/5/10 16:40	宣傳部	朱俊	公事	張東
5	GT-314	2015/5/22 10:10	2015/5/22 18:00	市場部	何春燕	公事	張東
6	GT-927	2015/6/14 9:25	2015/6/14 17:25	企劃部	李凱	公事	張東
7	GT-683	2015/7/25 8:20	2015/7/25 15:50	宣傳部	吳梅	公事	張東
8	GT-729	2015/8/3 8:50	2015/8/3 12:40	行政部	李佳樂	公事	張東
9	GT-111	2015/8/19 10:30	2015/8/19 17:30	市場部	魏浩	公事	張東
10	GT-535	2015/9/4 13:00	2015/9/5 9:10	銷售部	陳家	公事	張東
11	GT-276	2015/9/11 14:20	2015/9/12 10:10	銷售部	張婕	公事	張東
12	GT-474	2015/9/23 9:00	2015/9/23 16:10	行政部	譚林	公事	張東
13	GT-833	2015/10/10 8:45	2015/10/10 14:00	行政部	張可哥	公事	張東
14	GT-214	2015/10/19 11:00	2015/10/20 8:50	市場部	林傑藝	公事	張東
15	GT-941	2015/10/25 14:30	2015/10/26 10:25	企劃部	張志華	公事	張東

圖 1-33 程式碼執行後的結果

3. 選擇結構

在 VBA 中除了順序結構和迴圈結構外，還定義了一些可以控制程式流程的語法，這些語法提供了選擇功能。選擇語法主要有適用於二路分歧的 If…Then…Else 語法和適用於多路分歧的 Select Case 語法兩種。這兩種語法的語法格式和功能如表 1-9 所示。

表 1-9 選擇語法

選擇結構	語法格式	功能	說明
If…Then…Else	① If <條件> Then [語法1] End If ② If <條件> Then [語法1] Else [語法2] End If	根據條件的判斷結果選擇執行語法	首先進行條件判斷，如果為真，則執行 Then 後面的語法 1；如果為假，在語法格式①中不進行任何操作，在語法格式②中執行 Else 後面的語法 2
Select Case	Select Case <判斷的物件> Case <條件1> <語法1> Case <條件2> <語法2> … Case Else <其他語法> End Select	根據條件的判斷結果，決定執行幾組語法中的哪一組	如果需要判斷的物件與 Case 的條件運算式相符，則執行 Case 子句之後的語法，如果在 Case 中的條件運算式沒有找到相符的，則會執行最後的「其他語法」，接著執行 End Select 之後的語法

範例應用 1-8 Select Case 語法的應用

原始檔 範例檔>01>原始檔>1.3.3 選擇語法.xlsx

完成檔 範例檔>01>完成檔>1.3.3 選擇語法.xlsm

第 1 步，查看原表內容。開啟原始檔，表格預設效果如圖 1-34 所示。其中記錄了銷售部員工的基本工資情況。

	A	B	C	D	E	F
1	姓名	部門	職位	基本工資		
2	董俊	銷售部	經理	5500		
3	郭彪	銷售部	副經理	4500		
4	雷小雨	銷售部	業務員	2800		
5	李小娟	銷售部	業務員	2200		
6	王明	銷售部	業務員	2000		
7						

圖 1-34 原始表格（單位：元）

第 2 步，輸入程式碼。插入模組並輸入以下程式碼，這個程式執行的是對不同職位的員工分發不同金額的工資。

行號	程式碼	程式碼註解

```
01  Sub 選擇語法 ()
02    Range("E1").Value = "本月實發"
03    Dim j As Integer
04    For j = 2 To 6
05      Select Case Worksheets(1).Cells(j, 3).Value
06        Case "經理": Worksheets(1).Cells(j, 5).Value
            = Worksheets(1).Cells(j, 4).Value + 2000
07        Case "副經理": Worksheets(1).Cells(j, 5).Value
            = Worksheets(1).Cells(j, 4).Value + 1500
08        Case "業務員": Worksheets(1).Cells(j, 5).Value
            = Worksheets(1).Cells(j, 4).Value + 800
09      End Select
10    Next j
11  End Sub
```

程式碼註解：

第 2 行程式碼：對 E1 儲存格賦值。

第 5 行程式碼：選擇第一張工作表中第 3 欄的儲存格。

第 6、7、8 行程式碼：分別計算不同職位員工的實發工資。

第 3 步，查看結果。執行程式碼後，實發工資的結果在第 5 欄中顯示，如圖 1-35 所示。

	A	B	C	D	E	F
1	姓名	部門	職位	基本工資	本月實發	
2	董俊	銷售部	經理	5500	7500	
3	郭彪	銷售部	副經理	4500	6000	
4	雷小雨	銷售部	業務員	2800	3600	
5	李小娟	銷售部	業務員	2200	3000	
6	王明	銷售部	業務員	2000	2800	
7						

圖 1-35 執行結果

1.4 與使用者互動，快速讀取與顯示

Excel 在強大的資料處理與分析功能之外，還提供了強大的人機互動功能，主要應用在圖形化使用者介面上。圖形化使用者介面是 Windows 作業系統下的應用程式與使用者進行人機交流的方式，包括按鈕、功能表、工具列、對話方塊、清單方塊等元素。圖形化使用者介面設計在 Excel 中，主要分為工作表介面設計和使用者表單設計。

這種人機互動功能就是人與電腦以操作的形式進行的交流嗎？人有不同操作，它就有不同反應？

可以這麼理解，但是這裡的人機互動更人性化，因為VBA 可以達到使用者自訂的交流形式。

利用 Excel 的圖形化使用者介面設計功能，不僅能有效改善工作表的外觀，還能為操作提供諸多方便，如設計出友善的資料登錄介面、資料操作介面和資料查詢介面等。要設計出人性化的圖形化使用者介面，必須先掌握表單控制項和 ActiveX 控制項。

1.4.1 使用控制項，達成對表單的操作控制

設計工作表介面的過程，就是在工作表中，逐一新增控制項，並對控制項進行設定的過程。而控制項則是一些可以放置在表單上的圖形物件，包括命令按鈕、選項按鈕、文字方塊、清單方塊等。使用控制項顯示或輸入資料，提供可選擇的選項或按鈕，能使表單更加易於使用。

若要使用 Excel 中的控制項，可在「開發人員」索引標籤的「控制項」群組中，按一下「插入」下三角按鈕，在展開的列表中，可看到有兩類控制項：表單控制項和 ActiveX 控制項，如圖 1-36 所示。

圖 1-36 控制項清單

這兩類控制項有很多相同的功能，例如都可以指定巨集。但是它們也有明顯的區別，主要在於使用範圍不同，具體如下。

1. 表單控制項

- 只能在工作表中新增，且只能透過設定控制項格式或指定巨集來使用它。
- 可以和儲存格關聯，操作控制項可修改儲存格的值。

2. ActiveX 控制項

- 在工作表和使用者表單中使用，具備眾多的屬性和事件，提供更多的使用方法。
- 雖然它屬性強大，可控性強，但是不能和儲存格關聯。

如果要熟練使用這些控制項，還需要對每一類控制項的形狀和功能有充分的認識。這方面的內容如表 1-10 所示。

表 1-10 控制項的屬性及功能

控制項形狀	控制項名稱	功能說明
	按鈕控制項	在使用 Windows 系統中的應用程式時，常常會用到如「確定」、「下一步」、「取消」等按鈕，按一下這些按鈕可執行相對應的功能。
Aa	標籤控制項	主要用於顯示說明性文字，如標題、題注等。
	選項按鈕控制項	也稱選項按鈕，在多個選項中只能選擇一種，選取後其圓形按鈕中出現一個黑點。
	核取方塊控制項	每個選項前都有一個小正方形，如果選取，則會在方框內出現打勾標記，可同時接受選取多個或不選的選擇性輸入。
	清單方塊控制項	用於以清單的形式顯示一些值，這些值中可以有一個或多個被選取。
	下拉式方塊控制項	為使用者提供可選擇的選項，使用者將下拉式列示方塊展開，才能看到所有的選項。
	數值調節鈕控制項	透過按一下控制項的向上或向下按鈕來選擇數值。
XYZ	群組方塊控制項	將控制項分類，使工作表介面更加清晰，方便使用。

這讓我想起了經常在網上做的調查問卷，後來公司也用這種，其自動化效果真的很好！

對！電子版調查問卷中，會用到上述的各種控制項。下面就舉這個例子吧！

範例應用 1-9 製作電子版調查問卷

原始檔 範例檔>01>原始檔>1.4.1 問卷內容.xlsx

完成檔 範例檔>01>完成檔>1.4.1 電子版調查問卷.xlsx

第 1 步，查看原表內容。開啟原始檔，該表中已將問卷的大部分內容編排完畢，並預留了一些空白行，用於擺放可選項和相對應的控制項，如圖 1-37 所示。

1	親愛的使用者：
2	您好！感謝您選擇使用本公司的產品，在過去的一年中對我們的大力支持和幫助。為了給廣大使用者確實提供更加滿意的服務，您的需求就是我們追求的目標，誠摯邀請您參加用戶滿意度調查，為感謝您的支持，本次活動將進行抽獎！
3	**使用者資訊**
4	1. 使用者名稱：
5	2. 聯繫方式：
6	3. 您在貴公司的工作職位：
7	**您和本公司**
8	4. 您與本公司接觸多久？
9	
10	5. 您曾經使用過本公司的哪些系列產品？
11	

17	8. 您對本公司的產品品質是否滿意？
18	
19	9. 您對本公司的產品外觀品質是否滿意？
20	
21	10. 您對本公司的產品穩定性和可靠性是否滿意？
22	
23	11. 您對本公司的產品的總體評價或其他意見和建議。
24	
25	**本公司的服務**
26	12. 您對本公司產品的銷售服務是否滿意？
27	
28	13. 您對本公司的產品物流配送服務是否滿意

圖 1-37 部分問卷內容

第 2 步，插入選項按鈕。執行【插入→表單控制項→選項按鈕】命令，如圖 1-38 所示。然後在工作表的第 9 列儲存格中，按一下滑鼠左鍵，即可繪製一個選項按鈕，如圖 1-39 所示。

圖 1-38 按一下「選項按鈕」

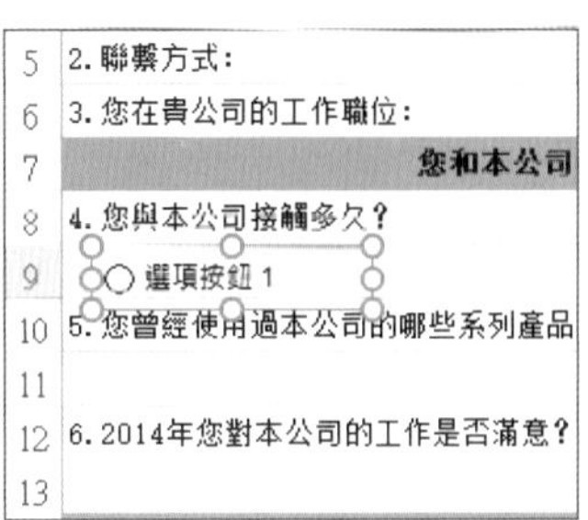

圖 1-39 繪製的選項按鈕

第 3 步，編輯文字　右擊插入的選項按鈕，然後在彈出的快顯功能表中，執行【編輯文字】命令，如圖 1-40 所示。此時，即可在選項按鈕上，輸入相關資訊，此處輸入「少於 1 年」，如圖 1-41 所示。

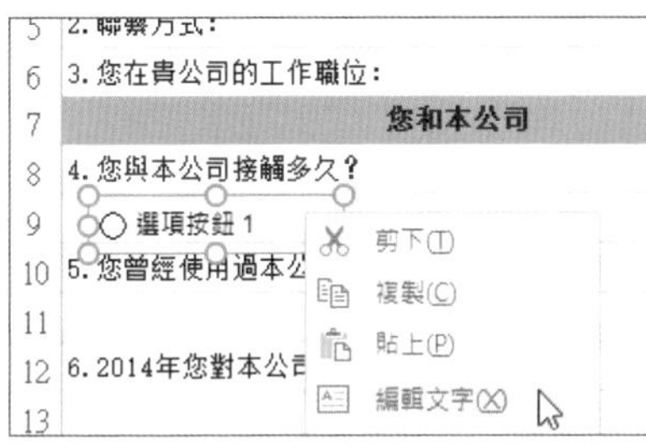

圖 1-40 編輯文字

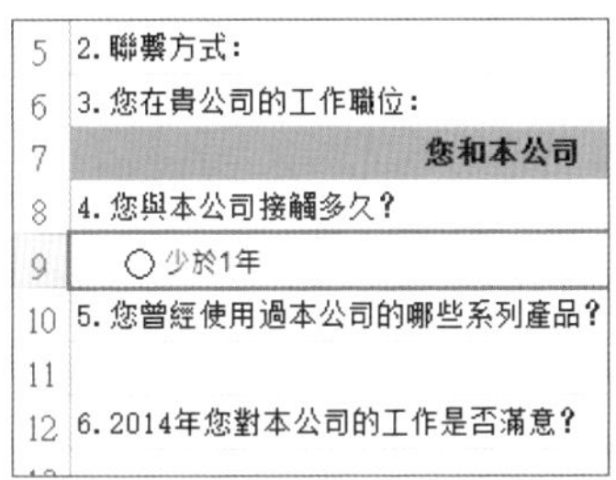

圖 1-41 完成的選項按鈕

第 4 步，製作單選項　用第 2 步和第 3 步的方法再新增兩個選項按鈕，也可複製已有的選項按鈕，並相對應修改按鈕文字，如圖 1-42 所示。使用者只需按一下其中的某個按鈕，就可選取對應的選項，此問題的選項為單選。

第 5 步，製作多選項　用插入選項按鈕的方法在第 5 個問題下插入 4 個核取方塊，並分別輸入相對應的文字，效果如圖 1-43 所示。使用者按一下某個核取方塊就可選取該選項，此問題的選項為多選。

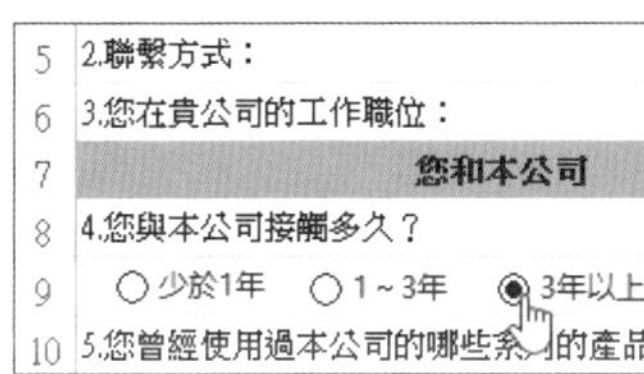

圖 1-42 單選項

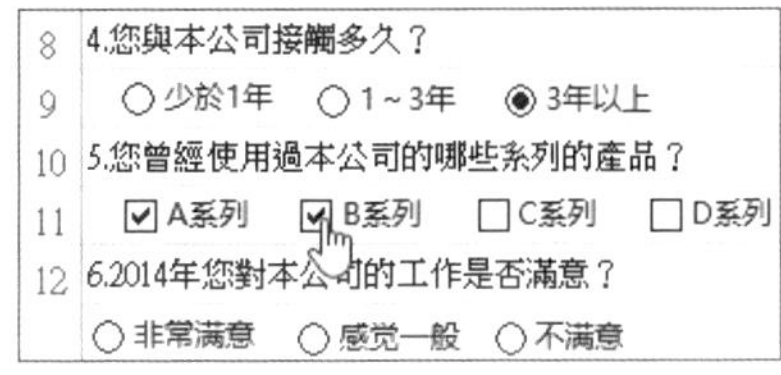

圖 1-43 多選項

第 6 步，新增群組方塊。為了使工作介面更加友善，使用者可以在沒有選項的開放式問題下方，繪製群組方塊，然後輸入文字內容「您想說的」，如圖 1-44 所示。在群組方塊上，繪製一個矩形文字方塊，讓使用者可以在其中輸入想說的內容。

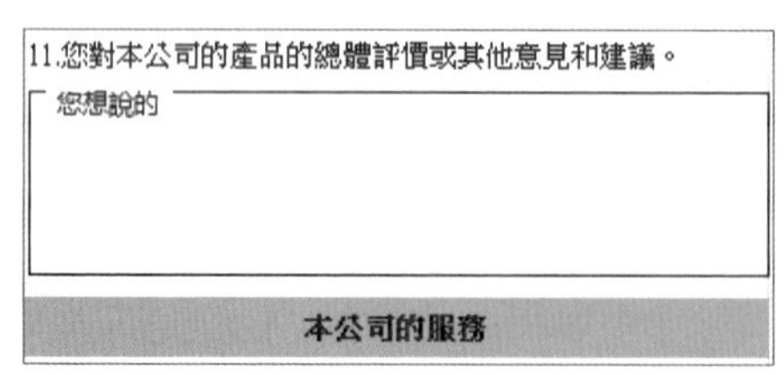

圖 1-44 新增群組方塊

第 7 步，完成其他選項並取消格線。使用前幾步介紹的方法將其他問題的選項補充完整，然後在「檢視」索引標籤下，取消格線的顯示，即完成了電子版調查問卷的設計，最終效果請見本範例的完成檔。

使用控制項製作問卷，可以回收資料，這部分內容將在第 7 章中講解。所運用的原理是透過控制項連結儲存格，然後按一下控制項的結果，顯示在儲存格中進行統計。

1.4.2 呼叫對話方塊，完成內容的輸入 / 輸出

如果需要對 Excel 的應用程式進行真正的控制和操作，則必須學會本小節講解的 Application 物件。應用程式操作的正確與否和 Application 物件密切相關，它代表整個 Excel 應用程式本身，所有開啟的活頁簿、活頁簿視窗都屬於一個 Excel 應用程式，即一個 Application 物件。此外，還有 Workbook 和 Work 工作表物件，大多數的操作都是圍繞這些物件進行的。

Application 物件有這麼重要？可前面的程式中也沒看到這樣的程式碼啊！我們又該怎麼用它呢？

該物件的作用可大了！至於如何應用，還是先來學習它的屬性和方法吧！

Application 物件中有一些屬性可以控制 Excel 的外觀和狀態，它所提供的方法可以讓使用者執行自己需要的功能。Application 物件還有一些專門的屬性可配合屬性和方法的操作。下面就為大家一一揭曉。

1. Application 物件的屬性

Application 物件有 6 個重要屬性，每個屬性都有其特定的作用。表 1-11 列舉了這些屬性的語法格式和功能。

表 1-11 Application 物件的屬性

屬性	語法格式	功能說明
ActiveSheet	運算式 .ActiveSheet	獲得活動活頁簿中活動的工作表
Cells	運算式 .Cells	返回一個儲存格 Range 物件
ScreenUpdating	運算式 .ScreenUpdating	更新螢幕
Caption	運算式 .Caption	更改 Excel 主窗口的標題列名稱
Interactive	運算式 .Interactive	設定 Excel 是否處於互動模式
UserName	運算式 .UserName	返回或設定當前使用者的名稱

表中的「運算式」是一個代表 Application 物件的變數，例如，要重設標題列為「表格資料處理」，則 Sub 過程中的程式碼為：Application.Caption=「表格資料處理」。程式執行後即可更改標題列中的顯示名稱，此名稱不是活頁簿的名稱，請注意區分。

2. Application 物件的方法

Application 物件有 4 種方法，每種方法也能實現不同的功能。各方法的語法格式和功能說明如表 1-12 所示。

表 1-12 Application 物件的方法

方法	語法格式	功能說明
InputBox	運算式 .InputBox(一系列參數)	顯示一個接收使用者輸入的對話方塊，傳回此對話方塊中輸入的資訊。
FindFile	運算式 .FindFile(一系列參數)	顯示「開啟」對話方塊，並讓使用者開啟一個檔案。
GetOpenFilename	運算式 .GetOpenFilename(一系列參數)	顯示標準的「開啟」對話方塊，並取得使用者的檔案名稱，不必真正開啟任何檔案。
GetSaveAsFilename	運算式 .GetSaveAsFilename(一系列參數)	顯示標準的「另存為」對話方塊，並取得使用者的檔案名稱，無須真正儲存任何檔案。

Application 物件除了提供屬性和方法外，還擁有大量事件。例如，當工作表被啟動時，會產生 SheetActivate 事件；當活頁簿中新增工作表時，會產生 WorkbookNewSheet 事件等。下面例子就是透過 Application 物件實現的人機互動介面。

範例應用 1-10 透過 Application 物件實現人機互動

原始檔 無

完成檔 範例檔>01>完成檔>1.4.2 呼叫對話方塊.xlsm

第 1 步，輸入程式碼。在模組中輸入如下程式碼，該段程式碼是輸入正確的電腦使用者名稱來修改 Excel 標題列中的名稱。

行號	程式碼	程式碼註解
01	`Sub 修改標題列 ()`	
02	`Dim MyUserName As String`	第 2 ～ 4 行程式碼：定義儲存輸入的使用者名稱的變數並賦值。
03	`Dim InputTitle As String`	
04	`MyUserName = Application.InputBox(" 請輸入使用者名稱 :", " 使用者驗證 ")`	
05	`If MyUserName = "" Or MyUserName <> Application.UserName Then`	第 5 ～ 7 行程式碼：如果不輸入使用者名稱或者輸入的使用者名稱錯誤，則顯示相對應資訊並退出。
06	`MsgBox(" 使用者名稱錯誤，謝謝使用！ ")`	
07	`End If`	

行號	程式碼	程式碼註解

```
08    If MyUserName = Application.UserName Then
09      Dim tempmsg As Integer
10      tempmsg = MsgBox("需要修改標題列嗎？", vbYesNo,
                  "第一步")
11      If tempmsg = vbYes Then
12        InputTitle = Application.InputBox("請輸入您的標題
                        列名稱:", "第二步")
13        If InputTitle <> "" Then
14          Application.Caption = InputTitle
15          MsgBox("修改成功！謝謝使用！")
16        End If
17      Else
18        MsgBox("取消修改，謝謝使用！")
19      End If
20    End If
21  End Sub
```

第 8 行程式碼：如果使用者名稱通過驗證，從此行開始執行程式碼。

第 9、10 行程式碼：定義變數，儲存「第一步」對話方塊的回傳值。

第 11、12 行程式碼：如果需要修改，則要求輸入修改的名稱。

第 2 步，驗證使用者名稱。按 F5 鍵執行程式碼，若程式碼無誤，則會彈出如圖 1-45 所示的對話方塊。當使用者輸入正確的使用者名稱後，按一下「確定」按鈕，便進入修改標題列的第一步，如圖 1-46 所示。

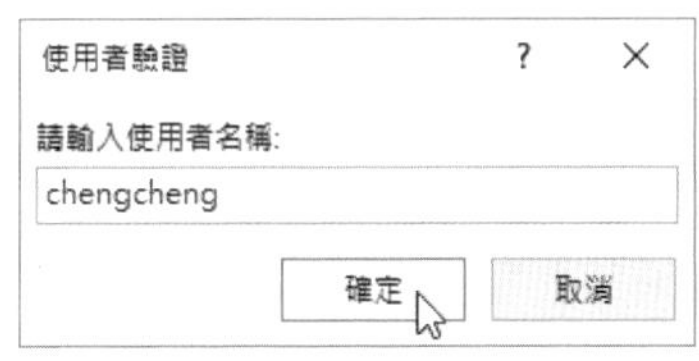

圖 1-45 輸入使用者名稱

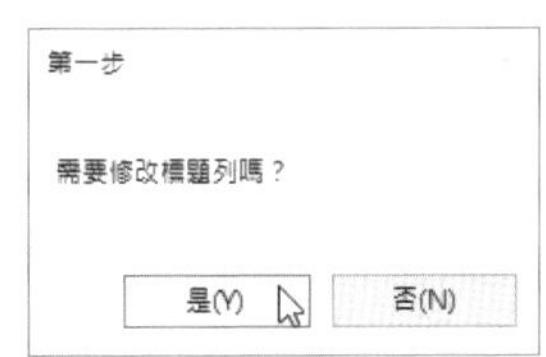

圖 1-46 第一步

第 3 步，修改標題列名稱。確定修改標題列後，可在新彈出的對話方塊中，輸入使用者需要的名稱，如輸入「Microsoft Excel」，即將原來的 Excel 修改成 Microsoft Excel，修改成功後還會彈出提示資訊，如圖 1-47 和圖 1-48 所示。

圖 1-47 輸入名稱

圖 1-48 修改成功

第 4 步，對比修改效果。對比原來活頁簿標題列中的名稱，可發現活頁簿副檔名後的名稱發生了變化，如圖 1-49 和圖 1-50 所示。

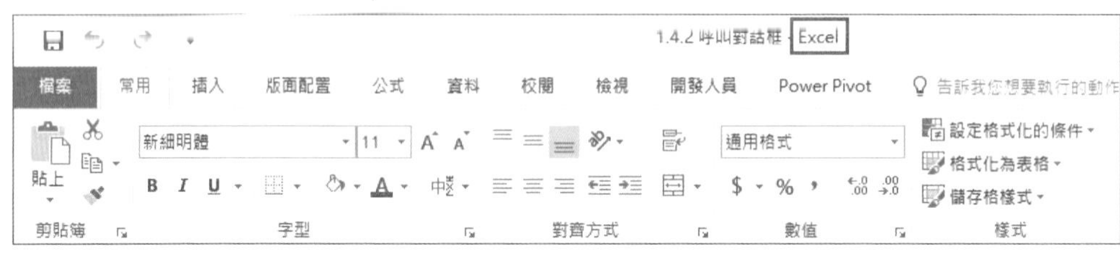

圖 1-49 修改前

圖 1-50 修改後

1.4.3 建構使用者表單，製作人機互動介面

在 Windows 作業系統中，表單是視覺化程式設計的基本單位，每個表單都有獨立的功能，包含若干控制項，而每個控制項也有特定的基本功能。每個表單和其他表單之間有著一定的聯繫，或依序發生，或相互呼叫，所有的表單組成了一個完整的介面。在一個應用程式中，所有的功能和實現這些功能的程式碼都是圍繞著表單來安排的。

暈了，暈了！1.4.2 中不是已經實現人機互動了嗎？這個使用者表單又是幹嘛用的？

別暈了，這是概念養成篇的最後一節了！學完這個，你就能對 VBA 有充分而全面的認識了！

使用者表單是一種更強大的使用者介面，運用使用者表單可使程式變得更加視覺化，設計者可以根據自己的需要定義表單的外觀、按鈕位置、名稱和功能。1.4.2 中介紹的方

法是使用者與 Excel 工作表之間的直接互動，當使用者不需要 Excel 應用程式的工作環境時，就需要脫離 Excel 工作表，進行互動的使用者表單功能。

使用者表單的使用與模組類似，也需要在 VBA 程式設計環境中，透過「插入」功能表進行新增，如圖 1-51 所示。執行【自訂表單】命令後，VBA 程式設計環境中，會立即彈出一個 UserForm 視窗。一般情況下，還會同時自動彈出設計表單需要用到的工具箱，如圖 1-52 所示。UserForm 的大小可以像調整文字方塊般，透過縮放邊緣進行調整。如果沒有彈出工具箱，使用者可透過「檢視」功能表開啟工具箱。

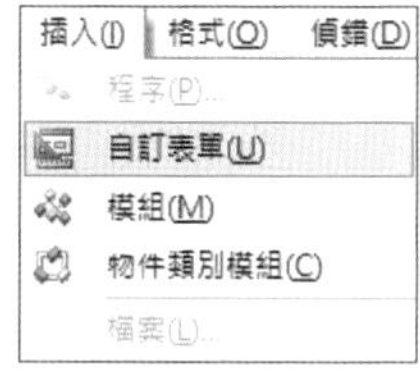

圖 1-51 插入表單

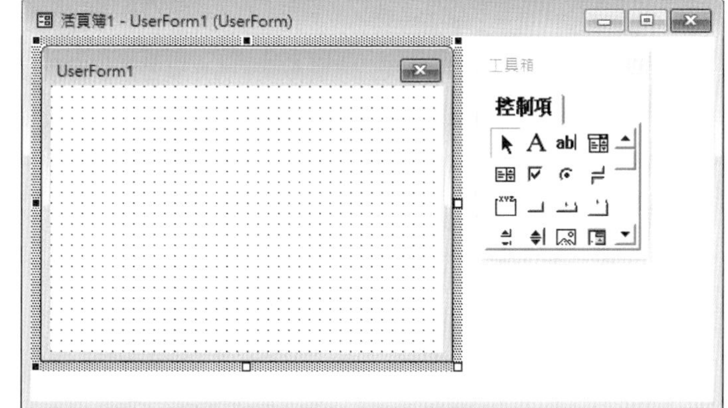

圖 1-52 使用者表單和工具箱

如果要把 UserForm 設定成符合使用者需要的個性化表單，則要透過設定 UserForm 的屬性來完成。UserForm 的屬性視窗在預設情況下是開啟的，若沒有顯示，則可右擊表單，在彈出的快顯功能表中，執行【屬性】命令來開啟。UserForm 的各項屬性可以按字母或分類進行排序，如圖 1-53 和圖 1-54 所示。使用者若要對屬性進行修改，則必須在屬性視窗中，找到對應的屬性，然後在其右側按一下不同的按鈕或輸入值來修改，而這些按鈕或文字方塊在沒有修改前都是隱藏的，需要用滑鼠按一下才會顯示。

圖 1-53「字母順序」的屬性視窗

圖 1-54「性質分類」的屬性視窗

UserForm 的屬性有很多，一些常用的屬性如下所示。

- Caption 屬性：用來修改表單標題列的名稱。
- BackColor 屬性：用來修改表單的背景色。
- Picture 屬性：可為表單新增背景圖片，使表單更加美觀。
- Font 屬性：可修改表單中的字型樣式。

範例應用 1-11 新增一個 UserForm

原始檔 無

完成檔 範例檔>01>完成檔>1.4.3 自訂表單.xlsm

第 1 步，插入模組。透過「插入」功能表插入 UserForm，預設的表單如圖 1-55 所示。注意，預設的表單名稱為 UserForm1。

第 2 步，新增捲軸。在屬性窗格中按一下「性質分類」標籤，設定「滾動」選項群組的第一個屬性。按一下該屬性右側選項，將顯示下三角按鈕，然後按一下該按鈕，選擇不同的捲軸效果，這裡要同時新增水平和垂直捲軸，因此選擇第 4 個選項，如圖 1-56 所示。

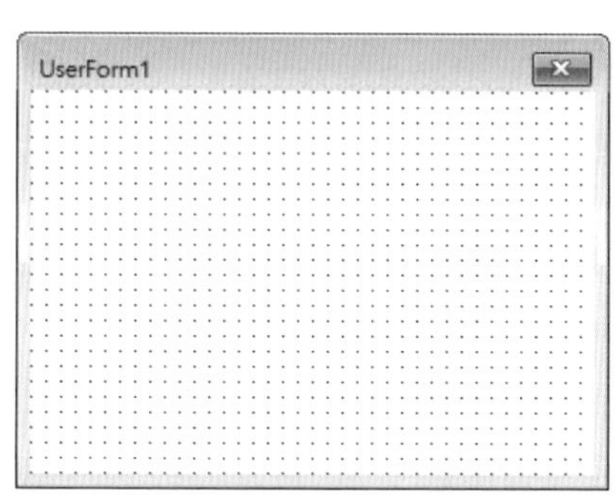

圖 1-55 插入的表單

圖 1-56 修改屬性 1

第 3 步，新增圖片並修改表單名稱。在「圖片」選項群組中的 Picture 屬性右側按一下後新增圖片；然後在「外觀」選項群組中修改 Caption 屬性，直接在右側文字方塊中輸入「我的第一個視窗」，如圖 1-57 所示。

第 4 步，執行後的效果。修改表單的屬性後，使用者表單會發生相對應的改變，此時按 F5 鍵執行表單，會彈出如圖 1-58 所示的表單。

圖 1-57 修改屬性 2

圖 1-58 執行後的結果

有問必答

上面製作的那個表單看起來好簡單，就是一個圖片的展示，沒有形成互動作用啊？

你要看表單的互動效果啊！那種效果的製作過程是很複雜的。為了滿足你的要求，下面就先展示效果了！

圖 1-59 所示是薪資管理系統中常見的互動式表單介面，其製作過程相當複雜，會在第 7 章中介紹。後面章節中很多系統類管理介面都有類似的表單效果。

查詢視窗

員工工資查詢視窗

查詢編號： 員工姓名：

所屬部門： 基本工資： 崗位工資：

住房補貼： 獎金： 事假扣款：

病假扣款： 應繳所得稅： 實發工資：

確定 取消

圖 1-59 互動式表單

從儲存格開始練好基本功

儲存格是 Excel 中最基本的操作物件，學習 VBA 也必須從儲存格開始，只有掌握了儲存格中最基本的操作過程，才能真正理解 VBA 在 Excel 中，處理不同事件的原理，更複雜的工作表、活頁簿問題就會迎刃而解。學習儲存格的操作，可以從儲存格本身和儲存格內容著手。本章內容就是以此為出發點而展開的。

2.1 靈活多變的儲存格操作

Excel 是集資料統計、資料分析、圖表製作等功能於一體的試算表軟體，它所擁有的複雜操作最後都作用於儲存格，所以要打好 VBA 程式設計的基本功，應先學習如何使用 VBA 對儲存格進行操作，如編輯儲存格的內容、設定儲存格格式等。只有掌握了這些操作，才能有效率地處理複雜、重複的工作。

第 1 章不是已經介紹了基礎知識嗎？怎麼又回到儲存格的操作上？

前面只是帶你們認識巨集與 VBA，從這裡開始將逐漸講解 VBA 的具體操作。

在 VBA 程式中，儲存格是用物件來表示的。針對不同的應用需求，VBA 提供了兩種物件來表示儲存格，分別是 Range 和 Cells。這兩種物件都有自己的屬性和特定的功能，下面就一起來認識 Range 和 Cells 物件。

1. Range 物件

Range 物件用來表示儲存格區域，當然，這個區域也可以是一個儲存格。Range 物件中，儲存了對應區域儲存格的內容以及這些儲存格的結構、位置，透過執行 Range 物件中不同的方法，可以完成對這些儲存格的選取、插入、刪除、移動等操作。但是，在執行這些操作前，必須先對儲存格或儲存格區域進行訪問：對於單一儲存格，可用儲存格的名稱來表示該物件，如 Range("A2")；對於一個儲存格區域，也可用這個區域的名稱來表示該物件，如 Range("B2:D5")。

Range 物件中有一些基本屬性可以用來確定列、欄、值，這些屬性的語法格式和作用如表 2-1 所示。

表 2-1 Range 物件的屬性

屬性	語法格式	功能說明
Column	運算式 .Column	代表一個物件所指定儲存格區域第 1 欄的欄號
Row	運算式 .Row	代表一個物件所指定儲存格區域第 1 列的列號
Value	運算式 .Value	代表儲存格的值
Columns	運算式 .Columns	代表一個物件所指定儲存格區域的欄數
Rows	運算式 .Rows	代表一個物件所指定儲存格區域的列數
Count	運算式 .Count	類似列欄計數器，計算儲存格區域所跨越的列數和欄數
Offset	運算式 .Offset	代表相對指定儲存格區域有一定偏移量的區域

2. Cells 物件

比起 Range 物件，Cells 物件要簡單得多，它內部並不儲存任何有關所選區域的資訊，只當作存取儲存格內容的通知。這兩種儲存格物件的主要差別在於，Range 物件透過名稱來存取儲存格，而 Cells 物件是透過列欄號來存取儲存格。

儲存格的操作本來就不複雜，為什麼還要使用VBA呢？這不是將問題複雜化嗎？

如果只是單純地操作儲存格，確實不需要使用VBA！但是別忘了，它是化繁為簡、實現自動化操作的最佳工具哦！

使用 VBA 來操作儲存格，不是讓簡單的問題複雜化，從儲存格開始講解 VBA，是為了讓大家更容易接受這方面的知識，其實也是對 VBA 操作原理的認識。這樣在解決實際問題時，才能釐清思路，寫出完整的程式碼。VBA 中儲存格操作的方法如表 2-2 所示。

表 2-2 VBA 中儲存格操作的方法

方法	功能說明	方法	功能說明
運算式.Select	選取	運算式.Paste	貼上
運算式.Copy	複製	運算式.Delete	刪除
運算式.Cut	剪下	運算式.Merge	合併

從本章開始，每個重點範例應用將會更加貼近辦公人員的實際情況，讓大家不僅可以學到理論知識，還能直接套用範例應用中的程式碼，以解決現實問題。另外，在範例應用的講解過程中，也會特意註明修改某些程式碼可實現更多、更靈活的操作。

2.1.1 儲存格的自動定位與選取

在 Excel 中，對儲存格進行選取是一件非常簡單的事情，使用者可以選取單一儲存格、儲存格區域、不連續的儲存格等。但是如果要在成千上百列的記錄中，選取某個符合條件的儲存格區域，或者同時選取某個指定儲存格所在的列和欄就不那麼容易了。此時利用 VBA 程式進行選取就顯得非常簡單。

1. 醒目提示儲存格

在實際工作中，如果工作表中的資料太多，很容易就使人眼花繚亂，看錯列或欄，從而誤讀數據。那麼，要怎麼才能在這種多列多欄的表格中，快速定位想看的資料呢？

一般情況下，使用 Ctrl+F 快速鍵就能立即定位一個值，但是在檢視這個值所對應的列號和欄標時，難免會因為資料錯綜複雜而看錯，特別是用滑鼠臨時定位的隨機儲存格，最容易出現這種情況。如果僅使用 Ctrl+F 快速鍵來執行，則還需要手動對儲存格所在列、欄進行特殊標記。當這個隨機的儲存格需要多次變化時，你一定想放棄這種傳統的方法，尋找更簡便的途徑。此時你就應該認真學習下面這個例子，它能達到意想不到的效果。該範例所運用的功能，發揮在幾十列資料上，作用可能沒那麼明顯，但如果有數千列資料，它一定是你致勝的法寶。

範例應用 2-1 選取一個儲存格，用顏色突顯該儲存格所在的列和欄

原始檔 範例檔>02>原始檔>2.1.1 醒目提示儲存格的列和欄.xlsx

完成檔 範例檔>02>完成檔>2.1.1 醒目提示儲存格的列和欄.xlsm

第 1 步，檢視原始表格。開啟原始檔，如圖 2-1 所示。由於表中的記錄項太多，使用「檢視」索引標籤下的「凍結視窗」功能顯示了部分資料，拖動捲軸即可檢視完整的表格記錄。

	A	D	E	F	G	H	I	J	K	L	M	N	O	P	Q	R
1	員工編號	所屬部門	員工類別	基本工資	事假天數	病假天數	崗位工資	住房補貼	獎金	應發金額合計	事假扣款	病假扣款	養老保險	醫療保險	應發工資	應繳所
2	R1001	生產部	經理	4500	0	2	1000	400	300	6200	0	100	360	90	5650	11
3	R1002	財務部	經理	4500	0	0	1000	400	200	6100	0	0	360	90	5650	11
4	R1003	客戶部	經理	4500	0	0	1000	400	200	6100	0	0	360	90	5650	11
5	R1004	銷售部	經理	4500	1	0	1000	400	500	6400	204.55	0	360	90	5745.45	119.5
6	R1005	生產部	生產人員	3000	0	1	800	400	300	4500	0	50	240	60	4150	19.
7	R1006	生產部	生產人員	3000	0	0	800	400	300	4500	0	0	240	60	4200	21
8	R1007	生產部	生產人員	3000	0	0	800	400	300	4500	0	0	240	60	4200	21
9	R1008	生產部	生產人員	3000	0	0	800	400	300	4500	0	0	240	60	4200	21
10	R1009	財務部	會計人員	2200	0	1	600	200	200	3200	0	50	176	44	2930	0
11	R1010	財務部	會計人員	2200	2	0	600	200	200	3200	200	0	176	44	2780	0
12	R1011	財務部	會計人員	2200	0	0	600	200	200	3200	0	0	176	44	2980	0
13	R1012	財務部	會計人員	2200	0	1	600	200	200	3200	0	50	176	44	2930	0
14	R1013	客戶部	客戶專員	2000	0	0	500	200	200	2900	0	0	160	40	2700	0
15	R1014	客戶部	客戶專員	2000	0	0	500	200	200	2900	0	0	160	40	2700	0
16	R1015	客戶部	客戶專員	2000	1	0	500	200	200	2900	90.91	0	160	40	2609.09	0
17	R1016	客戶部	客戶專員	2000	0	0	500	200	200	2900	0	0	160	40	2700	0

圖 2-1 員工工資表

第 2 步，開啟 ThisWorkbook 視窗。按 Alt+F11 快速鍵，開啟 VBA 程式設計環境，然後在「專案 -VBAProject」視窗中按兩下 ThisWorkbook，即可開啟對應的視窗，如圖 2-2 和圖 2-3 所示。此時在視窗標題列中顯示有「ThisWorkbook（程式碼）」字樣，而非第 1 章中提及的「模組 1」字樣，這與後面要輸入的程式碼密切相關。

圖 2-2 按兩下 ThisWorkbook

圖 2-3 ThisWorkbook 視窗

第 3 步，輸入程式碼。在彈出的程式碼視窗中，輸入以下程式碼，程式碼開頭使用了 Private 關鍵字，說明這個程式是一個私有程序，即只能在該活頁簿中使用，這也是為什麼不在模組中輸入程式碼的原因之一。

行號	程式碼	程式碼註解
01	`Private Sub Workbook_SheetSelectionChange(ByVal Sh As Object, ByVal Target As Range)`	第 1 行程式碼：宣告一個選取儲存格後觸發活頁簿的事件。
02	`Dim rng As Range`	第 3 行程式碼：將儲存格中已有的填滿色彩清除。
03	`Sh.Cells.Interior.ColorIndex = xlNone`	
04	`Set rng = Application.Union(Target.EntireColumn, Target.EntireRow)`	第 4 行程式碼：選取所選儲存格所在的列和欄。
05	`rng.Interior.ColorIndex = 3` → 可修改	第 5 行程式碼：將所選區域的顏色填滿為 3 號色。
06	`End Sub`	

第 4 步，檢視效果。返回工作表，用滑鼠按一下任意儲存格，此時可看到所選儲存格所在的列和欄都被填滿了紅色，如圖 2-4 所示。在上述程式碼中，第 5 行程式碼中的數字 3 代表色彩清單中的紅色，讀者可修改成自己喜歡的顏色效果。

	A	B	C	D	E	F	G	H	I
1	員工編號	員工姓名	性別	所屬部門	員工類別	基本工資	事假天數	病假天數	崗位工資
2	R1001	陳珂	男	生產部	經理	4500	0	2	1000
3	R1002	李豔	男	財務部	經理	4500	0	0	1000
4	R1003	張佳佳	女	客戶部	經理	4500	0	0	1000
5	R1004	吳春燕	女	銷售部	經理	4500	1	0	1000
6	R1005	何飛	女	生產部	生產人員	3000	0	1	800
7	R1006	李佳樂	女	生產部	生產人員	3000	0	0	800
8	R1007	趙青	女	生產部	生產人員	3000	0	0	800
9	R1008	孫興	男	生產部	生產人員	3000	0	0	800
10	R1009	李岩	女	財務部	會計人員	2200	0	1	600
11	R1010	吳江	女	財務部	會計人員	2200	2	0	600

圖 2-4 操作後的效果

有問必答

這個技能太好用了，完全解決了我這方面的需求。但是能不能自動定位到需要尋找的儲存格中呢？

如果你能將 VBA 與平時的簡化操作連結起來，那麼你的工作就會變得更簡單。關於你的問題，請見下面說明。

範例應用 2-1 是透過滑鼠隨機選取一個儲存格，如果想透過某個指定的關鍵字來定位儲存格，如某個員工的編號、姓名等，則可以結合 Ctrl+F 快速鍵一起使用。按 Ctrl+F 快速鍵，在開啟的對話方塊中，輸入需要尋找的內容，然後按一下「找下一個」按鈕，將自動定位包含尋找內容的儲存格，其效果如圖 2-5 所示。

員工編號	員工姓名	性別	所屬部門	員工類別	基本工資	事假天數	病假天數	崗位工資	住房補貼	獎金
R1001	陳珂	男	生產部	經理	4500	0	2	1000	400	300
R1002	李豔	男	財務部	經理	4500	0	0	1000	400	200
R1003	張佳佳	女								200
R1004	吳春燕	女								500
R1005	何飛	女								300
R1006	李佳樂	女								300
R1007	趙青	女								300
R1008	孫興	男								300
R1009	李岩	女								200
R1010	吳江	女								200
R1011	馮靜	女								200
R1012	唐建軍	男								200
R1013	周微	女								200

尋找及取代 ? ×

尋找(D) 取代(P)

尋找目標(N): 趙青

選項(T) >>

全部尋找(I) 找下一個(F) 關閉

圖 2-5 結合快速鍵使用

2. 選取有重複值的最後一個儲存格

對重複值中最後一個儲存格的定位，主要應用的是第 1 章中介紹的 For 迴圈語法，可用於員工投訴管理、客戶交易日期查詢等工作中。因為這些情況下，都會特意對重複值進行關注和分析，以找到文字最後一次出現的位置。此時，如果你還在考慮是否該用排序的方式解決，證明你還未領會 VBA 化繁為簡的好處。

範例應用 2-2 快速定位重複值中最後一個儲存格的所在列

原始檔 範例檔>02>原始檔>2.1.1 定位最後一個重複值.xlsx

完成檔 範例檔>02>完成檔>2.1.1 定位最後一個重複值.xlsm

第 1 步，檢視原始表格。開啟原始檔，如圖 2-6 所示。表格中記錄了 2014 年員工被投訴的詳細記錄，且是根據日期排序的。由於部分員工有多次被投訴的現象，因此需要透過尋找重複記錄中最後一次的投訴日期，來判斷員工對工作態度的改進情況。

1	投訴日期	工號	姓名	投訴事件
2	104年1月12日	5106	朱阿林	與顧客發生衝突
3	104年1月13日	5112	譚科	態度不好
4	104年1月23日	5125	李金科	態度不好
5	104年1月28日	5117	袁芳	態度不好
6	104年2月8日	5112	譚科	態度不好
7	104年2月20日	5136	張婕	與顧客發生衝突
8	104年2月21日	5111	魏金涵	態度不好
9	104年2月23日	5106	朱阿林	態度不好
10	104年3月10日	5110	於飛	態度不好
11	104年3月14日	5123	夏霞	態度不好
12	104年3月21日	5117	袁芳	態度不好
13	104年3月21日	5136	張婕	態度不好
14	104年3月29日	5111	魏金涵	態度不好
15	104年4月5日	5106	朱阿林	與顧客發生衝突
16	104年4月13日	5105	李佳	態度不好
17	104年4月13日	5111	魏金涵	態度不好
18	104年4月14日	5133	韋尚瀟	態度不好
19	104年5月3日	5119	習春	態度不好
20	104年5月19日	5106	朱阿林	態度不好
21	104年5月19日	5133	韋尚瀟	態度不好
22	104年5月19日	5119	習春	態度不好
23	104年5月20日	5105	李佳	態度不好
24	104年6月7日	5123	夏霞	態度不好
25	104年6月23日	5112	譚科	態度不好
26	104年7月9日	5117	袁芳	態度不好
27	104年7月24日	5106	朱阿林	態度不好
28	104年8月11日	5115	張琳琳	態度不好
29	104年8月16日	5102	張媛	態度不好
30	104年9月20日	5109	何霞	態度不好
31	104年10月15日	5111	魏金涵	態度不好
32	104年10月19日	5106	朱阿林	與顧客發生衝突
33	104年10月23日	5124	吳昊	態度不好
34	104年11月2日	5116	李佳樂	態度不好
35	104年11月6日	5117	袁芳	態度不好
36	104年11月9日	5106	朱阿林	與顧客發生衝突
37	104年11月20日	5123	夏霞	態度不好
38	104年11月30日	5106	朱阿林	態度不好
39	104年12月15日	5119	習春	態度不好
40	104年12月19日	5104	何飛	態度不好
41	104年12月29日	5108	段小可	態度不好
42				
43				
44				
45				
46				

圖 2-6 原始表格

第 2 步，在模組中輸入程式碼。在 VBA 程式設計環境中插入模組，然後輸入以下的程式碼。在第 5 行程式碼中，可根據需要更改要檢視的員工姓名。該程式碼是用來選取整列，主要是方便快速檢視員工最後一次被投訴的日期。

行號	程式碼	程式碼註解

```
01  Sub 定位最後一個重複值 ()
02    Dim myrange As Range
03    Dim str
04    For Each myrange In Range("C2:C36")
05      If myrange.Value = "朱阿林" Then
06        myrange.Select
07        str = Selection.Row
08        Rows(str).Select
09      End If
10    Next
11  End Sub
```

（"朱阿林" → 可修改）

第 4 行程式碼：迴圈訪問 C2:C36 儲存格區域的內容。

第 5 行程式碼：如果儲存格中的值為「朱阿林」，則執行下一條程式碼。

第 7 行程式碼：將所選儲存格的列號賦值給變數 str。

第 3 步，檢視結果。執行程式碼後，返回工作表。此時可看到選取了「朱阿林」最後一次被投訴的記錄，如圖 2-7 所示。

第 4 步，修改程式碼並檢視結果。為了驗證程式碼能否靈活應用，在模組中修改第 5 行程式碼的「朱阿林」為「夏霞」，再執行一次程式，可看到「夏霞」最後一次被投訴的日期為「11 月 20 日」，如圖 2-8 所示。

	A	B	C	D
21	104年5月20日	5105	李佳	態度不好
22	104年6月23日	5112	譚科	態度不好
23	104年7月9日	5117	袁芳	態度不好
24	104年7月24日	5106	朱阿林	態度不好
25	104年8月11日	5115	張琳琳	態度不好
26	104年9月20日	5109	何霞	態度不好
27	104年10月15日	5111	魏金涵	態度不好
28	104年10月19日	5106	朱阿林	與顧客發生衝突
29	104年10月23日	5124	吳昊	態度不好
30	104年11月2日	5116	李佳樂	態度不好
31	104年11月6日	5117	袁芳	態度不好
32	104年11月20日	5123	夏霞	態度不好
33	104年11月30日	5106	朱阿林	態度不好
34	104年12月15日	5119	習春	態度不好
35	104年12月19日	5104	何飛	態度不好
36	104年12月29日	5108	段小可	態度不好

圖 2-7 查詢結果 1

	A	B	C	D
24	104年7月24日	5106	朱阿林	態度不好
25	104年8月11日	5115	張琳琳	態度不好
26	104年9月20日	5109	何霞	態度不好
27	104年10月15日	5111	魏金涵	態度不好
28	104年10月19日	5106	朱阿林	與顧客發生衝突
29	104年10月23日	5124	吳昊	態度不好
30	104年11月2日	5116	李佳樂	態度不好
31	104年11月6日	5117	袁芳	態度不好
32	104年11月20日	5123	夏霞	態度不好
33	104年11月30日	5106	朱阿林	態度不好
34	104年12月15日	5119	習春	態度不好
35	104年12月19日	5104	何飛	態度不好
36	104年12月29日	5108	段小可	態度不好

圖 2-8 查詢結果 2

有問必答

看完上述程式，我又有了新的問題：如何確定重複次數最多的人呢？

如果你想根據重複次數進行檢視，可結合樞紐分析表，統計員工的投訴次數。

結合樞紐分析表是為了統計每位員工被投訴的次數，然後根據次數排名，有針對性地檢視資料。其操作過程如圖 2-9 至圖 2-11 所示。圖 2-9 是設定要插入樞紐分析表的欄位，結果如圖 2-10 所示。圖 2-11 所示是將「姓名」欄位修改為「次數」，並對次數進行排序。

圖 2-9 安排欄位

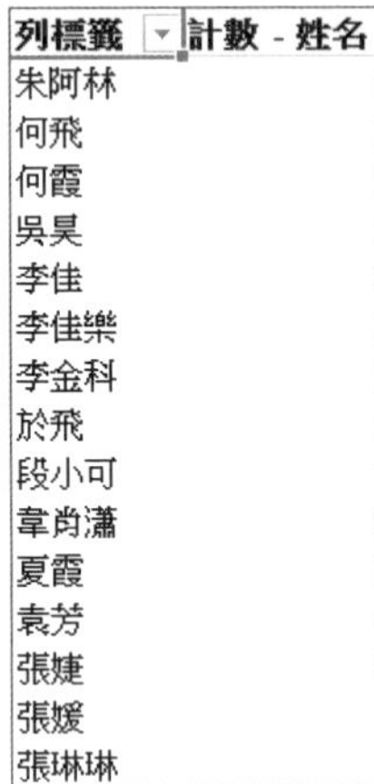

列標籤	計數 - 姓名
朱阿林	8
何飛	1
何霞	1
吳昊	1
李佳	2
李佳樂	1
李金科	1
於飛	1
段小可	1
韋尚瀟	2
夏霞	3
袁芳	4
張婕	2
張媛	1
張琳琳	1

圖 2-10 統計次數

列標籤	計數 - 次數
段小可	1
李佳樂	1
李金科	1
何霞	1
於飛	1
張琳琳	1
何飛	1
吳昊	1
張媛	1
韋尚瀟	2
李佳	2
張婕	2
夏霞	3
習春	3
譚科	3

圖 2-11 排序

2.1.2 跳躍式複製儲存格區域

在同一工作表中，使用 VBA 完成儲存格區域的複製、貼上，有人可能會覺得是小題大做，其實不然。例如，行政人員經常會在 Excel 中做一些表單，如報銷單、出貨單等，由於這些表單比較簡單，通常都是在一張 A4 紙上列印多個後進行裁剪，這樣不但能合理利用紙張，還能同時列印多張表單。利用快速鍵 Ctrl+C 和 Ctrl+V 當然可以完成表單的複製步驟，但是如果需要同時保留邊框線、文字內容及其他的表格樣式，似乎又要多操作幾次，因此，問題的重點是，如何在一張工作表中，更加快速地建立多個相同內容和樣式的表單。下面的範例就是教大家使用 VBA 程式設計達到這個功能。

範例應用 2-3 跳躍式複製儲存格區域

原始檔 範例檔>02>原始檔>2.1.2 跳躍式複製儲存格區域.xlsx

完成檔 範例檔>02>完成檔>2.1.2 跳躍式複製儲存格區域.xlsm

第 1 步，檢視原始表單。開啟原始檔，可見到如圖 2-12 所示的表單內容和樣式。

	A	B	C	D	E	F	G	H	I	J	K
1	費用報銷單										
2	部門：	日期：									
3	項目	摘要	金額								
4			百	十	萬	千	百	十	元	角	分
5											
6											
7											
8											
9											
10											
11											
12	合計金額（大寫）										
13	主管	會計	製表								

圖 2-12 原始表單

第 2 步，輸入程式碼。在 VBA 程式設計環境中插入模組，並輸入如下程式碼，其核心程式碼為第 4、5 行。第 4 行程式碼使用了 For 迴圈語法，在指定的第 15 ～ 60 列區域內操作。其中，「Step 16」表示每一次迴圈後，就在列上加 16。例如，第一次迴圈在第 15 列上，第二次迴圈就在第 31（15+16）列上，依此類推。

行號	程式碼	程式碼註解

```
01  Sub 複製儲存格內容 ()
02    Dim i As Integer
03    Range("1:13").Copy
04    For i = 15 To 60 Step 16
05      Range("A" & i).PasteSpecial xlPasteAll
06    Next i
07  End Sub
```

（第 04～05 行：可修改）

第 3 行程式碼：複製第 1～13 列（複製整列是為了在貼上時保持原始表單各列的列高）。
第 4 行程式碼：執行迴圈操作。
第 5 行程式碼：貼上第 1～13 列的所有內容。

第 3 步，檢視執行結果。按 F5 鍵執行程式，然後返回工作表，可看到 A:K 欄前 60 列貼上了與原始表單具有相同內容和樣式的表單，結果如圖 2-13 所示。從圖中的列號就可以看出這一點。

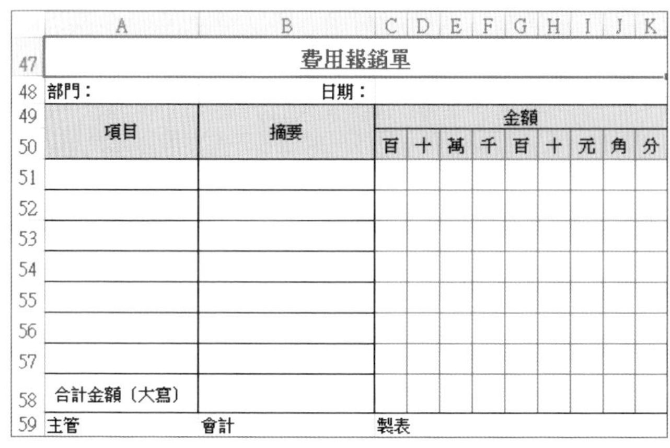

	A	B	C	D	E	F	G	H	I	J	K
47	費用報銷單										
48	部門：	日期：									
49	項目	摘要	金額								
50			百	十	萬	千	百	十	元	角	分
51											
52											
53											
54											
55											
56											
57											
58	合計金額（大寫）										
59	主管	會計	製表								

圖 2-13 執行結果

有問必答

哇，方法簡單又實用！不愧為自動化操作的金鑰！不過，我不太明白程式碼中的貼上方法。

你說的是第 5 行程式碼中的「PasteSpecial xlPasteAll」嗎？學習它的重點是瞭解它的選項參數！

在上面的程式碼中涉及本節介紹的兩個重點，即第 3 行程式碼中的「運算式 .Copy」和第 5 行程式碼中的「運算式 .PasteSpecial xlPasteAll」。其中，「運算式 .Copy」是對指定內容進行複製操作，比較簡單。這裡重點講解 PasteSpecial 方法的貼上選項參數，如表 2-3 所示。

表 2-3 貼上選項

常量	貼上內容
xlPasteAll	貼上全部內容
xlPasteAllExceptBorders	貼上除框線外的全部內容
xlPasteAllMergingConditionalFormats	貼上所有內容，並且將合併條件格式
xlPasteAllUsingSourceTheme	使用來源佈景主題貼上全部內容
xlPasteColumnWidths	貼上複製的欄寬
xlPasteComments	貼上註解
xlPasteFormats	貼上複製的來源格式
xlPasteFormulas	貼上公式
xlPasteFormulasAndNumberFormats	貼上公式和數字格式
xlPasteValidation	貼上有效性
xlPasteValues	貼上值
xlPasteValuesAndNumberFormats	貼上值和數字格式

熟悉 Excel 的讀者可能已經發現，這 12 個選項其實對應的是「選擇性貼上」對話方塊中的貼上選項，如圖 2-14 所示。其中，xlPasteAll 是最常用的一個參數，在本範例中，它的作用就是將原始表單的內容和格式一起貼上，若將其改為其他參數，則達不到範例中這樣完美的效果。

圖 2-14「選擇性貼上」對話方塊中的貼上選項

2.1.3 刪除無效的儲存格內容

選取、複製、貼上、刪除等是針對儲存格執行的最基本操作，這些操作看似簡單，但在資料量較大時，如果全部依靠人工進行，無疑是很繁重的工作。而且有時還需要透過邏輯判斷，才能確定是否對儲存格執行操作，就更是難上加難了。雖然函數可以達到這一目的，但也僅限於列或欄中。如果需要判斷的儲存格內容分佈很零散，使用函數依然會遇到瓶頸。此時 VBA 無疑是最有效的解決辦法。本小節就來介紹如何用 VBA 實現儲存格內容的清理和根據儲存格內容刪除儲存格。

1. 根據資料類型清理儲存格內容

救命啊！我從網頁上複製了一張表，但是它所有資料都在同一欄，而我又只需要其中的文字，該如何是好？

別急！像你說的這種情況，如果使用分欄功能肯定不能徹底解決，還是給你一段程式碼吧！

大家是否遇到過這種情況：從網頁上複製來的資料只顯示在同欄，也就是網頁上的每一行資料貼到 Excel 表格中，只顯示在一個儲存格中，這樣一個儲存格的內容便包含多種資料類型，最常見的是文字類型和數值類型。如果要擷取其中的資料，許多人首先想到的是在「資料」索引標籤的「資料工具」群組中，按一下「資料剖析」，或者使用 LEFT、RIGHT、MID 等文字函數。但是，當大批儲存格中的資料毫無規律時，這些方法都會受到限制，還是一起來學習下面的程式碼吧！

範例應用 2-4 清理儲存格中的數字，只保留文字

原始檔 範例檔>02>原始檔>2.1.3 清理儲存格內容.xlsx

完成檔 範例檔>02>完成檔>2.1.3 清理儲存格內容.xlsm

第 1 步，從網頁上複製資料。透過淘寶指數複製女裝熱搜關鍵字的排名資料，然後貼到 Excel 工作表中，並做一些簡單的處理，如圖 2-15 所示。從圖中可看出，複製貼上後的資料都集中在 A 欄。

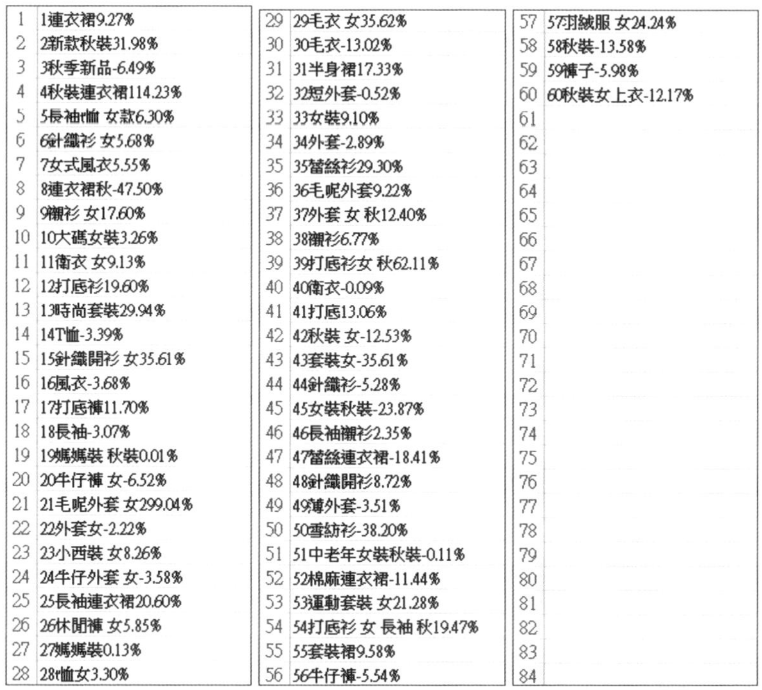

1	1連衣裙9.27%	29	29毛衣 女35.62%	57	57羽絨服 女24.24%
2	2新款秋裝31.98%	30	30毛衣-13.02%	58	58秋裝-13.58%
3	3秋季新品-6.49%	31	31半身裙17.33%	59	59褲子-5.98%
4	4秋裝連衣裙114.23%	32	32短外套-0.52%	60	60秋裝女上衣-12.17%
5	5長袖t恤 女款6.30%	33	33女裝9.10%	61	
6	6針織衫 女5.68%	34	34外套-2.89%	62	
7	7女式風衣5.55%	35	35蕾絲衫29.30%	63	
8	8連衣裙秋-47.50%	36	36毛呢外套9.22%	64	
9	9襯衫 女17.60%	37	37外套 女 秋12.40%	65	
10	10大碼女裝3.26%	38	38襯衫6.77%	66	
11	11衛衣 女9.13%	39	39打底衫女 秋62.11%	67	
12	12打底衫19.60%	40	40衛衣-0.09%	68	
13	13時尚套裝29.94%	41	41打底13.06%	69	
14	14T恤-3.39%	42	42秋裝 女-12.53%	70	
15	15針織開衫 女35.61%	43	43套裝女-35.61%	71	
16	16風衣-3.68%	44	44針織衫-5.28%	72	
17	17打底褲11.70%	45	45女裝秋裝-23.87%	73	
18	18長袖-3.07%	46	46長袖襯衫2.35%	74	
19	19媽媽裝 秋裝0.01%	47	47蕾絲連衣裙-18.41%	75	
20	20牛仔褲 女-6.52%	48	48針織開衫8.72%	76	
21	21毛呢外套 女299.04%	49	49薄外套-3.51%	77	
22	22外套女-2.22%	50	50雪紡衫-38.20%	78	
23	23小西裝 女8.26%	51	51中老年女裝秋裝-0.11%	79	
24	24牛仔外套 女-3.58%	52	52棉麻連衣裙-11.44%	80	
25	25長袖連衣裙20.60%	53	53運動套裝 女21.28%	81	
26	26休閒褲 女5.85%	54	54打底衫 女 長袖 秋19.47%	82	
27	27媽媽裝0.13%	55	55套裝裙9.58%	83	
28	28t恤女3.30%	56	56牛仔褲-5.54%	84	

圖 2-15 熱搜關鍵字排名資料

第 2 步，操作分析。分析 A 欄資料可以發現，這些資料有一定規律，主要是在排名數字後的空格和關鍵字，以及關鍵字後的空格和百分比，但是，在有些關鍵字之間也存在空格，這就導致了不能直接使用分欄功能來擷取資料。另外，由於部分百分比前面有負號，而且關鍵字個數和百分比的位元數不盡相同，這就讓文字函數無用武之地。要從這樣的資料中，擷取女裝的熱搜關鍵字，選擇 VBA 是最好的決定。

第 3 步，在模組中輸入程式碼。進入 VBA 程式設計環境，插入模組 1，並在模組 1 中輸入以下程式碼。其中，第 1 行程式碼是可以根據儲存格內容隨意修改的，由於本例是要清除儲存格中的數字、符號、小數點、百分比，所以需要將這些元素儲存在一個字串型常量中。

行號	程式碼	程式碼註解
01	`Const sList = "0123456789-.%", sRange = "A1:A60"`（可修改）	第 1 行程式碼：用 Const 宣告常量。
02	`Sub Arrange()`	
03	`  Dim Rr`	
04	`  Dim i As Integer, n As String`	

行號	程式碼	程式碼註解

```
05    Dim rT, rC As Range
06    Set rT = Sheets(1).Range(sRange)
07    ReDim Rr(1 To Len(sList))
08    For i = 1 To UBound(Rr)
09      Rr(i) = Mid(sList, i, 1)
10    Next
11    For Each rC In rT
12      n = rC
13      For i = 1 To UBound(Rr)
14        n = Replace(n, Rr(i), "")
15      Next
16      rC = n
17    Next
18  End Sub
```

第 6 行程式碼：將工作表 1 中的 A1:A60 區域賦值給變數 rT。

第 8 行程式碼：從數字 1 開始迴圈至 sList 字串的最大邊界。

第 9 行程式碼：從字串中取得符號。

第 11 行程式碼：在 rT 中迴圈 rC。

第 14 行程式碼：將取得的符號替換成空值。

第 4 步，檢視執行結果。輸入完整的程式碼後，按 F5 鍵執行程式，然後返回 Excel，可看到原表中的數字和其他符號都被清除了，如圖 2-16 所示。這樣就可以直接使用處理後的熱門關鍵字，建立自己的詞庫。

1	連衣裙	29	毛衣 女	57	羽絨服 女
2	新款秋裝	30	毛衣	58	秋裝
3	秋季新品	31	半身裙	59	褲子
4	秋裝連衣裙	32	短外套	60	秋裝女上衣
5	長袖t恤 女款	33	女裝	61	
6	針織衫 女	34	外套	62	
7	女式風衣	35	蕾絲衫	63	
8	連衣裙秋	36	毛呢外套	64	
9	襯衫 女	37	外套 女 秋	65	
10	大碼女裝	38	襯衫	66	
11	衛衣 女	39	打底衫女 秋	67	
12	打底衫	40	衛衣	68	
13	時尚套裝	41	打底	69	
14	T恤	42	秋裝 女	70	
15	針織開衫 女	43	套裝女	71	
16	風衣	44	針織衫	72	
17	打底褲	45	女裝秋裝	73	
18	長袖	46	長袖襯衫	74	
19	媽媽裝 秋裝	47	蕾絲連衣裙	75	
20	牛仔褲 女	48	針織開衫	76	
21	毛呢外套 女	49	薄外套	77	
22	外套女	50	雪紡衫	78	
23	小西裝 女	51	中老年女裝秋裝	79	
24	牛仔外套 女	52	棉麻連衣裙	80	
25	長袖連衣裙	53	運動套裝 女	81	
26	休閒褲 女	54	打底衫 女 長袖 秋	82	
27	媽媽裝	55	套裝裙	83	
28	t恤女	56	牛仔褲	84	

圖 2-16 執行結果

延伸應用

在本範例的第 14 行程式碼中，Replace 函數是學習的重點。該函數的語法格式為：Replace(expression, find, replacewith[, start[, count[, compare]]])。各參數的詳細資訊如表 2-4 所示。

表 2-4 Replace 函數的參數

參數	必要性	功能說明
expression	必需	字串運算式，包含要進行替換處理的子字串
find	必需	要搜尋的子字串
replacewith	必需	用來替換的子字串
start	可選	在運算式中子字串要搜尋的開始位置
count	可選	子字串進行替換的次數
compare	可選	數字值，表示判斷子字串時所使用的比較方式

2. 根據儲存格內容刪除儲存格

除了可以對儲存格的內容進行清理外，VBA 還能對符合要求的儲存格進行刪除操作，尤其是對數量大且無規律的儲存格特別有效。

這麼巧！我正有這樣的問題要請教你。剛統計了這半年來的客戶資料，其中有很多不合作的客戶，需要將其批次刪除。

嗅，你是來給我驚喜的嗎？我解決這樣的問題最在行了！刪除儲存格需要用到 Delete 方法。

如果儲存格和儲存格中的內容都不需要了，就可以使用 Delete 方法來刪除這部分儲存格。該方法的運算式為：運算式 .Delete(偏移方向)。其中，運算式是一個代表儲存格或儲存格區域 Range 物件的變數；「偏移方向」是指對於 Range 物件，指定如何調整儲存格以填補刪除的儲存格。偏移方向的參數有如下 3 種。

- xlShiftToLeft：刪除後右側的儲存格向左移動。
- xlShiftUp：刪除後下方的儲存格向上移動。
- 省略：根據區域的形狀確定調整方式。

範例應用 2-5 刪除滿足條件的儲存格

原始檔 範例檔>02>原始檔>2.1.3 刪除滿足條件的儲存格.xlsx

完成檔 範例檔>02>完成檔>2.1.3 刪除滿足條件的儲存格.xlsm

第 1 步，檢視原始資料。開啟原始檔，如圖 2-17 所示。其中，J 欄有「無效客戶」的備註記錄，這些就是需要刪除的資料。由於表格內容較多，如果使用先排序後刪除的方式，仍會面臨資料量大的困境，而且排序後還會打亂原有的記錄順序，不利於分析資料。

	A	B	C	D	E	F	G	H	I	J
1	客戶編號	客戶名稱	客戶位址	聯繫電話	是否VIP	客戶等級	地堆	貨架	冰櫃	備註
2	D11001	如意小賣部	中華路11號	1872135****	是	A	Y	Y	Y	
3	D11002	小姿小賣部	場北路22號	1872136****	是	A	N	N	Y	無效客戶
4	D11003	捷時客	中心立交橋南側20號	1872137****	否	C	Y	Y	Y	
5	D11004	光陰的故事	軍民路90號	1872138****	是	B	Y	Y	Y	
6	D11005	樂淘小賣部	長江路10號	1872139****	是	B	Y	Y	N	無效客戶
7	D11006	角落小屋	吉政路28號	1872140****	是	A	Y	Y	Y	
8	D11007	雲鏡	花落路34號	1872141****	是	B	Y	Y	Y	
9	D11008	江湖小賣部	吉星路19號	1872142****	否	C	N	Y	Y	
10	D11009	小時代小賣部	上上路56號	1872143****	是	A	Y	Y	Y	
11	D11010	樂町雜貨	長春路25號	1872144****	是	A	Y	Y	Y	
12	D11011	青春驛站	南門國際80號	1872145****	否	C	Y	Y	Y	

圖 2-17 原始表格

第 2 步，輸入程式碼。在模組中輸入以下程式碼，其中同樣使用了 For 迴圈語法。第 6 行程式碼就是需要判斷的儲存格內容，讀者可根據實際情況進行設定。

行號	程式碼	程式碼註解
01	`Sub 刪除儲存格 ()`	第 4 行程式碼：將活頁簿中第一個工作表已使用的儲存格區域指定給物件 a。第 5 行程式碼：在 a 中迴圈 b。
02	`  Dim a As Range`	
03	`  Dim b As Range`	
04	`  Set a = Worksheets(1).UsedRange`	
05	`  For Each b In a`	

行號	程式碼	程式碼註解
06	`If b.Value = "無效客戶" Then` （"無效客戶" → 可修改）	第 6 行程式碼：如果 b 中的值等於「無效客戶」，則執行下一條語法。
07	`b.Select`	
08	`Dim i`	
09	`i = Selection.Row`	
10	`Rows(i).Delete`	第 10 行程式碼：刪除選取儲存格所在的列。
11	`End If`	
12	`Next b`	
13	`End Sub`	

第 3 步，執行結果。執行程式碼後返回工作表，可看到 J 欄中已沒有「無效客戶」的備註資料，從客戶編號也可以看出「D102」和「D105」的記錄已被刪除，如圖 2-18 所示。

	A	B	C	D	E	F	G	H	I	J
1	客戶編號	客戶名稱	客戶位址	聯繫電話	是否VIP	等級	地堆	貨架	冰櫃	備註
2	D101	如意小賣部	中華路11號	1872135****	是	A	Y	Y	Y	
3	D103	捷時客	中心立交橋南側20	1872137****	否	C	Y	Y	Y	
4	D104	光陰的故事	軍民路90號	1872138****	是	B	Y	Y	Y	
5	D106	角落小屋	吉政路28號	1872140****	是	A	Y	Y	Y	
6	D107	雲鏡	花落路34號	1872141****	是	B	Y	Y	Y	
7	D108	江湖小賣部	吉星路19號	1872142****	否	C	N	Y	Y	
8	D109	小時代小賣	上上路56號	1872143****	是	A	Y	Y	Y	
9	D110	樂町雜貨	長春路25號	1872144****	是	A	Y	Y	Y	
10	D111	青春驛站	南門國際80號	1872145****	否	C	Y	Y	Y	
11	D112	名客小賣部	景西路10號	1872146****	是	A	Y	Y	Y	
12	D114	好客多	廣特路20號	1872148****	是	B	Y	Y	Y	

圖 2-18 程式碼執行後的結果

2.1.4 合併同屬性的儲存格

主管把我辛辛苦苦統計的業績排名給退回來了，說我做得一點都不專業！不就是排序嗎，有什麼特別的？

你以為按照業績高低排個序就沒事了嗎？有沒有想過排名相同的要怎麼處理？這可是有技巧的哦！

工作中的排名是很講究的，它不同於簡單的排序工作。在 Excel 中，處理排名問題還有專門的 RANK.EQ 和 RANK.AVG 函數。這兩個函數最大的區別就在於，排名相同時的不同處理方式，前者傳回的是最佳排名，後者傳回的是平均排名。如果要給主管彙報關於工資排名、業績排名等方面的工作，排名函數一定是不可少的。但是，如果排名中有很多相同的排名，主管還要逐列比對分析嗎？顯然，此時需要一個能自動處理相同排名的方法。

下面這段 VBA 程式碼，能快速合併相同屬性的儲存格，無論資料量有多大，都不會遺漏任何一處。接下來就用一個範例來說明如何對員工的業績進行排名，並同時處理排名相同的結果，讓主管眼睛為之一亮！

範例應用 2-6 快速合併同屬性的儲存格

原始檔 範例檔>02>原始檔>2.1.4 合併同屬性的儲存格.xlsx

完成檔 範例檔>02>完成檔>2.1.4 合併同屬性的儲存格.xlsm

第 1 步，檢視原始檔。開啟原始檔，如圖 2-19 所示。該工作表中的資料是按「業績」遞減排列，其中的「排名」項需要根據「業績」統計。

	A	B	C	D	E	F
1	排名	編號	姓名	部門	業績	獎金
2		51151	趙西	銷售部	55000	3300
3		51148	金鑫	銷售部	54500	3270
4		51102	何冰	銷售部	53000	3180
5		51141	習可	銷售部	53000	3180
6		51109	孟靜	銷售部	52800	3168
7		51106	寧夢	銷售部	52500	3150
8		51113	趙青	銷售部	52200	3132
9		51126	孫興	銷售部	52200	3132
10		51133	李冰	銷售部	51900	3114
11		51149	景和	銷售部	51600	3096
12		51105	馮靜	銷售部	51600	3096

圖 2-19 員工業績排名表

第 2 步，統計排名。在 A2 儲存格中輸入公式「=RANK.EQ(E2,$E$2:$E$53)」，按 Enter 鍵後，可檢視對應的排名，然後透過拖曳法填滿 A 欄中的其他儲存格，結果如圖 2-20 所示。可以看出，有不少排名是相同的，如有 2 個第 3 名和 2 個第 7 名。

A2 =RANK.EQ(E2,$E$2:$E$53)

排名	編號	姓名	部門	業績	獎金
1	51151	趙西	銷售部	55000	3300
2	51148	金鑫	銷售部	54500	3270
3	51102	何冰	銷售部	53000	3180
3	51141	習可	銷售部	53000	3180
5	51109	孟靜	銷售部	52800	3168
6	51106	寧夢	銷售部	52500	3150
7	51113	趙青	銷售部	52200	3132
7	51126	孫興	銷售部	52200	3132
9	51133	李冰	銷售部	51900	3114

圖 2-20 統計排名的結果

第 3 步，使用條件格式。為了突顯 A 欄中的相同排名，這裡使用條件格醒目顯示重複值。先選取 A 欄，在「常用」索引標籤下的「樣式」群組中，按一下「設定格式化的條件」下三角按鈕，然後在展開的清單中，執行【醒目提示儲存格規則→重複的值】命令，並在彈出的對話方塊中設定格式，如圖 2-21 和圖 2-22 所示。

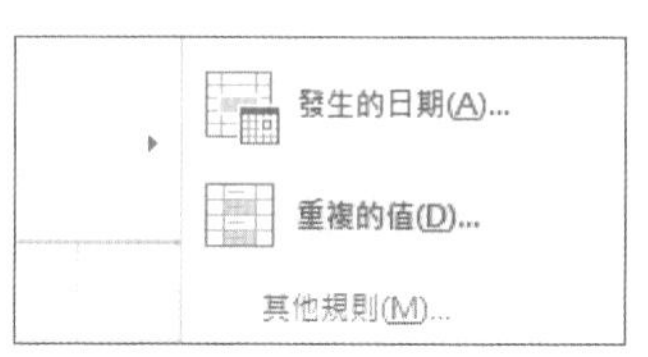

圖 2-21 使用條件格式

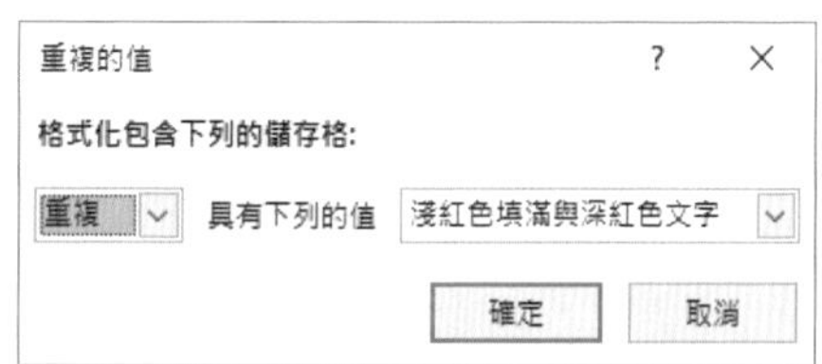

圖 2-22 設定重複值格式

第 4 步，檢視條件格式。經過上一步操作後，A 欄中排名重複的儲存格以醒目的格式顯示，如圖 2-23 所示。

排名	編號	姓名	部門	業績	獎金
1	51151	趙西	銷售部	55000	3300
2	51148	金鑫	銷售部	54500	3270
3	51102	何冰	銷售部	53000	3180
3	51141	習可	銷售部	53000	3180
5	51109	孟靜	銷售部	52800	3168
6	51106	寧夢	銷售部	52500	3150
7	51113	趙青	銷售部	52200	3132
7	51126	孫興	銷售部	52200	3132
9	51133	李冰	銷售部	51900	3114
10	51149	景和	銷售部	51600	3096
10	51105	馮靜	銷售部	51600	3096

圖 2-23 使用條件格式醒目顯示重複的排名

第 5 步，輸入程式碼。在程式設計環境中，插入模組，然後輸入以下程式碼。該段程式碼的第一句 Option Explicit，在以前的程式碼中沒有出現過，它表示強制所有變數的顯式宣告。即在該程序中，出現的所有變數都必須提前宣告，否則會出錯。其他重要程式碼會在「程式碼註解」中詳細說明。

行號 | 程式碼 | 程式碼註解

```
01  Option Explicit
02  Sub 合併儲存格 ()
03    Application.DisplayAlerts = False
04      Dim i As Integer
05      Dim first As Integer
06      Dim last As Integer
07      first = 1
08      For i = 1 To 53 Step 1
09        If Worksheets("Sheet1").Range("A" & i) =
            Worksheets("Sheet1").Range("A" & i + 1) Then
10        Else
11          last = i
12          Worksheets("Sheet1").Range("A" & first & ":A"
              & last).Select
13          With Selection
14            .MergeCells = True
15          End With
16          first = i + 1
17        End If
18      Next
19    Application.DisplayAlerts = True
20  End Sub
```

可修改（第 08 行的 53、第 09 行的 "A"）

可修改（第 12 行的 "Sheet1"）

第 3 行程式碼：關閉合併儲存格時彈出的提示框。
第 8 行程式碼：從第 1 列開始逐步迴圈至 53 列。
第 9 行程式碼：判斷 A 欄中，上下相鄰的儲存格是否相同。
第 12 行程式碼：選取 A 欄中相同的第一個和最後一個儲存格區域。
第 14 行程式碼：合併所選取的儲存格區域。
第 16 行程式碼：依序往下迴圈。
第 19 行程式碼：由於在程式碼開頭關閉了彈出提示框，因此在結束時，設定為 True 來恢復彈出。

第 6 步，執行結果。由於本範例是在 A 欄的 52 條記錄中判斷，程式碼中使用了明確的列號和欄名，列號和欄名可根據表格內容進行修改。如果將程式碼視窗與表格視窗並排，在執行程式碼的程序中，可看到儲存格的變化是逐列進行的，直至指定的最後一列，且由於儲存格合併後不存在重複值，條件格式也就不會產生作用了，結果如圖 2-24 所示。

	A	B	C	D	E	F
1	排名	編號	姓名	部門	業績	獎金
2	1	51151	趙西	銷售部	55000	3300
3	2	51148	金鑫	銷售部	54500	3270
4	3	51102	何冰	銷售部	53000	3180
5		51141	習可	銷售部	53000	3180
6	5	51109	孟靜	銷售部	52800	3168
7	6	51106	寧夢	銷售部	52500	3150
8	7	51113	趙青	銷售部	52200	3132
9		51126	孫興	銷售部	52200	3132
10	9	51133	李冰	銷售部	51900	3114
11	10	51149	景和	銷售部	51600	3096
12		51105	馮靜	銷售部	51600	3096

圖 2-24 合併後的結果

延伸應用

本範例第 14 行程式碼中，用到的儲存格合併方法，是將 Range 物件的 MergeCells 屬性值設定為 True。此外，還可以使用 Range 物件的 Merge 方法，其語法格式為：expression.Merge（Across），其中，expression 代表一個 Range 物件的運算式，此為必需；Across 是 Variant 類型，屬於可選項，如果該值為 True，則將指定區域內的每一列合併為一個儲存格，預設值為 False。

2.2 別樹一格的儲存格格式

講了這麼多關於儲存格的操作，怎麼沒有看到設定儲存格格式呢？難道它沒有捷徑？

當然不是了！處理儲存格格式並不是什麼難事，一般的方法都能達到，重點是如何批次處理！

在使用 Excel 完成日常工作時，對儲存格格式的處理是必不可少的操作，如新增框線、設定字型樣式、設定數字格式等，這些操作用功能區的按鈕都能完成。即便遇到大量的表格，錄製一個巨集也能順利解決。但你是否遇到過以下情況？

- 製作財務報表時，每個大寫金額都需要手動輸入，數字格式中的中文大寫只能對純數字進行轉換，但不能自動增加單位。
- 核對資料時，由於所有列的格式一樣，常常看錯列，但又不能設定自動醒目顯示目前選取的儲存格所在列。
- 在輸入某些參數資訊時，經常要將數字設定成上標或下標格式，但是使用儲存格格式無法批次設定。

只要掌握了 VBA，上面這些麻煩的操作再也不用一步一步地完成了。

2.2.1 讓金額數字一秒變中文大寫

每次讓業務員上報差旅費報銷單時，總是會把金額總計欄留給我統計，提醒無數次都不管用，還要我統一處理！

很多做業務的對 Excel 確實不太熟悉，你是專業人員，這個工作對你來說應該很簡單的。

無論是財務還是行政工作，都會遇到需要將與金額有關的數字轉為中文大寫的情況，這主要是為了防止他人篡改數字。但是 Excel 中的數字格式無法妥善地解決這個問題，還需要辦公人員手動轉換。不用說，這肯定是一件麻煩的工作。如果你需要快速處理這樣的問題，就收藏下面範例中的程式碼。該程式碼較長，但是大部分程式碼都是固定的，讀者只需要複製貼上即可使用。

範例應用 2-7 金額數字轉換為中文大寫格式

原始檔 範例檔>02>原始檔>2.2.1 金額小寫轉大寫.xlsx

完成檔 範例檔>02>完成檔>2.2.1 金額小寫轉大寫.xlsm

第 1 步，檢視原始檔。開啟原始檔，如圖 2-25 所示。該表中已統計出該員工出差發生的所有費用，現在需要透過 VBA 程式碼，將 G12 儲存格中的金額數字轉換為中文大寫格式，輸出在 C13 儲存格中。

	A	B	C	D	E	F	G
1	差旅費報銷單						
2	報銷日期：　年　月　日						
3	出差人	張三		部門	銷售部		
4	出差事由	開發新客戶		出差地點	綿陽、廣安		
5	起訖日期	起訖地點	差旅費用項目		補助		合計
6			交通費	住宿費	天數	金額	
7	9-12至9-15	成都-綿陽	158.5	360	3	240	758.5
8	9-15至9-20	綿陽-廣安	215	600	5	400	1215
9	104年9月20日	廣安-成都	108	0	0.5	40	148
10							
11							
12	合計		481.5	960	8.5	680	2121.5
13	報銷總額大寫						

圖 2-25 原始檔

第 2 步，輸入程式碼。在 VBA 程式設計環境中，插入模組 1，並在模組中輸入以下程式碼。該程式碼雖然較長，但是中間有很多寫法相似的部分，讀者可參考「程式碼註解」，瞭解重要程式碼的意義。

行號	程式碼	程式碼註解

```
01  Sub upCurrency()
02    Dim Curr$, CSing$, n%, CurrLength%, s1$, s2$, s3$
03    Curr = Format(Abs(Val([g12])) * 100, "0")
04    CurrLength = Len(Curr)
05    For n = 0 To CurrLength - 1
06      s1 = Mid(Curr, CurrLength - n, 1)
07      s2 = Mid("零壹貳三肆伍陸柒捌玖", s1 + 1, 1)
08      s3 = Mid("分角元拾佰仟萬拾佰仟億拾佰仟", n + 1, 1)
09      CSing = s2 & s3 & CSing
10    Next
11    With CreateObject("VBScript.RegExp")
12      .Global = True
13      .Pattern = "(零[仟佰拾角分]+)+零?"
14      CSing = .Replace(CSing, "零")
15      .Pattern = "零?([億萬元])(零萬)?|^零$"
16      CSing = .Replace(CSing, "$1")
17      .Pattern = "零$"
18      CSing = .Replace(CSing, "整")
19    End With
20    [c13] = CSing
21  End Sub
```

（第 3 行 [g12]：可修改；第 20 行 [c13]：可修改）

第 3 行程式碼：將儲存格的值按指定的格式輸出給變數。

第 6 ～ 8 行程式碼：將截取的字元賦值給變數。

第 12 行程式碼：設定全域可用。

第 13 行程式碼：設定字元搜索規則。

第 14 行程式碼：把符合搜尋規則的字元用「零」取代。

第 15 ～ 18 行程式碼：與第 13、14 行程式碼的作用相同，只是指定的搜尋規則和取代的字元不同。

第 3 步，執行程式碼。按 F5 鍵執行程式碼後，可在工作表中看到 C13 儲存格自動轉換的結果，如圖 2-26 所示。

	A	B	C	D	E	F	G
1	差旅費報銷單						
2	報銷日期： 年 月 日						
3	出差人	張三		部門	銷售部		
4	出差事由	開發新客戶		出差地點	綿陽、廣安		
5	起訖日期	起訖地點	差旅費用項目		補助		合計
6			交通費	住宿費	天數	金額	
7	9-12至9-15	成都-綿陽	158.5	360	3	240	758.5
8	9-15至9-20	綿陽-廣安	215	600	5	400	1215
9	104年9月20日	廣安-成都	108	0	0.5	40	148
10							
11							
12	合計		481.5	960	8.5	680	2121.5
13	報銷總額大寫		貳仟壹佰貳拾壹元伍角整				

圖 2-26 執行結果

延伸應用

相信不少讀者看了這段程式碼後，會納悶為何不用函數來執行這個功能。其實函數用起來也不簡單，如公式：=TEXT(INT([有數字的儲存格]),"[dbnum2]G/ 通用格式元 ;;")&SUBSTITUTE(SUBSTITUTE(TEXT(RIGHT(RMB([有數字的儲存格]),2),"[dbnum2]0 角 0 分 ;; 整 ")," 零角 ",IF([有數字的儲存格]^2<1,," 零 "))," 零分 "," 整 ")。

2.2.2 更具個性的列欄樣式

一看標題就知道這又是一個亮點！不知是用來幹什麼的？能快速解決日常工作中的難題嗎？

其實這部分內容與 2.1.1 中的第一個重點有相似的地方，都可以用來醒目顯示列和欄的資料，不過這裡還有更個性化的效果哦！

在 2.2.1 中介紹了對選取儲存格所在列和欄的醒目顯示，如果讀者覺得填滿後的儲存格，因為顏色太暗而不能突顯內容，則可以對儲存格的內容進行格式設定，如增大字型大小或設定粗體效果。

範例應用 2-8 輔助確認儲存格內容

原始檔 範例檔>02>原始檔>2.2.2 個性化的列和欄.xlsx

完成檔 範例檔>02>完成檔>2.2.2 個性化的列和欄.xlsm

第 1 步，檢視原表格式。開啟原始檔，如圖 2-27 所示。該表中已設定了表格樣式。

	A	B	C	D	E	F	G
1	員工編號	姓名	所在部門	性別	就職日期	年資	第一季銷售額
2	R1001	李元昊	銷售部	男	2014/7/6	2	15500
3	R1002	朱麗佳	銷售部	女	2010/6/23	6	19250
4	R1003	何飛義	銷售部	男	2010/8/1	6	21500
5	R1004	陳龍	銷售部	男	2012/7/15	4	19630
6	R1005	朱燕	銷售部	女	2013/7/20	3	21300
7	R1006	李江	銷售部	男	2012/6/28	4	22600
8	R1007	董澤	銷售部	男	2011/8/15	5	16540
9	R1008	張甜甜	銷售部	女	2010/7/12	6	12300

圖 2-27 原始表格

第 2 步，開啟工作表 1 程式碼視窗。在 VBA 程式設計環境中，按兩下「專案 -VBAProject」視窗中的「工作表 1（原表）」選項，如圖 2-28 所示。然後在彈出的工作表 1 程式碼視窗中，將原為「(一般)」的下拉式清單方塊，更改為 Worksheet 類型，將原為「(宣告)」的下拉式清單方塊更改為 SelectionChange 事件，設定好之後，程式會自動產生該事件開頭和結尾的程式碼，如圖 2-29 所示。

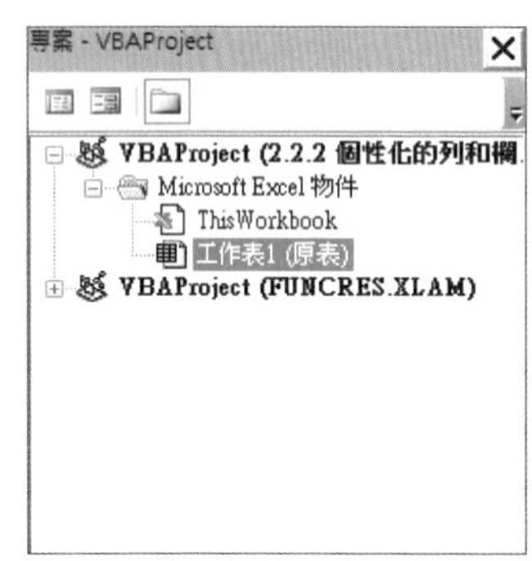

圖 2-28 開啓工作表 1 程式碼視窗

圖 2-29 設定 Worksheet 類型

第 3 步，輸入程式碼。在工作表 1 程式碼視窗中，輸入以下程式碼，由於程式碼較長，這裡特別用橫線將這段程式碼劃分為 4 個部分。其中，第 2 部分是對表格資料區域的初始化過程，第 3 部分主要是設定儲存格所在欄的樣式設定，而第 4 部分主要是設定儲存格所在欄的字型樣式。

行號 程式碼 程式碼註解

```
01 Dim lastRow As Integer
02 Dim lastCol As Integer
03 Private Sub Worksheet_SelectionChange(ByVal Target As Range)
04   On Error Resume Next
05   Application.ScreenUpdating = False
06   If lastRow = 0 Then
07     Range("A1:Z99").RowHeight = 14.25
08     Range("A1:Z99").Interior.ColorIndex = xlNone
09   End If
10   If lastCol = 0 Then
11     Range("A1:Z99").Font.Italic = False
12     Range("A1:Z99").Font.Bold = False
13     Range("A1:Z99").Font.ColorIndex = xlAutomatic
14   End If
15   If Target.Column >= 1 And Target.Column <= 13 Then
16     If Target.Row >= 1 And lastRow <> Target.Row Then
17       Cells(lastRow, 1).EntireRow.RowHeight = 14.25
18       Cells(lastRow, 1).EntireRow.Interior.ColorIndex = xlNone
19       lastRow = Target.Row
20       Cells(lastRow, 1).EntireRow.RowHeight = 25
21       Cells(lastRow, 1).EntireRow.Interior.ColorIndex = 6
22     End If
23   End If
24   If Target.Column >= 1 And lastCol <> Target.Column Then
25     Cells(1, lastCol).EntireColumn.Font.Italic = False
26     Cells(1, lastCol).EntireColumn.Font.Bold = False
27     Cells(1, lastCol).EntireColumn.Font.ColorIndex = xlAutomatic
28     lastCol = Target.Column
29     Cells(1, lastCol).EntireColumn.Font.Italic = True
30     Cells(1, lastCol).EntireColumn.Font.Bold = True
31     Cells(1, lastCol).EntireColumn.Font.ColorIndex = 3
32   End If
33   Application.ScreenUpdating = True
34 End Sub
```

可修改（第 20、21 行的 25 和 6）

可修改（第 31 行的 3）

第 3 行程式碼：在工作表中選取儲存格時自動執行。

第 4 行程式碼：如果程式出現異常，則執行下一行。

第 6 ～ 14 行程式碼：清除工作表已有的樣式。

第 17 行程式碼：將目前著重顯示列的列高設定為 14.25。

第 20、21 行程式碼：修改著重顯示列的列高（25）和網底（6 代表黃色）。

第 28 行程式碼：記錄使用者選擇欄為目前著重顯示欄。

第 29 ～ 31 行程式碼：修改著重顯示欄的格式，包括斜體、粗體和字型色彩。

第 33 行程式碼：恢復螢幕更新，與第 5 行程式碼相對應。

第 4 步，檢視結果。返回工作表，用滑鼠選取資料區域的任意儲存格，此時可看到所選儲存格所在列填滿了黃色網底，且列高明顯比其他列大，儲存格所在列的字型統一變成了紅色、斜體、粗體樣式，原表中原有的網底也被清除了，如圖 2-30 所示。

	A	B	C	D	E	F	G
1	員工編號	姓名	所在部門	性別	就職日期	年資	第一季銷售額
2	R1001	李元昊	銷售部	男	2014/7/6	2	15500
3	R1002	朱麗佳	銷售部	女	2010/6/23	6	19250
4	R1003	何飛鏑	銷售部	男	2010/8/1	6	21500
5	R1004	陳龍	銷售部	男	2012/7/15	4	19630
6	R1005	朱淼	銷售部	女	2013/7/20	3	21300
7	R1006	李江	銷售部	男	2012/6/28	4	22600
8	R1007	董澤	銷售部	男	2011/8/15	5	16540
9	R1008	張甜甜	銷售部	女	2010/7/12	6	12300

圖 2-30 列欄的樣式變化

上述範例中的程式碼，所達到的效果比前面介紹的醒目顯示儲存格更有個性，比較適合提供給主管瀏覽資料使用。這項特殊技能一定會為你的職場能力加分。

2.2.3 快速顯示數字上標

在儲存格格式設定中，總會遇到各種效果的批次設定。例如，產品規格的格式通常為產品名稱後緊跟一串數字，以區分不同的產品型號，為避免這串數字被誤認為是價格或數量，需要對其進行特殊處理，而上標和下標就是一種最為常見的處理方式。

你說的確實很有道理，但是手動輸入很麻煩，而複製格式又不能達到這種效果，看來只能選擇 VBA 了！

如果資料沒那麼多，一個一個設定也是可行的！如果你想一勞永逸，那 VBA 就能讓你從此無憂！

範例應用 2-9 統一設定數字上標

原始檔 範例檔>02>原始檔>2.2.3 統一設定數字上標.xlsx

完成檔 範例檔>02>完成檔>2.2.3 統一設定數字上標.xlsm

第 1 步，插入模組，輸入程式碼。開啟原始檔，進入 VBA 程式設計環境，插入模組 1，並輸入以下程式碼。

行號 / 程式碼 / 程式碼註解

```
01 Sub 數字上標 ()
02   Dim range1, range2 As Range
03   Dim numrow, numcol As Integer
04   numrow = Range("a1").CurrentRegion.Rows.Count
05   numcol = Range("a1").CurrentRegion.Columns.Count
06   Set range1 = Range(Cells(3, 1), Cells(numrow, numcol))
07   For Each range2 In range1
08     If range2.Value <> "" Then
09       Dim slen
10       slen = Len(range2.Value)
11       For i = 1 To slen
12         If IsNumeric(Mid(range2, i, 1)) Then
13           range2.Characters(i, 1).Font.Superscript = True
14         End If
15       Next i
16     End If
17   Next range2
18 End Sub
```

（Superscript → 可修改）

程式碼註解：

第 4 行程式碼：取得 A1 儲存格向右及向下連續有資料儲存格的總列數。
第 5 行程式碼：取得連續有資料儲存格的總欄數。
第 6 行程式碼：設定變數 range1 的範圍為 A3:C12。
第 10 行程式碼：統計儲存格字元的長度。
第 12 行程式碼：判斷字元是否為數字。
第 13 行程式碼：設定數字為上標。

第 2 步，檢視程式碼執行後的結果。圖 2-31 和圖 2-32 為程式碼執行前後的效果對比。可見，儲存格中的數字統一設定成上標格式。讀者可以將第 13 行程式碼中，代表上標格式的「Superscript」，修改成代表下標格式的程式碼「Subscript」，就能將數字統一設定成下標格式。

	A	B	C
1	產品規格備忘錄		
2	A產品	B產品	C產品
3	KDA11	KDB111	KDC1111
4	KDA12	KDB112	KDC1112
5	KDA13	KDB113	KDC1113
6	KDA14	KDB114	KDC1114
7	KDA15	KDB115	KDC1115
8	KDA16	KDB116	KDC1116

圖 2-31 原表內容

	A	B	C
1	產品規格備忘錄		
2	A產品	B產品	C產品
3	KDA^{11}	KDB^{111}	KDC^{1111}
4	KDA^{12}	KDB^{112}	KDC^{1112}
5	KDA^{13}	KDB^{113}	KDC^{1113}
6	KDA^{14}	KDB^{114}	KDC^{1114}
7	KDA^{15}	KDB^{115}	KDC^{1115}
8	KDA^{16}	KDB^{116}	KDC^{1116}

圖 2-32 執行後的結果

提升自我能力，從工作表開始

所有對儲存格的操作都集中在工作表中，所以學習了對儲存格的操作後，就需要升級到對工作表的控制。想要使用 VBA 控制工作表，就得熟練掌握對應物件模型的屬性和方法，並在程式碼中，安排合理的流程。

3.1 懶人心法，一「鍵」傾心

要想真正控制和操縱 Excel，還必須學習關於工作表和活頁簿的物件。第 2 章重點介紹了有關儲存格物件的操作，這裡要開始學習與工作表相關的物件和集合，其中也會涉及活頁簿的部分知識，學習中若有不清楚的地方，可在第 4 章瞭解更多有關活頁簿的內容。在 VBA 中，工作表物件用 Worksheet 表示，它代表一個工作表，是 Worksheets 集合的成員，所有與工作表相關的操作都在這個物件中。

在前面的章節中常看到Worksheet程式碼，也算是提前有了認識。下面必須好好學習它，畢竟儲存格的操作也是在工作表中進行的。

第 2 章的範例幾乎都含有 Worksheet 程式碼，它和儲存格物件同樣重要，下面將具體說明工作表物件和集合的屬性及方法。

在 Worksheet 物件中，有很多針對工作表的操作，如新增、索引、複製、刪除、儲存、重新命名等。在進行這些操作時，需要使用不同的方法和一些特殊的屬性。表 3-1 是介紹 Worksheet 物件中的方法，其中有些方法在介紹儲存格操作時已講解過；而表 3-2 是說明 Worksheet 物件所提供的屬性，其中部分屬性在前面也作過介紹。這兩個表中的運算式是一個代表 Worksheet 或 Worksheets 物件的變數。

表 3-1 Worksheet 物件中的方法

方法	語法格式	功能說明
Add()	運算式.Add()	新增工作表
Copy()	運算式.Copy()	複製工作表
Delete()	運算式.Delete()	刪除工作表
Open()	運算式.Open()	開啟工作表
Close()	運算式.Close()	關閉工作表

表 3-2 Worksheet 物件中的屬性

屬性	語法格式	功能說明
Cells	運算式.Cells	代表工作表中的所有儲存格
Columns	運算式.Columns	傳回目前工作表中的所有欄
Name	運算式.Name	代表工作表物件的名稱
Index	運算式.Index	代表選定成員的索引號碼

使用 VBA 對工作表進行的操作，大多是需要批次完成的工作，後面會詳細介紹的批次新增工作表、批次刪除工作表、批次重新命名工作表等，用 VBA 來完成這些工作，能大大減少重複的工作量，這也是 VBA 知識的精髓。不過在學習這些內容前，必須先了解以下 3 種操作。

- 索引：用數字序號或名稱可以索引 Worksheets 集合中的某個 Worksheet 物件。如 Worksheets(1)，其中的「1」表示第一個工作表。再如 Worksheets(「1 月銷售記錄表」)，則是用工作表名稱進行索引。
- 新增：如果程式需要在特定的位置新增工作表，可以使用 Add 方法加上 before 或 after 參數來達成。如 Worksheets.Add before:=Worksheets(1)，表示在第一個工作表前插入一個工作表。
- 複製：利用 Worksheet 物件的 Copy 方法可以複製工作表，它主要用來產生相同樣式的多個工作表。如 Worksheets(「樣表」).Copy before:=Worksheets(「樣表」)，表示在目前活頁簿中，複製「樣表」工作表，並將複製出的工作表放置在「樣表」工作表之前。

3.1.1 批次新增工作表

終於等到批次操作了，平日裡有太多工作表需要進行批次操作，但自己卻不會！

還好你一直在堅持，終於讓你看到希望了！不過要對工作表進行批次處理，需要確保它們有共同點哦！

用 VBA 來批次處理工作表，正是減少重複工作量、化繁為簡的目的。工作中最常見的，就是批次新增工作表。在哪些情況下，使用者才需要用 VBA 來批次新增工作表呢？下面列舉幾個範例。

- 情況一：根據時間週期不同，需要頻繁使用的表格，如每日 ××× 記錄表、每週 ××× 匯總表、每月 ××× 統計表等。
- 情況二：根據記錄物件不同，需要變化的表格，如出缺勤明細表、部門費用支出表等。
- 情況三：根據區域不同，需要變化的表格，如按縣市、城市分別統計的相同內容多張工作表。

1. 透過複製批次建立工作表

工作中有很多類型的表格會被重複使用，使用者可以針對每一種類型的表格先設計出範本，然後運用 VBA，批次複製出所需數量的工作表，還可以自動為不同的工作表增加對應的標題或標籤。這樣使用者就不用一個一個對新增的工作表重新命名了。在這種情況下，使用的是 Copy() 方法，而不是 Add() 方法，Add() 方法所建立的工作表是空白的。

範例應用 3-1 批次新增月份工資表

原始檔 無

完成檔 範例檔>03>完成檔>3.1.1 批次新增工作表1.xlsm

第 1 步，建立樣表。啟動 Excel，新增一個活頁簿，將工作表 1 重新命名為「樣表」，然後輸入表格標題和表頭，再套用預設的表格樣式，效果如圖 3-1 所示。由於這裡建立的是工資表的範本，因此表格標題沒有具體說明是幾月份的工資表，這樣方便批次建立工作表時，修改表格標題。

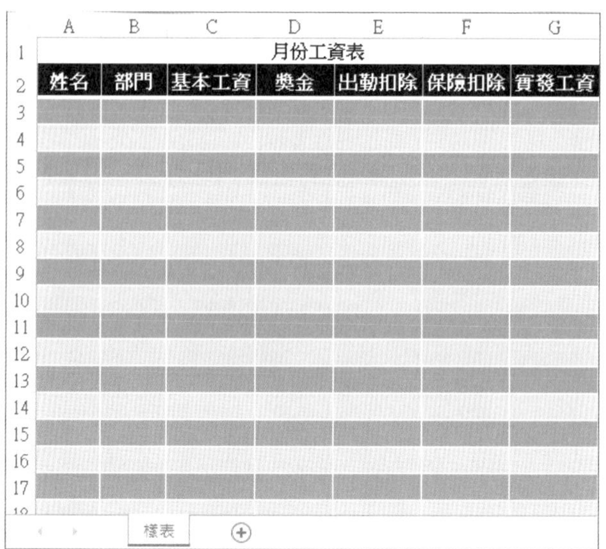

圖 3-1 建立樣表

第 2 步，編寫程式碼。進入 VBA 程式設計環境，插入模組 1，然後輸入以下程式碼。該程序主要是運用迴圈語法建立 12 張與「樣表」一樣的工作表，並根據 A1 儲存格中的內容為工作表命名。

行號　程式碼　程式碼註解

```
01  Sub 批次新增工作表 ()
02    Dim atm As Worksheet
03    Set atm = Worksheets(" 工作表 ")
04    Dim n As Integer
05    For n = 1 To 12   ← 可修改
06      atm.Copy before:=Worksheets(1)
07      Dim sheetname As String
08      sheetname = Worksheets(" 工作表 ").Range("a1").Value
09      Worksheets(1).Name = n & sheetname
10      Worksheets(1).Range("a1") = n & sheetname
11    Next
12  End Sub
```

第 6 行程式碼：複製工作表至活頁簿的最前面。

第 8、9 行程式碼：重新命名工作表。

第 10 行程式碼：修改工作表的對應儲存格。

第 3 步，執行程式，檢視結果。程式碼編寫完後，在功能表列上執行【執行→執行 Sub 或 Userform】命令，並在彈出的對話方塊中，執行該程式。在執行程式碼的時候，可在專案資源管理器中，看到連續建立多個工作表的過程，返回活頁簿視窗，即可看到建立完成的多個工作表，並且每張工作表都自動修改了標籤和標題，如圖 3-2 所示。

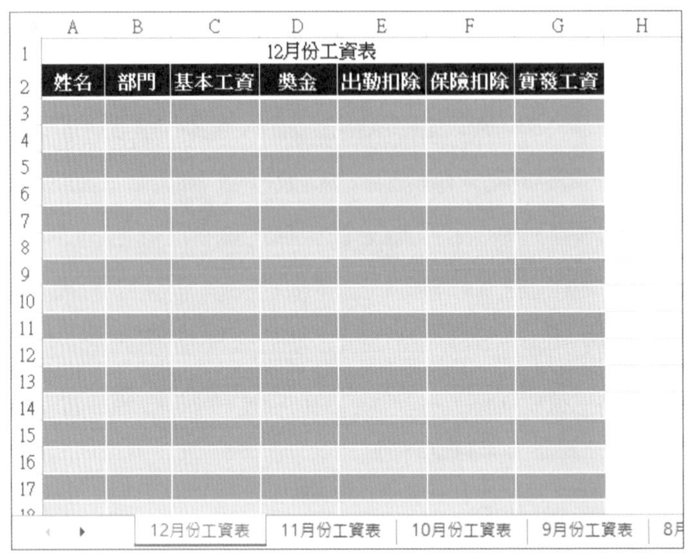

圖 3-2 批次新增的工作表

2. 呼叫函數批次建立工作表

上述範例中的程式碼不複雜，實用性也很強！做行政的都可以直接收藏了，不過我遇到更多的是根據表格內容來建立不同的工作表。

你的問題同樣可以用 VBA 來解決，其過程比上一個例子要複雜些，但仍然很簡單，只是多了一個呼叫函數的程序。

在遇到一些複雜的操作時，往往需要在程式碼中建立自訂函數，它不僅能簡化工作，還能解決 VBA 內建函式不能完成的問題。在接下來的範例中，就會透過建立並呼叫自訂

函數來擷取工作表名稱。自訂函數可以看成是程式的一個子程序。一般都是先呼叫自訂函數，然後在呼叫函數的程序後，再編寫自訂函數的程式碼。

隨著人事管理工作的人性化變革，公司職員的考核成績不再只由其直屬主管決定。為了符合公平、公正原則，很多企業開始以「全員投票」的方式，檢驗員工在公司的綜合表現。這一考核制度的演變加大了人力資源部門員工的工作難度，其中之一便是根據員工姓名來建立不同的工作表。下面的範例將透過一段 VBA 程式碼，解決這一難題。

範例應用 3-2 根據表內容建立不同的工作表

原始檔 範例檔>03>原始檔>3.1.1 批次新增工作表.xlsx

完成檔 範例檔>03>完成檔>3.1.1 批次新增工作表2.xlsm

第 1 步，檢視範本 開啟原始檔，如圖 3-3 所示。表格中記錄了所有職員的姓名，現要求每一位職員都要對自己和其他同事評分，並在表頭填寫評分者的姓名。因此，接下來就需要根據職員的姓名來建立多張對應評分者的工作表。

	A	B	C	D	E	F	G	H	I	J
1	員工考核明細表									
2	評分者姓名									
3	編號	職員姓名	職務	工作成績及品質（70%）	工作能力及態度（10%）	工作紀律（5%）	創新精神（5%）	團隊精神（10%）	等級評價	分數小計
4	1101	郭曉明	經理							
5	1102	張倩	主管							
6	1103	鄧強	組長							
7	1104	張亞東	員工							
8	1105	李磊	員工							
9	1106	譚琴	員工							
10	1107	李興明	員工							
11	1108	馬曉	員工							
12	1109	趙大志	員工							
13	1110	張燕	員工							
14	1111	曾麗萍	員工							
15	1112	黃麗	員工							
16	1113	陳賢	員工							
17	1114	楊平	員工							
18	1115	張霞	員工							

範本

圖 3-3 原始檔中的範本

第 2 步，編寫程式碼。和其他編寫程式碼的過程一樣，在 VBA 程式設計環境中，先插入模組，然後輸入以下程式碼。該程式碼中，第 6 行呼叫的程序是在第 14 行才開始定義的。

行號 / 程式碼

```
01 Sub 根據姓名設定工作表名稱 ()
02   Dim ate As Worksheet
03   Set ate = Worksheets("範本")
04   Dim names(15) As String
05   Dim num As Integer
06   Getnames names, num
07   Dim n As Integer
08   For n = 1 To num
09     ate.Copy before:=Worksheets(1)
10     Worksheets(1).Name = names(n)
11     Worksheets(1).Range("c2") = names(n)
12   Next n
13 End Sub
14 Public Sub Getnames(names() As String, num As Integer)
15   Dim area As Range
16   Set area = Worksheets("範本").Range("b4:b18")
17   num = 0
18   For Each k In area
19     num = num + 1
20     names(num) = CStr(k.Value)
21   Next k
22 End Sub
```

可修改（第 4 行的「15」、第 5 行的「Integer」）

可修改（第 16 行的「b4:b18」）

程式碼註解

第 4 行程式碼：宣告陣列，用於存放職員的姓名。

第 6 行程式碼：呼叫程序，取得職員的姓名並存放在陣列中。

第 10 行程式碼：用陣列中的姓名為新工作表命名。

第 11 行程式碼：在工作表中，填寫評分者姓名。

第 14 行程式碼：開始定義取得職員姓名的程序。

第 16 行程式碼：指定「範本」工作表中包含職員姓名的儲存格區域。

第 18 ～ 21 行程式碼：將這個區域的內容寫入陣列中，準備當作新工作表的名稱。

第 3 步，執行程式，檢視結果。執行程式碼後，可以在 VBA 程式設計環境的專案資源管理器中，看到建立工作表的過程，建立過程很快，只需要 1 ～ 2 秒。然後返回活頁簿視窗，可看到建立多個以職員姓名命名的工作表，且在每一張工作表的 C2 儲存格中，自動顯示了與工作表標籤相同的職員姓名，如圖 3-4 所示。隨後就可以將這些工作表列印出來，按姓名分別發給員工填寫。要同時列印同一活頁簿中的多張工作表，可先選取第一個工作表，按住 Shift 鍵不放，再選取最後一個工作表，然後進行列印操作即可。

	A	B	C	D	E	F	G	H	I	J
1	員工考核明細表									
2	評分者姓名		張霞							
3	編號	職員姓名	職務	工作成績及品質（70%）	工作能力及態度（10%）	工作紀律（5%）	創新精神（5%）	團隊精神（10%）	等級評價	分數小計
4	1101	郭曉明	經理							
5	1102	張倩	主管							
6	1103	鄧強	組長							
7	1104	張亞東	員工							
8	1105	李福	員工							
9	1106	譚琴	員工							
10	1107	李興明	員工							
11	1108	馬曉	員工							
12	1109	趙大志	員工							
13	1110	張燕	員工							
14	1111	曾麗萍	員工							
15	1112	黃麗	員工							
16	1113	陳賢	員工							
17	1114	楊平	員工							
18	1115	張霞	員工							

張霞 | 楊平 | 陳賢 | 黃麗 | 曾麗萍 | 張燕 | 趙大志 | 馬曉 | 李興明 | 譚琴 | ...

圖 3-4 批次建立的工作表

上面這兩個範例對從事行政和人力資源工作的人特別有用，只需要將程式碼複製到對應的程式碼視窗中，並根據實際情況稍加修改，就能「一口氣做完所有的工作」，一分鐘變身辦公「大神」！

3.1.2 批次重新命名工作表

在批次建立工作表的時候，不是也有批次對工作表命名嗎？這裡為什麼還要單獨列出來講呢？難道有什麼不一樣嗎？

雖然使用的方法是一樣的，但是針對的情況不同。再說了，如果讓你獨自完成對多個未命名工作表的重新命名，你寫得出完整的程式碼嗎？

有些辦公人員在製作各種表格時，習慣性地只在表頭輸入標題，而忽略了工作表標籤也要一併修改。如果活頁簿中只有一兩張工作表，閱讀起來也沒什麼不方便，但是一旦包含很多工作表，就需要按一下標籤進行切換，此時工作表標籤就顯得十分重要。特別是在給主管彙報工作時，更是需要透過工作表標籤來區分不同的內容，才能方便主管快速進行查閱。如果你也常常遇到這種情況，不妨學習下面這段程式碼，一鍵重新命名所有工作表。

範例應用 3-3 批次重新命名工作表

原始檔 範例檔 > 03 > 原始檔 > 3.1.2 批次重新命名工作表.xlsx

完成檔 範例檔 > 03 > 完成檔 > 3.1.2 批次重新命名工作表.xlsm

第 1 步，檢視原始表格。開啟原始檔，在該活頁簿中共有 4 張工作表，且前 3 張工作表分別記錄了前 3 個月的銷售資料，如圖 3-5 所示。但是工作表 4 為空白工作表，如圖 3-6 所示。現要求將有資料的工作表標籤更改為各自 A1 儲存格中的標題。

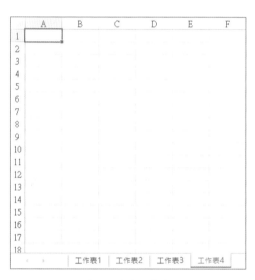

1月份銷售表

日期	員工姓名	業績	
		銷售量	銷售額
2015/1/1	張君	56	4984
2015/1/2	郭曉冬	48	4272
2015/1/3	鄧小林	39	3471
2015/1/4	張平	74	6586
2015/1/5	王婷	20	1780
2015/1/6	張闌	49	4361
2015/1/7	李浩	28	2492
2015/1/8	朱亞飛	41	3649
2015/1/9	張君	36	3204
2015/1/10	郭曉冬	47	4183
2015/1/11	鄧小林	70	6230
2015/1/12	張平	74	6586
2015/1/13	王婷	65	5785
2015/1/14	張闌	60	5340
2015/1/15	李浩	53	4717
2015/1/16	朱亞飛	54	4806

工作表1 工作表2 工作表3 工作表4

圖 3-5 1 月份銷售表

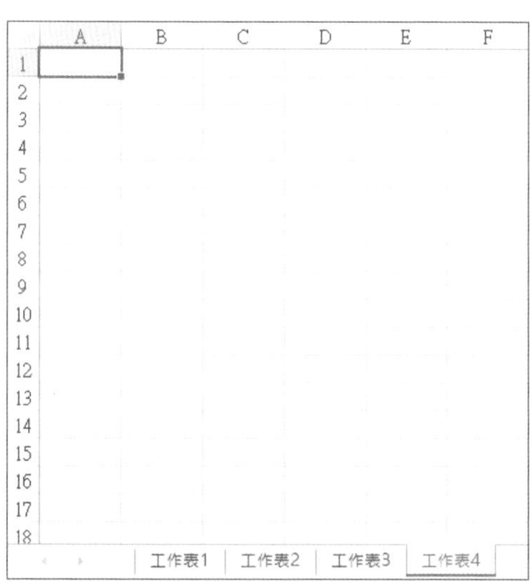

圖 3-6 空白工作表

第 2 步，編寫程式碼。插入模組並輸入以下程式碼。其中，第 6、7 行程式碼用來判斷 A1 儲存格中是否有內容，如果沒有，就彈出提示框，提示該工作表不能被重新命名。

行號	程式碼	程式碼註解

```
01  Sub 重新命名工作表 ()
02    Dim atm As Worksheet
03    For Each atm In Worksheets
04      Dim sheetname As String
05      sheetname = atm.Range("a1").Value
06      If sheetname = "" Then          → 可修改
07        MsgBox "該工作表不能被重新命名"
08      End If
09      atm.Name = sheetname
10    Next atm
11  End Sub
```

第 2 行程式碼：宣告一個工作表物件類型的變數。
第 3 行程式碼：在活頁簿的所有工作表中進行迴圈。
第 5 行程式碼：將 A1 儲存格的內容賦值給 sheetname。
第 9 行程式碼：重新命名工作表。

第 3 步，執行程式，檢視結果。按 F5 鍵執行程式，會彈出如圖 3-7 所示的提示框，因為工作表 4 是空白工作表，而其他 3 張工作表的標籤則被自動更改為各自 A1 儲存格的內容，如圖 3-8 所示。

圖 3-7 彈出的提示框

1月份銷售表

日期	員工姓名	業績	
		銷售量	銷售額
2015/1/1	張君	56	4984
2015/1/2	郭曉冬	48	4272
2015/1/3	鄧小林	39	3471
2015/1/4	張平	74	6586
2015/1/5	王婷	20	1780
2015/1/6	張蘭	49	4361
2015/1/7	李浩	28	2492
2015/1/8	朱亞飛	41	3649
2015/1/9	張君	36	3204
2015/1/10	郭曉冬	47	4183
2015/1/11	鄧小林	70	6230
2015/1/12	張平	74	6586
2015/1/13	王婷	65	5785
2015/1/14	張蘭	60	5340
2015/1/15	李浩	53	4717
2015/1/16	朱亞飛	54	4806

1月份銷售表 | 2月份銷售表 | 3月份銷售表

圖 3-8 重新命名後的工作表標籤

3.1.3 批次刪除工作表

既然有需要批次建立工作表的時候，當然也會有需要批次刪除工作表的情況。批次刪除工作表並不是將活頁簿中的所有工作表都刪除，如果這樣就顯得多此一舉，因為直接刪除活頁簿就能刪除所有工作表。所以批次刪除工作表針對的是同一活頁簿中不需要的工作表，如過期的工作表、未被選取的工作表等。

1. 批次刪除過期的工作表

在一般情況下，使用者怎樣才能快速刪除活頁簿中所有過期的工作表呢？是否還要逐一檢視表格中的日期再刪除？其實，只需要寫一段根據日期刪除工作表的 VBA 程式碼，就能輕鬆解決此類問題。

真悲劇！我就是這樣的一個菜鳥！遇到這種情況，就真是一張一張刪除，原來每天加班都是我自找的！

但是別忘了，要批次操作的工作表應具有相同格式的內容，才能在程式碼中，使用迴圈語法進行批次處理。

做財務工作的人經常會在同一活頁簿中建立多個工作表，如計算工資時與實發工資相關的出勤表、業績表、獎金表等，又如在分析財務報表時，對不同年份資料的對比分析。在資料分析階段需要借助很多張表同步分析，但是在分析結束後，可能只需要分析彙總表或時間最近的工作表。此時就需要將多餘或不需要的表刪除。例如，在分析財務報表時，可直接根據報表的編製日期來決定是否刪除。

範例應用 3-4 批次刪除不在指定日期內的工作表

原始檔 範例檔>03>原始檔>3.1.3 批次刪除工作表.xlsx

完成檔 範例檔>03>完成檔>3.1.3 批次刪除過期的工作表.xlsm

第 1 步，檢視原始表格。開啟原始檔，如圖 3-9 所示。該活頁簿包含 8 張未命名的工作表，分別記錄了 2008—2015 年的財務資料。

	A	B	C	D	E	F	G	H	I
1	財務報表								
2	編製單位：	恒發建材有限公司				編製日期：	2015年12月31日		
3	項目	銷售業務		維修業務		其他業務		合計	
4		本年	上年	本年	上年	本年	上年	本年	上年
5	一、營業收入合計	185000.00	143900.00	134020.00	106000.00	52000.00	41982.00	371020.00	291882.00
6	其中：對外營業收入	150000.00	135000.00	126500.00	100000.00	50000.00	41000.00	326500.00	276000.00
7	分部間營業收入	35000.00	8900.00	7520.00	6000.00	2000.00	982.00	44520.00	15882.00
8	二、銷售成本合計	62360.00	77919.00	43800.00	36820.00	13580.00	17990.00	119740.00	132729.00
9	其中：對外銷售成本	50000.00	75230.00	43200.00	35820.00	13000.00	16550.00	106200.00	127600.00
10	分部間銷售成本	12360.00	2689.00	600.00	1000.00	580.00	1440.00	13540.00	5129.00
11	三、期間費用	12300.00	8800.00	7800.00	9500.00	2580.00	1568.00	22680.00	19868.00
12	四、營業利潤合計	110340.00	57181.00	82420.00	59680.00	35840.00	22424.00	228600.00	139285.00
13	五、資產總額	108000.00	108000.00	80000.00	76000.00	65000.00	60000.00	253000.00	244000.00
14	六、負債總額	52000.00	65000.00	68900.00	78000.00	25800.00	32000.00	146700.00	175000.00
15									
16									
17									

工作表1 工作表2 工作表3 工作表4 工作表5 工作表6 工作表7 工作表 ...

圖 3-9 原始表格

第 2 步，編寫程式碼。插入模組並輸入以下程式碼。該過程是用系統目前日期與儲存格中的日期作比較，判斷儲存格中的日期是否超過 2 年，如果滿足這個條件，就刪除該工作表。

行號	程式碼	程式碼註解

```
01  Sub 批次刪除過期的工作表 ()
02    Dim nowdate As Date
03    nowdate = Year(Date)
04    Dim sheet As Worksheet
05    For Each sheet In Worksheets
06      Dim nyear As Date
07      nyear = Year(sheet.Range("g2").Value)
08      If nyear+2 <= nowdate Then
09        sheet.Delete
10      Else
11        sheet.Name = Year(sheet.Range("g2").Value) &
    " 年財務報表 "
12      End If
13    Next sheet
14  End Sub
```

可修改（"g2"）

可修改（2）

第 2、3 行程式碼：定義一個變數並將目前年份賦值給它。

第 7 行程式碼：將儲存格 G2 中日期的年份賦值給變數 nyear。

第 8 行程式碼：判斷日期是否超過 2 年。

第 9 行程式碼：刪除工作表。

第 11 行程式碼：重新命名工作表。

第 3 步，執行程式碼，檢視結果。在檢查程式碼無誤後，執行該程式。假設系統目前日期為 2016 年，此時將看到活頁簿中只剩下一張重新命名的工作表，即 2015 年編製的工作表，而被刪除的是編製日期在 2008—2014 年間的 7 張工作表，如圖 3-10 所示。

財務報表

編製單位：恒發建材有限公司　　編製日期：2015年12月31日

項目	銷售業務		維修業務		其他業務		合計	
	本年	上年	本年	上年	本年	上年	本年	上年
一、營業收入合計	185000.00	143900.00	134020.00	106000.00	52000.00	41982.00	371020.00	291882.00
其中：對外營業收入	150000.00	135000.00	126500.00	100000.00	50000.00	41000.00	326500.00	276000.00
分部間營業收入	35000.00	8900.00	7520.00	6000.00	2000.00	982.00	44520.00	15882.00
二、銷售成本合計	62360.00	77919.00	43800.00	36820.00	13580.00	17990.00	119740.00	132729.00
其中：對外銷售成本	50000.00	75230.00	43200.00	35820.00	13000.00	16550.00	106200.00	127600.00
分部間銷售成本	12360.00	2689.00	600.00	1000.00	580.00	1440.00	13540.00	5129.00
三、期間費用	12300.00	8800.00	7800.00	9500.00	2580.00	1568.00	22680.00	19868.00
四、營業利潤合計	110340.00	57181.00	82420.00	59680.00	35840.00	22424.00	228600.00	139285.00
五、資產總額	108000.00	108000.00	80000.00	76000.00	65000.00	60000.00	253000.00	244000.00
六、負債總額	52000.00	65000.00	68900.00	78000.00	25800.00	32000.00	146700.00	175000.00

2015年財務報表

圖 3-10 執行結果

2. 批次刪除未選取的工作表

上面的範例適合每張表中有特定日期的情況，可是我做行政工作，平日的工作表也沒什麼規律，難道就不能批次刪除了？

如果你的工作表沒有相同格式，也沒有什麼規律，則可以考慮透過判斷工作表是否被選取來刪除工作表。這完全就是開放性的！

如果活頁簿中的各工作表沒有相似的結構，也沒有可以鎖定的關鍵字（如日期），更沒有什麼規律可循，該如何批次刪除不需要的工作表呢？

如果不能從正面解決這個問題，就應該換一種思考方式。當不知道該用什麼方法來刪除不需要的工作表時，可以考慮需要保留哪些工作表，這樣就能以選取需要的工作表為切入點，刪除那些沒有被選取的工作表。將問題轉移了方向，操作起來也會更簡單。下面用一個範例來具體講解。

範例應用 3-5 批次刪除未選取的工作表

原始檔 範例檔>03>原始檔>3.1.3 批次刪除工作表.xlsx

完成檔 範例檔>03>完成檔>3.1.3 批次刪除未選取的工作表.xlsm

第 1 步、選取多張工作表 仍以範例應用 3-4 的原始檔為例，這裡假設需要刪除的工作表為工作表 4 至工作表 8，因此在執行程式碼前，應先同時選取工作表 1 至工作表 3，如圖 3-11 所示。

財務報表

編製單位：恒發建材有限公司　　編製日期：2015年12月31日

項目	銷售業務		維修業務		其他業務		合計	
	本年	上年	本年	上年	本年	上年	本年	上年
一、營業收入合計	185000.00	143900.00	134020.00	106000.00	52000.00	41982.00	371020.00	291882.00
其中：對外營業收入	150000.00	135000.00	126500.00	100000.00	50000.00	41000.00	326500.00	276000.00
分部間營業收入	35000.00	8900.00	7520.00	6000.00	2000.00	982.00	44520.00	15882.00
二、銷售成本合計	62360.00	77919.00	43800.00	36820.00	13580.00	17990.00	119740.00	132729.00
其中：對外銷售成本	50000.00	75230.00	43200.00	35820.00	13000.00	16550.00	106200.00	127600.00
分部間銷售成本	12360.00	2689.00	600.00	1000.00	580.00	1440.00	13540.00	5129.00
三、期間費用	12300.00	8800.00	7800.00	9500.00	2580.00	1568.00	22680.00	19868.00
四、營業利潤合計	110340.00	57181.00	82420.00	59680.00	35840.00	22424.00	228600.00	139285.00
五、資產總額	108000.00	108000.00	80000.00	76000.00	65000.00	60000.00	253000.00	244000.00
六、負債總額	52000.00	65000.00	68900.00	78000.00	25800.00	32000.00	146700.00	175000.00

工作表1　工作表2　工作表3　工作表4　工作表5　工作表6　工作表7　工作 ...

圖 3-11 同時選取前 3 張工作表

第 2 步、編寫程式碼 在 VBA 程式設計環境中，插入模組，然後輸入以下程式碼。在該程序中，第 4 行程式碼的「ActiveWindow.SelectedSheets.Count」第一次出現在本書，它能傳回使用中視窗被選取的工作表數。

行號	程式碼	程式碼註解

```
01  Sub 刪除未選取的工作表 ()
02    Dim sheet As Worksheet, n As Integer, y As Boolean
03    Dim sheetname() As String
04    n = ActiveWindow.SelectedSheets.Count
05    ReDim sheetname(1 To n)
06    n = 1
07    For Each sheet In ActiveWindow.SelectedSheets
```

第 3 行程式碼：定義陣列變數 sheetname。

第 5 行程式碼：定義陣列容量大小。

行號	程式碼	程式碼註解

```
08        sheetname(n) = sheet.Name
09        n = n + 1
10      Next
11      For Each sheet In Worksheets
12        y = False
13        For i = 1 To n - 1
14          If sheetname(i) = sheet.Name Then
15            y = True
16            Exit For
17          End If
18        Next
19        If Not y Then sheet.Delete
20      Next
21    End Sub
```

第 8 行程式碼：將被選取的工作表名稱存入陣列中。

第 13 ～ 19 行程式碼：判斷是否為選取的工作表。判斷為真時，退出迴圈，判斷為假時，刪除工作表。

第 3 步，執行程式碼，檢視結果。執行上述程式後，活頁簿中未選取的工作表，就被刪除了，只保留了已選取的工作表，且選取狀態也自動取消了，如圖 3-12 所示。這是由於程式碼在執行過程中，需要對每張工作表單獨判斷名稱。

財務報表

編製單位：恒發建材有限公司　　編製日期：2015年12月31日

項目	銷售業務		維修業務		其他業務		合計	
	本年	上年	本年	上年	本年	上年	本年	上年
一、營業收入合計	185000.00	143900.00	134020.00	106000.00	52000.00	41982.00	371020.00	291882.00
其中：對外營業收入	150000.00	135000.00	126500.00	100000.00	50000.00	41000.00	326500.00	276000.00
分部間營業收入	35000.00	8900.00	7520.00	6000.00	2000.00	982.00	44520.00	15882.00
二、銷售成本合計	62360.00	77919.00	43800.00	36820.00	13580.00	17990.00	119740.00	132729.00
其中：對外銷售成本	50000.00	75230.00	43200.00	35820.00	13000.00	16550.00	106200.00	127600.00
分部間銷售成本	12360.00	2689.00	600.00	1000.00	580.00	1440.00	13540.00	5129.00
三、期間費用	12300.00	8800.00	7800.00	9500.00	2580.00	1568.00	22680.00	19868.00
四、營業利潤合計	110340.00	57181.00	82420.00	59680.00	35840.00	22424.00	228600.00	139285.00
五、資產總額	108000.00	108000.00	80000.00	76000.00	65000.00	60000.00	253000.00	244000.00
六、負債總額	52000.00	65000.00	68900.00	78000.00	25800.00	32000.00	146700.00	175000.00

工作表1　工作表2　工作表3

圖 3-12 執行結果

3.1.4 批次擷取表格內容

學習了前面的範例，我能提一個更「離譜」的要求嗎？不知能否用 VBA 幫我批次擷取工作表的內容？

批次擷取工作表的內容？這個要求很合理，想必你在工作中遇到了這樣的麻煩吧！

有時為了方便分析資料，往往需要將資料單獨放在一個工作表中，但是這些資料有可能位於不同的工作表，如果用人工進行選取、複製、貼上，既繁瑣又容易出錯，若採用 VBA 程式碼來完成，就簡單許多，具體可分為以下兩種情況。

- 工作表內容有固定的表格結構：使用迴圈語法，有規律地擷取固定表格結構中的內容至新工作表中。
- 工作表內容無固定的表結構：根據設定的條件，擷取相關內容至新工作表中。

1. 批次擷取結構相同的表內容

對於一些 B2B 企業來說，管理客戶資料不僅要記錄客戶公司的名稱和聯絡資訊，還需要詳細記錄客戶公司的業務範圍等情況，這樣才能對客戶有充分的瞭解。因此，很多企業在收集客戶資料階段，就要求記錄較為完整的客戶檔案，然後從其中擷取名稱、聯絡方式和地址等常用資訊組成另外的表格，以便快速瀏覽。

範例應用 3-6 批次擷取工作表中的重要資訊

原始檔 範例檔>03>原始檔>3.1.4 批次擷取表格內容1.xlsx

完成檔 範例檔>03>完成檔>3.1.4 批次擷取表格內容1.xlsm

第 1 步，檢視原始表格。開啟原始檔，如圖 3-13 所示。該活頁簿中共記錄了 6 家公司的基本資料，每張工作表的表格結構都一樣，現要求將這 6 張工作表中的公司名稱、負責人、聯絡電話和公司地址擷取到新的工作表中。

	A	B	C	D	E	F
1	公司基本情況登記表					
2	公司名稱	通菱電子	英文名稱	tong ling ectronics	成立時間	92/7/1
3	負責人	李飛				
4	聯絡電話	010-8010****	傳真	010-8010****		
5	公司地址	北京市昌平區西環***				
6	公司簡介	通菱電子是北京高新技術企業，國家高技術產業化推進專案實施單位。公司長期致力於智慧電力監測、控制儀錶和電力、溫度、濕度感測器以及雙電源自動轉換開關、互感器等產品的研製和生產，積累了豐富的經驗，擁有幾十項具有自主智慧財產權的新技術和新產品。在為世界500強之一的跨國公司和國內通信行業大集團公司提供配套產品的十年中，企業得到了長足的發展和進步，構建了一個完整的產品研發生產和客戶服務體系，已發展成為國內同行業中最具實力的企業之一。				

通菱電子 | 勝達電子 | 賽爾電子 | 宏巨電子 | 方正電子 | 希望網路

圖 3-13 原表內容

第 2 步，插入自訂表單。進入 VBA 程式設計環境，在專案資源管理器中，右擊「VBAProject（3.1.4 批次擷取表格內容 1.xlsx）」選項，在彈出的快顯功能表中，執行【插入→自訂表單】命令，如圖 3-14 所示。然後在屬性視窗中，設定 Name（名稱）的值為 SelectArea，Caption 的值為「批次擷取」，如圖 3-15 所示。

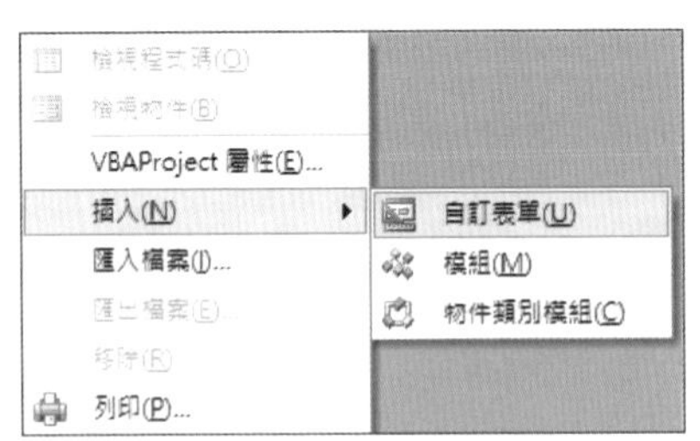

圖 3-14 插入自訂表單

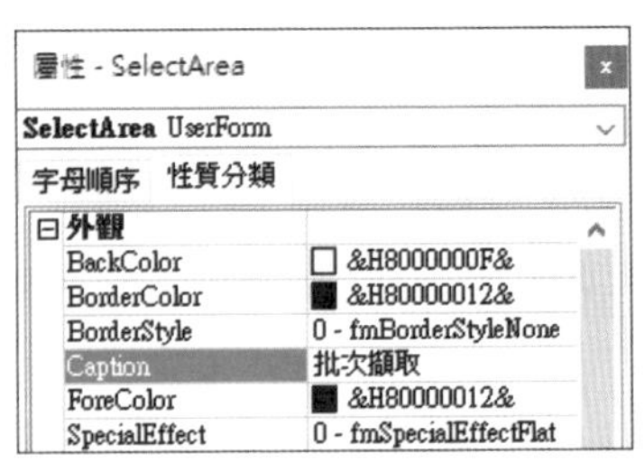

圖 3-15 修改屬性

第 3 步，在表單上繪製多個標籤。在工具箱中按一下「標籤」控制項，如圖 3-16 所示。然後在表單上拖曳滑鼠繪製標籤，並在屬性視窗中，將標籤的 Caption 值修改為「欄名」；再結合 Ctrl 鍵，複製多個標籤，有規律地排列在表單中，如圖 3-17 所示。

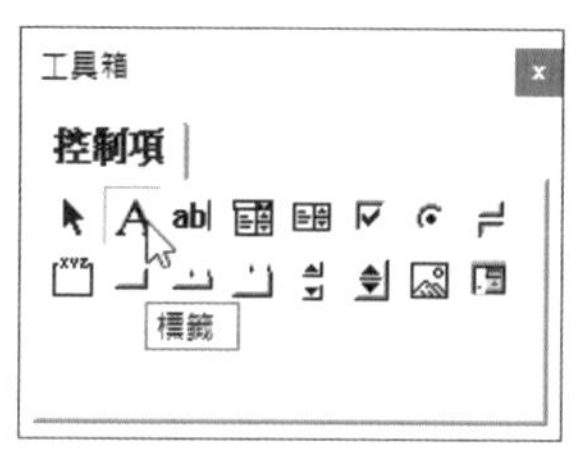

圖 3-16 按一下「標籤」控制項

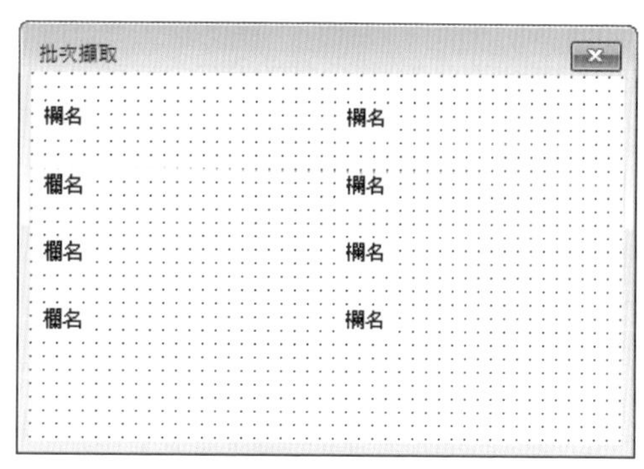

圖 3-17 複製多個標籤

第 4 步，修改標籤名並增加文字方塊和 RefEdit。將複製的第二欄標籤的 Caption 值統一修改為「區域」。接著同樣利用工具箱，在「欄名」標籤後繪製 4 個文字方塊，並分別修改 Name（名稱）的值為「Name1」「Name2」「Name3」「Name4」；在「區域」標籤後繪製 4 個 RefEdit 控制項，並分別修改 Name（名稱）的值為「Area1」「Area2」「Area3」「Area4」。結果如圖 3-18 所示。在工具箱中，新增 RefEdit 控制項的方法，請見本範例最後的「延伸應用」。

第 5 步，新增按鈕控制項並修改 Caption 的值。在表單中繪製兩個「命令按鈕」控制項，並在屬性視窗中分別修改其 Caption 值為「確定」和「取消」，結果如圖 3-19 所示。

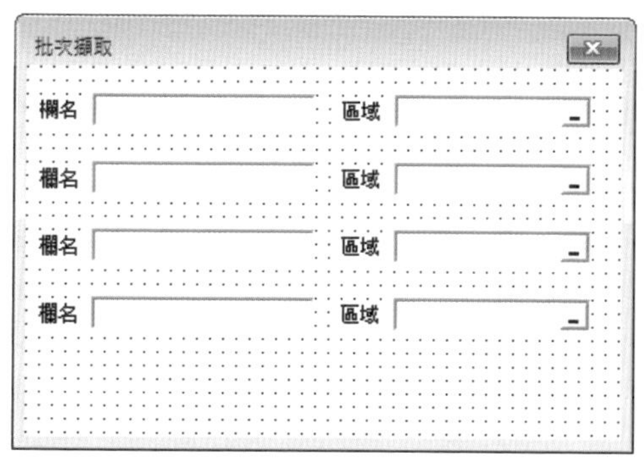

圖 3-18 新增文字方塊和 RefEdit 控制項

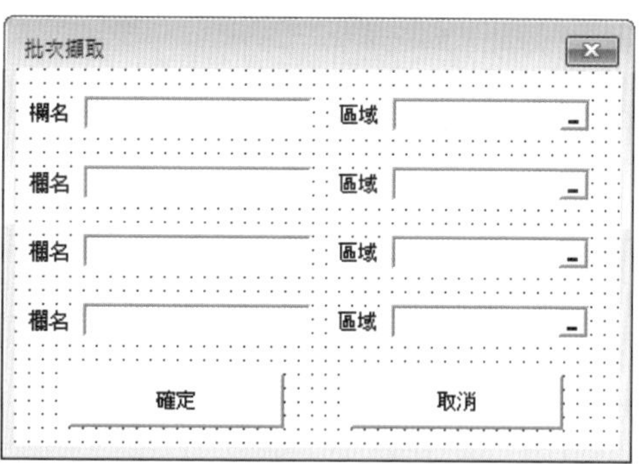

圖 3-19 新增按鈕

第 6 步，在 SelectArea 中輸入程式碼。右擊自訂表單 SelectArea，在彈出的快顯功能表中，執行【檢視程式碼】命令，然後在開啟的程式碼視窗中，輸入以下程式碼。本段程式碼包含了 Cancel_Click() 和 OK_Click() 程序的全部程式碼。

行號 | 程式碼 | 程式碼註解

```
01  Private Sub Cancel_Click()
02    Me.Hide
03  End Sub
04  Private Sub OK_Click()
05    Dim area(2, 4) As Integer
06    If CheckArea(area) = False Then
07      MsgBox "沒有輸入正確的區域！"
08      Exit Sub
09    End If
10    If CheckName = False Then
11      MsgBox "列名不可為空"
12      Exit Sub
13    End If
14    On Error GoTo tablename
15    Application.DisplayAlerts = False
16    Application.ScreenUpdating = False
17    Dim newSht As Worksheet
18    Set newSht = Worksheets.Add(Before:=Worksheets(1))
19    With newSht.Range("A1:D1")
20      .Value = "客戶公司通訊錄"
21      .Merge
22      .HorizontalAlignment = xlCenter
23    End With
24    With newSht
25      .Range("A2").Value = Name1.Value
26      .Range("B2").Value = Name2.Value
27      .Range("C2").Value = Name3.Value
28      .Range("D2").Value = Name4.Value
29    End With
30    Dim index As Integer
31    Dim row As Integer
32    row = 3
33    For index = 2 To Worksheets.Count
34      MyCopy newSht, Worksheets(index), row, area
35      row = row + 1
36    Next index
37    newSht.Range("A1").CurrentRegion.Columns.AutoFit
38    Application.DisplayAlerts = True
39    Application.ScreenUpdating = True
40    Me.Hide
41    Exit Sub
```

第 1～9 行程式碼：在使用者按一下「取消」按鈕時，關閉自訂表單，在按一下「確定」按鈕時自動執行。

第 10～23 行程式碼：根據 CheckName() 函數的返回值來判斷使用者選取區域的有效性，如果輸入有效，程式碼會新增一個「客戶公司通訊錄」的工作表，並為其製作表頭。

第 24～36 行程式碼：根據使用者輸入製作欄名，然後迴圈訪問各個工作表，並呼叫 MyCopy() 程序，將所需的資訊擷取出來，複製到新增的工作表中。

第 37～47 行程式碼：當擷取程序順利完成時，調整新增工作表的欄寬至合適的寬度；如果擷取程序中出現錯誤，則自動刪除新增的工作表。

行號	程式碼	程式碼註解
42	tablename:	
43	ncwSht.Delete	
44	Application.DisplayAlerts = True	
45	Application.ScreenUpdating = True	
46	MsgBox "已有名為「客戶公司通訊錄」的工作表！"	
47	End Sub	
48	Private Function CheckArea(position() As Integer) As Boolean	第 48 ～ 71 行程式碼：CheckArea() 函數的定義，用來檢查 RefEdit 控制項中，所選區域是否有效。由於自訂表單中的控制項數量無法確定，必須針對每一個 RefEdit 控制項編寫檢查程式碼，而不能用迴圈語法完成。
49	CheckArea = True	
50	On Error GoTo noarea	
51	Dim area As Range	
52	Set area = Range(Area1.Value)	
53	If area.Count <> 1 Then GoTo noarea	
54	position(1, 1) = area.row	
55	position(2, 1) = area.Column	
56	Set area = Range(Area2.Value)	
57	If area.Count <> 1 Then GoTo noarea	
58	position(1, 2) = area.row	
59	position(2, 2) = area.Column	
60	Set area = Range(Area3.Value)	
61	If area.Count <> 1 Then GoTo noarea	
62	position(1, 3) = area.row	
63	position(2, 3) = area.Column	
64	Set area = Range(Area4.Value)	
65	If area.Count <> 1 Then GoTo noarea	
66	position(1, 4) = area.row	
67	position(2, 4) = area.Column	
68	Exit Function	
69	noarea:	
70	CheckArea = False	
71	End Function	
72	Private Function CheckName() As Boolean	第 72 ～ 81 行程式碼：定義 CheckName() 函數，用於判斷 4 個文字方塊的內容是否為空。
73	CheckName = True	
74	If Name1.Value = "" Then GoTo noname	
75	If Name2.Value = "" Then GoTo noname	
76	If Name3.Value = "" Then GoTo noname	
77	If Name4.Value = "" Then GoTo noname	
78	Exit Function	
79	noname:	
80	CheckName = False	
81	End Function	

行號	程式碼	程式碼註解
82	`Private Sub MyCopy(aim As Worksheet, source As Worksheet, _row As Integer, area() As Integer)`	第 82 ～ 88 行程式碼：MyCopy() 程序採用間接複製的方法，從指定區域複製資料到新工作表，指定區域的位置儲存在area陣列中。
83	`  Dim i As Integer`	
84	`  For i = 1 To 4`	
85	`    source.Cells(area(1, i), area(2, i)).Copy`	
86	`    aim.Paste aim.Cells(row, i), False`	
87	`  Next i`	
88	`End Sub`	

第 7 步，在模組中輸入程式碼。新增模組 1，然後在模組中，輸入呼叫自訂表單的程序，程式碼如下。

行號	程式碼	程式碼註解

```
Sub 批次擷取 ()
  Dim myForm As SelectArea
  Set myForm = New SelectArea
  myForm.Show
  Set myForm = Nothing
End Sub
```

第 8 步，在工作表中插入按鈕。返回工作表，在「開發人員」索引標籤中，按一下「控制項」群組中的「插入」下三角按鈕，然後在展開的列表中，按一下「表單控制項」選項群組中的「按鈕（表單控制項）」，如圖 3-20 所示。

第 9 步，為按鈕指定巨集。經過上一步操作後，在工作表的空白區域按一下，即可繪製一個按鈕，且同時彈出「指定巨集」對話方塊，如圖 3-21 所示。在該對話方塊中，選取第 7 步定義的巨集名稱「批次擷取」。

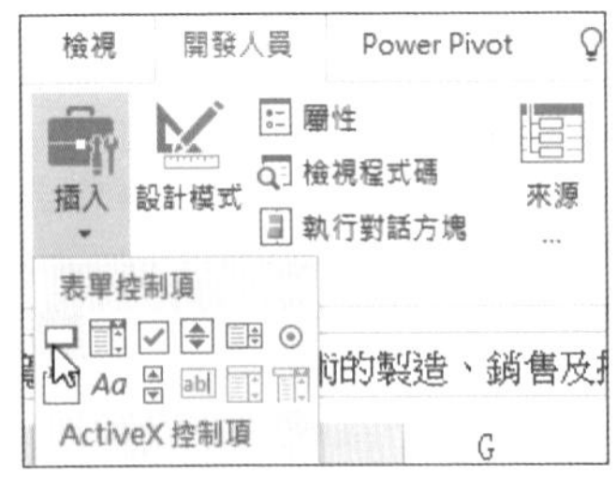

圖 3-20 插入按鈕

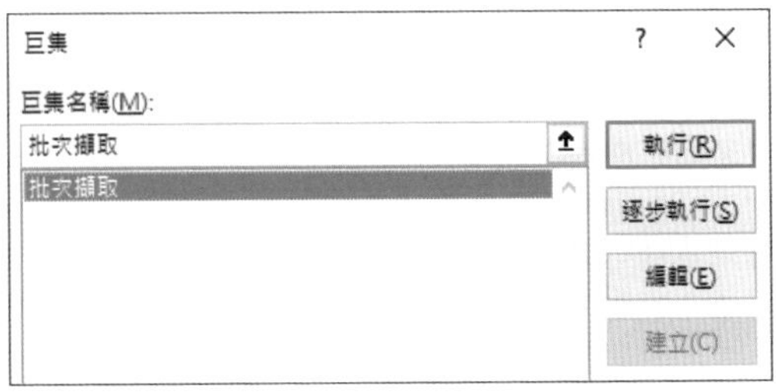

圖 3-21 指定巨集

第 10 步，修改按鈕的名稱。右擊按鈕，在彈出的快顯功能表中，執行【編輯文字】命令，然後修改按鈕名為「批次擷取資訊」。

第 11 步，執行自訂表單並輸入欄名和區域。按一下「批次擷取資訊」按鈕後，彈出「批次擷取」對話方塊，然後在對話方塊中，輸入欄名，如圖 3-22 所示。在輸入區域時，要按一下「區域」右側的展開按鈕，然後像平時參照儲存格一樣，在工作表中參照對應的儲存格區域，如圖 3-23 所示。

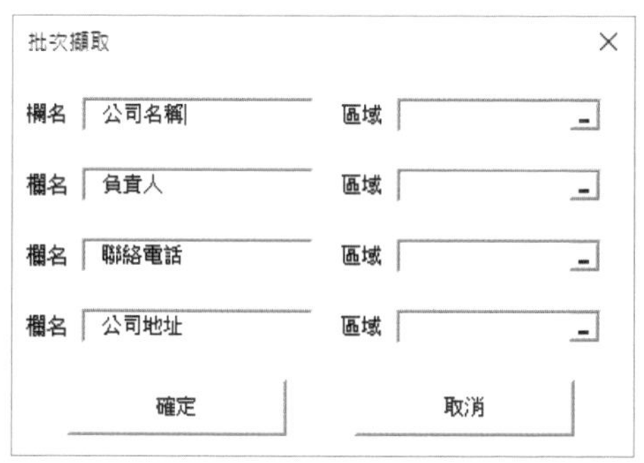

圖 3-22 輸入欄名

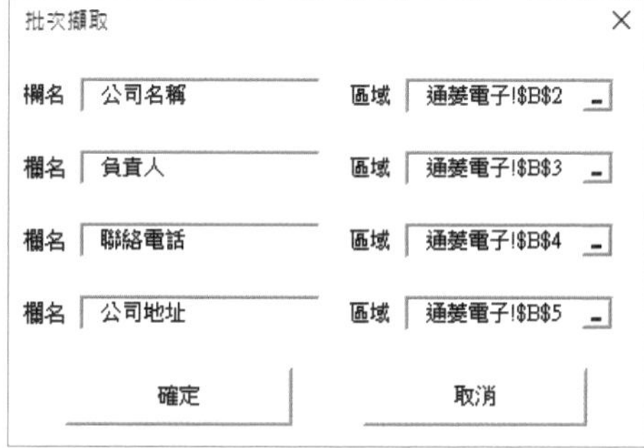

圖 3-23 引用儲存格區域

第 12 步，檢視擷取結果。按一下「確定」按鈕，程式開始執行，待程式執行結束後可看到新增的工作表，即批次擷取的內容，如圖 3-24 所示。

	A	B	C	D	E
1	客戶公司通訊錄				
2	公司名稱	負責人	聯絡電話	公司地址	
3	通菱電子	李飛	010-8010****	北京市昌平區西環***	
4	勝達電子	楊舟	010-6214****	北京市中關村****	
5	賽爾電子	張華平	010-6386****	北京市豐台鎮近園路***	
6	巨集巨電子	李牧	010-6964****	北京市府前路***	
7	方正電子	張建軍	010-65******	北京市朝陽區***********	
8	希望網路	李秋	010-65******	北京市朝陽區光華路***********	
9					
10					

客戶公司通訊錄 | 通菱電子 | 勝達電子 | 賽爾電子 | 巨集巨電子

圖 3-24 擷取的客户資訊

本範例中的程式碼可分為兩部分：第一部分是對自訂表單中的控制項編寫較長的程式碼，主要用於執行具體的功能；第二部分是在模組中輸入較短的程式碼，但它是讓自訂表單能顯示在螢幕上的必要呼叫程序。在後面的範例中，對程式碼行數超過 1 頁的程序，將不在書中詳細說明，僅截取部分重要程式碼進行講解。讀者可在範例檔中，檢視完整的程式碼及更詳細的註解。

延伸應用

RefEdit 控制項用於輸入或選取儲存格區域，但它預設不顯示在 VBA 程式設計環境的工具箱中，需要使用者手動新增，方法為：在 VBA 程式設計環境中，執行【工具→新增控制項】命令，彈出「新增控制項」對話方塊，在「可用控制項」清單中，找到並選取「RefEdit.Ctrl」核取方塊，如圖 3-25 所示，按一下「確定」按鈕後即可在工具箱中，看到新增的 RefEdit 控制項，如圖 3-26 所示。

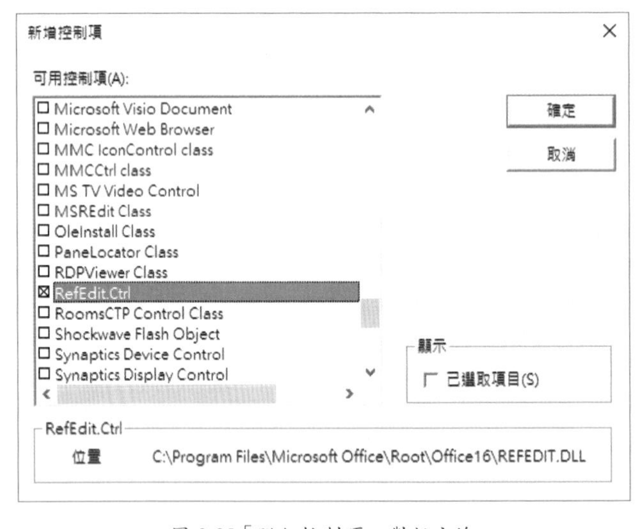

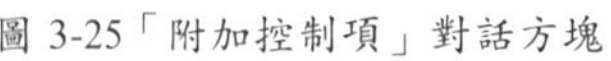
圖 3-25「附加控制項」對話方塊

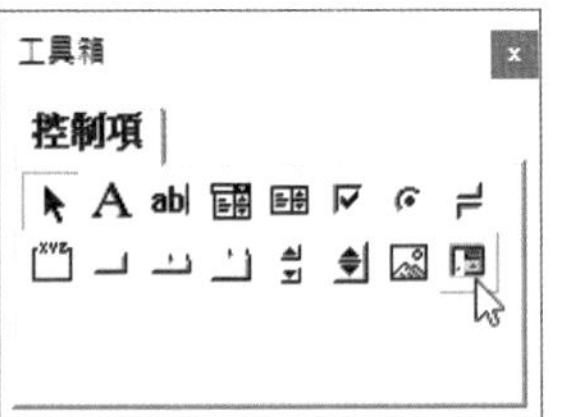

圖 3-26 新增的 RefEdit 控制項

2. 批次擷取符合條件的表格內容

上述範例是擷取結構相同的工作表內容，如果工作表記錄的資料雜亂無序，又該如何擷取需要的資訊呢？下面透過一個具體的範例，說明如何在不同工作表中，擷取分佈淩亂的表格內容。

如果工作表中的記錄很亂，可以透過篩選的方式找出，為什麼還要用 VBA 呢？

你說的篩選，雖能找出需要的資料，但篩選後的資料還要複製到新工作表中，才方便分析，這些操作用 VBA 一步就能搞定！

範例應用 3-7 批次擷取工作表中的重要資訊

原始檔 範例檔>03>原始檔>3.1.4 批次擷取表格內容2.xlsx

完成檔 範例檔>03>完成檔>3.1.4 批次擷取表格內容2.xlsm

第 1 步，檢視原始表格。開啟原始檔，如圖 3-27 所示。該活頁簿中共有 3 張工作表，記錄了 3 月—5 月部分日期的銷售情況。由於銷售記錄是按日期排序的，所以「購買單位」中的公司名稱資料，排列方式沒有規律可言。而現在恰好需要從這 3 張工作表中，擷取出某「購買單位」的資料。例如，從這 3 張工作表中，擷取「購買單位」為「宏巨電子」的銷售記錄。

	A	B	C	D	E	F
1	購買單位	產品代碼	數量	單價	貨品總額	日期
2	通菱電子	256331030A	2	161	322	2015/3/1
3	通菱電子	256331040A	2	107	214	2015/3/1
4	通菱電子	256313410A	3	44.36	133.08	2015/3/2
5	通菱電子	256340010A	62	77	4774	2015/3/2
6	明通電子	256340020A	104	77	8008	2015/3/2
7	明通電子	256340040A	46	77	3542	2015/3/2
8	宏巨電子	256340020A	66	77	5082	2015/3/3
9	威化公司	256340040A	54	77	4158	2015/3/3
10	勝達電子	256340010A	22	77	1694	2015/3/3
11	宏巨電子	256331040A	2	107	214	2015/3/3
12	勝達電子	256313410A	3	44.36	133.08	2015/3/4
13	勝達電子	256340010A	62	77	4774	2015/3/5

工作表1　工作表2　工作表3

圖 3-27 原始表格

第 2 步，建立自訂表單。在 VBA 程式設計環境中，插入自訂表單，並在表單上新增這些控制項：兩個標籤，用來表示欄名和條件；一個下拉式列示方塊，用來當作下拉清單，提供使用者選取欄名；一個文字方塊，用來輸入擷取的條件；還有兩個按鈕，分別表示確定和取消，如圖 3-28 所示。表單和控制項的屬性設定可在屬性視窗中檢視。

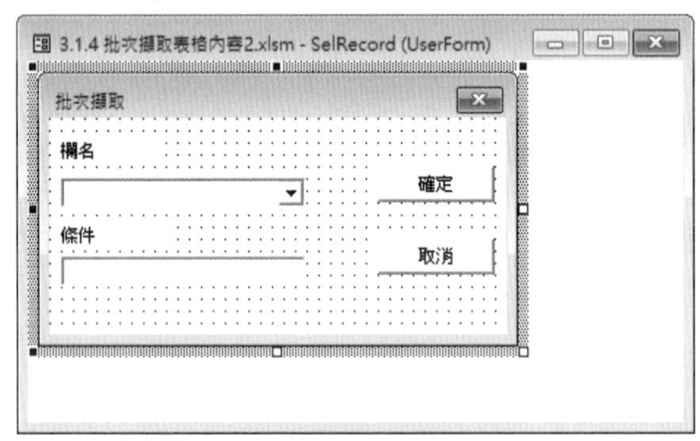

圖 3-28 建立的自訂表單

第 3 步，編寫程式碼 1。先開啟 SelRecord 的程式碼視窗，然後編寫程式碼，由於程式碼過長，這裡只截取了用於取得記錄的程式碼。

行號	程式碼	程式碼註解
	`......`	
01	`Private Sub UserForm_Initialize()`	
02	`  Dim aim As Worksheet`	
03	`  If Worksheets(1).Name <> "擷取記錄" Then`	第 3、4 行程式碼：取得除「擷取記錄」外的第一張工作表。
04	`    Set aim = Worksheets(1)`	
05	`  Else`	
06	`    Set aim = Worksheets(2)`	
07	`  End If`	
08	`  Dim colnum As Integer`	
09	`  colnum = aim.Range("A1").CurrentRegion.Columns.Count`	第 9 行程式碼：取得該工作表的欄數。
10	`  Dim colarr() As String`	
11	`  ReDim colarr(colnum - 1) As String`	
12	`  Dim index As Integer`	
13	`  For index = 1 To colnum`	第 13 ～ 15 行程式碼：迴圈訪問欄，並將欄名寫入陣列中。
14	`    colarr(index - 1) = aim.Cells(1, index)`	
15	`  Next index`	
16	`  Cols.List = colarr`	第 16 行程式碼：將陣列的內容顯示在下拉式列示方塊中。
17	`End Sub`	
	`......`	

第 4 步，編寫程式碼 2。與上一個範例一樣，在表單的程式碼視窗中，輸入完程式碼後，還需要插入模組，輸入呼叫自訂表單的程式碼，其結構也是類似的，具體程式碼如下。這是呼叫表單的固定結構，只需要修改其中的名稱和定義不同的變數。

程式碼　程式碼註解

```
Sub 擷取記錄 ()
    Dim myForm As SelRecord
    Set myForm = New SelRecord
    myForm.Show
    Set myForm = Nothing
End Sub
```

第 5 步，插入按鈕，指定巨集名。返回工作表，用前面介紹的方法插入「按鈕（表單控制項）」，然後指定巨集名稱為「擷取記錄」，再修改按鈕名為「擷取記錄」。

第 6 步，輸入欄名和條件。按一下工作表中的「擷取記錄」按鈕，在彈出的「擷取記錄」對話方塊中，按一下「欄名」下三角按鈕，在展開的下拉清單中，選取「購買單位」，如圖 3-29 所示。然後輸入條件「宏巨電子」，再按一下「確定」按鈕，如圖 3-30 所示。

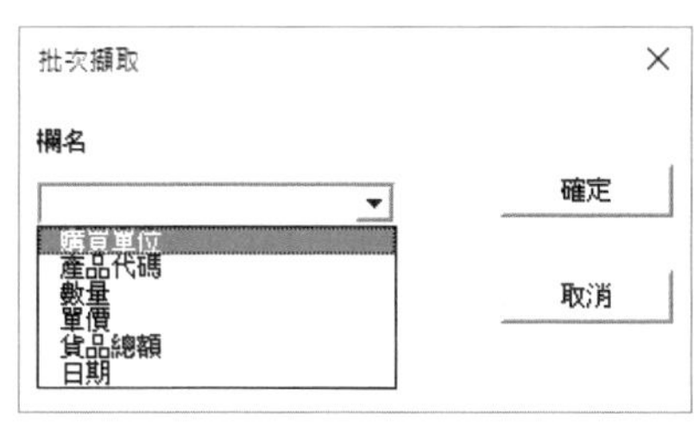

圖 3-29 選擇欄名

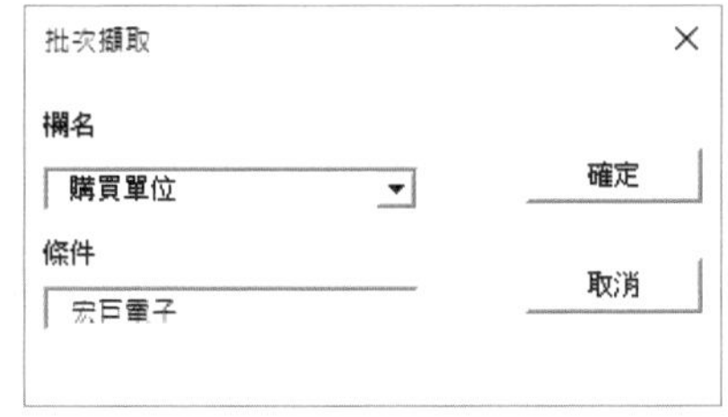

圖 3-30 輸入條件

第 7 步，顯示擷取結果。上一步操作後，可看到活頁簿中新增了「擷取記錄」工作表，並將 3 張工作表中，滿足條件的記錄擷取到新增的工作表中，如圖 3-31 所示。使用者還可以擷取「明通電子」的記錄，其擷取結果會追加在上一次擷取結果後，如圖 3-32 所示。（注：圖中有意隱藏了 D 欄和 E 欄數據。）

	A	B	C	F
1	購買單位	產品代碼	數量	日期
2	宏巨電子	256340020A	66	2015/3/3
3	宏巨電子	256331040A	2	2015/3/3
4	宏巨電子	256340040A	46	2015/3/5
5	宏巨電子	256311060A	11	2015/3/7
6	宏巨電子	256311290A	18	2015/3/9
7	宏巨電子	256340020A	106	2015/4/2
8	宏巨電子	256340040A	56	2015/4/3
9	宏巨電子	256340040A	51	2015/4/5
10	宏巨電子	256340010A	27	2015/4/6
11	宏巨電子	256311290A	19	2015/4/10
12	宏巨電子	256313410A	4	2015/5/3
13	宏巨電子	256340040A	47	2015/5/6
14	宏巨電子	256311290A	20	2015/5/10

提取記錄　工作表1

圖 3-31 擷取「宏巨電子」的記錄

	A	B	C	F
14	宏巨電子	256311290A	20	2015/5/10
15	明通電子	256340020A	104	2015/3/2
16	明通電子	256340040A	46	2015/3/2
17	明通電子	256331030A	4	2015/3/6
18	明通電子	256311010A	66	2015/3/7
19	明通電子	256331040A	4	2015/4/1
20	明通電子	256313410A	5	2015/4/2
21	明通電子	256340020A	22	2015/4/6
22	明通電子	256331030A	7	2015/4/8
23	明通電子	256311010A	69	2015/4/8
24	明通電子	256340020A	104	2015/3/2
25	明通電子	256340040A	46	2015/3/2
26	明通電子	256331030A	4	2015/3/6
27	明通電子	256311010A	66	2015/3/7

提取記錄　工作表1

圖 3-32 擷取「明通電子」的記錄

延伸應用

實際上，本範例中的程式並不僅限於按「購買單位」擷取資料，在「欄名」下拉清單中，還可以選擇其他的欄名，例如，選擇「單價」，然後在「條件」文字方塊中，輸入「77」，按一下「確定」按鈕後，就可以擷取出所有單價為 77 的記錄。可見該程式具有很強的彈性和適用性。

3.2 攻略秘技，快速拆分

批次新增、刪除工作表是工作中常見的應用，VBA 除了能實現這些簡單的批次操作外，還可執行更人性化的操作。例如，在同一工作表中批次拆分列，它的作用是在連續的列中，插入一列或幾列。這種情況多見於員工工資條的製作中，將表頭隔列插入每位員工工資記錄的上方。還有一種人性化操作就是，將同欄中相同記錄的資料拆分、組合成單獨的工作表，這種情況主要應用在分類匯總中。由於功能區的「分類匯總」功能是在同一工作表中，對不同資料類型進行分類，無法將分類後的記錄自動拆分成新工作表。因此需要使用 VBA，對此種情況進行優化。

前面在介紹儲存格的操作時，講到了對連續的相同儲存格的合併。當時的情況還容易理解，這裡要拆分工作表，就有點難以捉摸了！

你是想說，對工作表進行拆分不知道該怎麼著手？其實沒你想的那麼複雜，要是感覺很困難，就先整理思路吧！

3.2.1 按列批次拆分

本小節就以上文中提到的工資條為例，分析如何對列進行拆分。為了讓讀者更容易理解範例應用 3-8 中提供的程式碼，這裡先簡單整理，如圖 3-33 所示。讀者在實際工作中，也要養成在編寫程式碼前，先整理重點的良好習慣。

	程式碼編寫重點	使用的方法或程序
1	排除干擾：刪除活頁簿中對後續操作有影響的工作表。	透過 For Each x In Worksheets 迴圈語法，依次訪問工作表，然後使用 Delete 方法刪除
2	判斷資料區域：取得工作表中資料區域的列數和欄數。	用「運算式 .CurrentRegion.Rows.Count」統計列數，用「運算式 .CurrentRegion.Columns.Count」統計欄數
3	拆分列：從第 4 列開始，以 2 為間隔插入表頭。	用 For row=4 To rownum Step 2 進行迴圈，用「運算式 .Insert Shift:=xlDown」將表頭插入適當位置
4	美化區域：用框線將每位員工的工資資料框起來，以區分不同的員工。	用 Cell(row+1,colnum) 表示所跨越的列區域

圖 3-33 重點分析

圖 3-33 所示的重點分析看起來很簡單，但是用程式碼來表示時，仍需要編寫一兩頁程式碼。其中第 4 部分較為複雜，因為它要對上下左右 4 邊加上邊框。我們可以將這部分操作定義為一個子程序，然後在主程序中呼叫。這樣不僅能使思路更清晰，還能加快程式的執行。

範例應用 3-8 用 VBA 製作員工工資條

原始檔 範例檔>03>原始檔>3.2.1 按列批次拆分.xlsx

完成檔 範例檔>03>完成檔>3.2.1 按列批次拆分.xlsm

第 1 步，檢視原始表格。開啟原始檔，如圖 3-34 所示。該表中記錄了員工的工資明細，由於需要根據該表的內容，列印出員工工資條，因此必須在員工記錄所在列的上方隔列插入表頭（第二列的項目），這樣員工拿到工資條後，才清楚每列資料對應的是什麼項目。

員工工資表							
員工編號	員工姓名	所屬部門	基本工資	崗位工資	住房補貼	獎金	應發金額合計
A001	趙西	生產部	4500	1000	400	300	6200
A002	金鑫	財務部	4500	1000	400	200	6100
A003	何冰	客戶部	4500	1000	400	200	6100
A004	習可	銷售部	4500	1000	400	500	6400
B001	孟靜	生產部	3000	800	400	300	4500
B002	寧夢	生產部	3000	800	400	300	4500
B003	趙青	生產部	3000	800	400	300	4500
B004	孫興	生產部	3000	800	400	300	4500
C001	李冰	財務部	2200	600	200	200	3200
C002	景和	財務部	2200	600	200	200	3200
C003	馮靜	財務部	2200	600	200	200	3200
C004	陳吉	財務部	2200	600	200	200	3200
D001	周微	客戶部	2000	500	200	200	2900

員工工資表

圖 3-34 員工工資表

第 2 步，編寫程式碼。在 VBA 程式設計環境中插入模組，然後輸入以下程式碼。注意，此處省略了為指定儲存格區域設定框線的子程序定義程式碼，具體內容請檢視完成檔。

行號	程式碼	程式碼註解

```
01  Sub 按列拆分儲存格 ()
02    Dim name As String
03    name = ActiveSheet.name
04    name = name + "副表"
05    Application.ScreenUpdating = False
06    For Each one In Worksheets
07      If one.name = name Then
08        Application.DisplayAlerts = False
09        one.Delete
10        Application.DisplayAlerts = True
11      End If
12    Next one
13    ActiveSheet.Copy before:=Worksheets(1)
14    Dim newSht As Worksheet
15    Set newSht = Worksheets(1)
16    newSht.name = name
17    With newSht
18      Dim rownum As Integer
19      rownum = .Cells(1, 1).CurrentRegion.Rows.Count
20      rownum = rownum * 2 - 3
21      Dim colnum As Integer
22      colnum = .Cells(2, 1).CurrentRegion.Columns.Count
23      Dim row As Integer
24      Dim area As Range
25      For row = 4 To rownum Step 2
26        .Rows(2).Copy
27        .Rows(row).Insert Shift:=xlDown
28        Set area = .Range(.Cells(row, 1),_
          .Cells(row + 1, colnum))
29        SetBound area
30      Next row
31      Set area = .Range(.Cells(2, 1), .Cells(3, colnum))
32      SetBound area
33      Application.CutCopyMode = False
34    End With
35    Application.ScreenUpdating = False
36  End Sub
    ......
```

第 1 ～ 12 行程式碼：判斷活頁簿中是否有副表並刪除。

第 13 ～ 16 行程式碼：複製目前工作表並為其命名。

第 19 行程式碼：取得目前工作表的列數。

第 20 行程式碼：計算得到最終工作表的列數。

第 22 行程式碼：取得目前工作表的欄數。

第 25 行程式碼：以 2 為間隔操作工作表的每一列。

第 27 行程式碼：將表頭插入到工作表的適當位置。

第 28 行程式碼：呼叫程序，為每位員工的工資條加上框線。

第 3 步，執行程式，檢視結果。在 VBA 程式設計環境中執行程式後，活頁簿內會新增「員工工資表副表」，如圖 3-35 所示。隨後便可以將這張表列印出來，裁剪後分發給各位員工了。

	A	B	C	D	E	F	G	H	I
1								員工工資表	
2	員工編號	員工姓名	所屬部門	基本工資	崗位工資	住房補貼	獎金	應發金額合計	事假扣款
3	A001	趙西	生產部	4500	1000	400	300	6200	0
4	員工編號	員工姓名	所屬部門	基本工資	崗位工資	住房補貼	獎金	應發金額合計	事假扣款
5	A002	金鑫	財務部	4500	1000	400	200	6100	0
6	員工編號	員工姓名	所屬部門	基本工資	崗位工資	住房補貼	獎金	應發金額合計	事假扣款
7	A003	何冰	客戶部	4500	1000	400	200	6100	0
8	員工編號	員工姓名	所屬部門	基本工資	崗位工資	住房補貼	獎金	應發金額合計	事假扣款
9	A004	習可	銷售部	4500	1000	400	500	6400	204.55
10	員工編號	員工姓名	所屬部門	基本工資	崗位工資	住房補貼	獎金	應發金額合計	事假扣款
11	B001	孟靜	生產部	3000	800	400	300	4500	0
12	員工編號	員工姓名	所屬部門	基本工資	崗位工資	住房補貼	獎金	應發金額合計	事假扣款
13	B002	寧夢	生產部	3000	800	400	300	4500	0
14	員工編號	員工姓名	所屬部門	基本工資	崗位工資	住房補貼	獎金	應發金額合計	事假扣款
15	B003	趙青	生產部	3000	800	400	300	4500	0

員工工資表副表　員工工資表

圖 3-35 使用 VBA 製作的工資條

3.2.2 按照欄位逐步拆分

上一小節的內容真是讓我大開眼界！平日裡製作工資條，還真是手動插入的！接下來的按欄拆分又該怎麼用呢？

要說怎麼用就很深奧了。另外，還得看你工作中在什麼情況下，需要對工作表進行拆分，而且是根據欄位進行判斷的！

在儲存客戶資訊時，隨著時間的流逝，積累的客戶量會越來越大，以至捲動捲軸也不能完全檢視所有的資料。如果不及時整理，管理起來就會很不方便。然而整理工作表是一件枯燥乏味的事，因為都是不斷在做複製貼上的操作。本小節要介紹的 VBA 程式碼，可以自動整理工作表，使用者只需要設定當作標準的欄，程式就可以自動將該欄上內容相同的列複製到一個工作表中。

此程式同樣可以應用於員工資訊的管理工作中。因為在一般情況下，都是將公司所有人員的資料統計在一張工作表中，再透過篩選或分類匯總的方式來分析不同部門的人員資料。如果需要為不同的部門建立一張工作表，就需要手動複製、貼上。短時間內頻繁執行這種重複操作，是很容易犯錯的。下面就來看看如何運用 VBA，執行員工資訊的分類管理。

範例應用 3-9 分類管理員工資訊

原始檔 範例檔>03>原始檔>3.2.2 按照欄位逐步拆分.xlsx

完成檔 範例檔>03>完成檔>3.2.2 按照欄位逐步拆分.xlsm

第 1 步，檢視原始表格。開啟原始檔，如圖 3-36 所示。該活頁簿中只有一張工作表 1，記錄了 32 名員工的一些基本資訊。

	A	B	C	E	F	G
1				員工資料表		
2	所在部門	編號	姓名	入職日期	職稱	備註
3	銷售部	CD001	張崴	2008/9/10	銷售經理	
4	銷售部	CD002	譚林軍	2011/3/26	銷售主管	
5	市場部	CD003	何一浩	2011/6/28	普通職員	
6	財務部	CD004	吳寧	2010/6/30	普通職員	
7	財務部	CD005	朱克義	2009/10/9	財務總監	
8	行政部	CD006	邢文紅	2011/5/12	行政主管	
9	人事部	CD007	趙捷	2012/5/16	人事總監	
10	人事部	CD008	吳海	2009/8/15	普通職員	
11	市場部	CD009	牟益	2010/7/15	市場經理	
12	銷售部	CD010	斯柯拉	2012/6/30	普通職員	
13	市場部	CD011	張萍	2010/4/19	普通職員	
14	財務部	CD012	郭曉東	2011/4/10	普通職員	
15	銷售部	CD013	鄧大勇	2012/5/17	普通職員	
16	市場部	CD014	趙科	2013/2/20	普通職員	
17	人事部	CD015	陳賢	2009/6/13	普通職員	
18	銷售部	CD016	馬小軍	2010/6/19	普通職員	
19	銷售部	CD017	李靜	2013/6/22	普通職員	

工作表1

圖 3-36 原始表格

第 2 步，設計表單。使用前面介紹的方法，在 VBA 程式設計環境中，插入自訂表單，並在表單上加上一個標籤、一個下拉式列示方塊和兩個按鈕，再分別修改它們的屬性，具體參數請見完成檔。設計好的自訂表單如圖 3-37 所示。

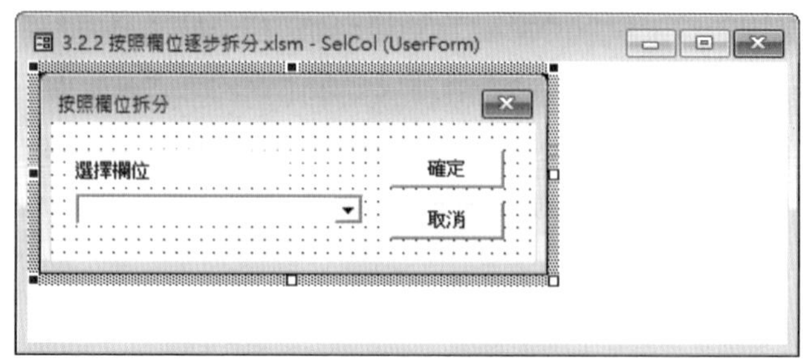

圖 3-37 設計好的自訂表單

第 3 步，在表單中輸入程式碼。右擊專案資源管理器中的自訂表單，以檢視程式碼的方式，開啟程式碼視窗，然後輸入程式碼。下面這段程式碼是該表單程式碼的最後兩個子程序，用來複製指定儲存格所在欄到指定工作表的指定欄。而對按一下按鈕後操作的定義、取得來源表欄數的循環體等大家已經很熟悉的程式碼，這裡不再列出，讀者可自行檢視完成檔。

行號	程式碼	程式碼註解
	`......`	
01	`Sub MyCopy(cell As Range, aim As Worksheet, newrow`	
02	`As Integer)`	
	`  Dim row As Integer`	
03	`  row = cell.row`	
04	`  source.Rows(row).Copy`	第 4、5 行程式碼：複製和貼上欄。
05	`  aim.Paste aim.Cells(newrow, 1), False`	
06	`End Sub`	
07	`Sub CopyTitle(aim As Worksheet)`	第 7 ～ 10 行程式碼：複製表頭至指定工作表的程序。
08	`  source.Range("A1:G2").Copy`	
09	`  aim.Rows(1).Insert Shift:=xlDown`	第 9 行程式碼：將複製的表頭插入到新工作表的頂部。
10	`End Sub`	

第 4 步，在模組中輸入程式碼。在表單的程式碼視窗中，輸入完程式碼後，還需要插入一個模組，用來呼叫表單。其程式碼結構與 3.1.4 中介紹的類似，讀者可掌握好此結構，以便快速套用。

行號	程式碼	程式碼註解
01	`Sub 依照欄位拆分儲存格 ()`	
02	`    Dim myForm As SelCol`	
03	`    Set myForm = New SelCol`	

行號	程式碼	程式碼註解
04	`Set myForm.source = ActiveSheet`	第 4 行程式碼：將目前工作表傳遞給自訂表單。
05	`myForm.Show`	
06	`Set myForm = Nothing`	
07	`End Sub`	

第 5 步，在工作表中增加按鈕控制項。返回工作表，在「開發人員」索引標籤的「控制項」群組中，按一下「插入」下三角按鈕，然後按一下「表單控制項」選項群組中的「按鈕（表單控制項）」，在工作表中繪製出按鈕，隨後彈出「指定巨集」對話方塊，在對話方塊中，選擇模組中定義的「依照欄位拆分儲存格」巨集，即可將程式與該按鈕連結。這一步比較簡單，在後面的章節中將不再詳細敘述。

第 6 步，選擇拆分的欄位。右擊按鈕，編輯文字為「按照欄位拆分」，然後按一下該按鈕，彈出「按照欄位拆分」對話方塊，在「選擇欄位」下拉式清單方塊中選擇「所在部門」，如圖 3-38 所示。

圖 3-38 選擇要拆分的列

第 7 步，執行程式，檢視結果。按一下「按照欄位拆分」對話方塊中的「確定」按鈕，活頁簿中將新增多個以部門名稱命名的工作表，且每張工作表中都有相應部門的員工資料，如圖 3-39 所示。

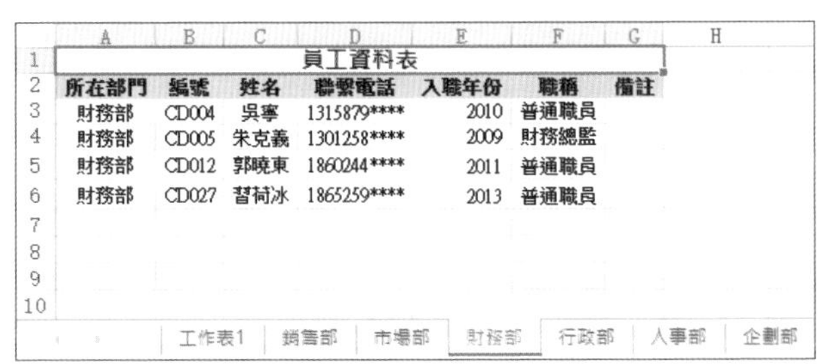

員工資料表

所在部門	編號	姓名	聯繫電話	入職年份	職稱	備註
財務部	CD004	吳寧	1315879****	2010	普通職員	
財務部	CD005	朱克義	1301258****	2009	財務總監	
財務部	CD012	郭曉東	1860244****	2011	普通職員	
財務部	CD027	習荷冰	1865259****	2013	普通職員	

工作表1 | 銷售部 | 市場部 | 財務部 | 行政部 | 人事部 | 企劃部

圖 3-39 拆分後的結果

3.3 特殊技巧，一勞永逸

在編寫程式的時候，我發現某些程式的運行速度很慢。一般來說，VBA 執行的自動化操作應該會很快啊？
看你如此好學，我就是生病了也得給你說明啊！再自動化的操作遇到繁瑣的程式碼也會變慢。請放心，這裡將為大家提供幾種優化程式碼的方法。

3.3.1 優化程式碼的方法

優化 VBA 程式碼，不僅能提升程式的執行速度，還能使程式碼更易被理解。在前面的章節中，重點介紹了一些關於程式碼的理論知識和工作中的常見問題，其中不免有一些累贅的程式碼，而這些累贅的程式碼，就是影響程式執行速度的因素。除此之外，不同方法也會對程式執行速度產生影響。下面為大家提供了幾種優化程式碼的方法。

1. 儘量簡化程式碼

- 編寫子程序：將一般程序編寫為子程序來呼叫。
- 刪除無關程式碼：在錄製巨集時，經常會產生一些與執行功能無關的程式碼，可將其刪除。

2. 關閉螢幕更新

使用 Application.ScreenUpdating = False 語法關閉螢幕更新，但在程式執行完成前，需要將 ScreenUpdating 屬性的值設定為 True。因為使用者對屬性的修改是永久性的，Excel 不會自動恢復其預設值。

3. 使用 For Each…Next 迴圈

該迴圈語法可以保證程式碼更快執行。當 For Each…Next 語法反覆運算集合時，會自動指定一個對集合目前成員的引用，然後在到達集合的尾部時，跳出迴圈語法。

4. 使用 With…End With 語法

該語法可減少物件的引用，在完成指定的一系列任務時不需要重複引用物件。另外，還可以使用嵌套的 With 語法進一步提高程式碼的效率。

5. 減少 OLE 引用

每一個 Excel 物件的屬性、方法的呼叫都需要透過 OLE（物件連結與嵌入）介面，這些 OLE 呼叫都是需要時間的，減少使用物件引用能加快程式碼的執行。

3.3.2 自動為重複值加上註解

快告訴我怎麼為重複值統一加上註解！主管要我對表格中出現過的資訊作統一說明，不然就要重新製作表格。

在記錄某些重複的資料前，可以先編輯一個程式，讓它自動根據工作表中的內容加上註解，而不需要你事後再增加！

在某些工作表中，重複的資料是有特別含義的。以投訴記錄表為例，重複的員工姓名，就意味著該員工曾被多次投訴。怎樣才能辨別一個員工是否被多次投訴呢？如果採用手動操作的方法，就需要先使用 Excel 的尋找功能，將結果記錄下來，然後依序為那些被多次投訴的員工加上註解。熟練的 Excel 使用者都可以預料到這是多麼繁瑣的工作。即便使用 Excel 的排序或小計功能，也還是不夠方便快捷。

其實在 2.1.1 中，已經提供了一種處理重複值的方法。當時提出的解決方案是，快速定位重複值的最後一個儲存格。下面要學習一段新程式碼，自動增加註解來檢視隨機選擇的儲存格值，其重複的情況。

範例應用 3-10 自動為重複的記錄加上註解

原始檔 範例檔>03>原始檔>3.3.1 自動加上註解.xlsx

完成檔 範例檔>03>完成檔>3.3.1 自動加上註解.xlsm

第 1 步，檢視原始表格。開啟原始檔，如圖 3-40 所示，該表中記錄了一月的投訴情況。然後新增二月和三月的投訴記錄表，其樣式和結構與一月的表格相同。

	A	B	C	D	E	F
1	一月投訴記錄					
2	姓名	投訴次數	投訴原因			
3	楊華明	1	服務態度不好			
4	何志剛	1	服務態度不好			
5	陳明	2	服務態度不好			
6	劉華軍	1	服務態度不好			
7	楊學明	3	業務素質不高			
8	李志新	1	服務態度不好			
9	張建設	2	業務素質不高			
10	尚淑華	1	服務態度不好			
11	張小娜	1	業務素質不高			
12	白志國	2	服務態度不好			
13	尹亦平	1	服務態度不好			
14	屈明	1	服務態度不好			
15	李偉	2	業務素質不高			
16	唐飛	2	服務態度不好			
17	張小輝	1	服務態度不好			
18	李小豐	1	服務態度不好			

一月

圖 3-40 投訴記錄表

第 2 步，在模組中輸入程式碼。在 VBA 程式設計環境中插入模組，並輸入以下程式碼。

行號	程式碼	程式碼註解

```
01 Sub 註解重複值(aim As Range, curSheet As Worksheet)
02   If NeedCheck(aim) = False Then
03     Exit Sub
04   End If
05   Application.ScreenUpdating = False
06   Dim name As String
07   name = CStr(aim.Value)
08   Dim text As String
09   text = ""
10   Dim n As Integer
11   For n = 1 To Worksheets.Count
12     Dim one As Worksheet
13     Set one = Worksheets(n)
14     If Not (curSheet Is one) Then
15       If Search(one, name) Then
16         text = text + "該員工在" + _
           one.name + "已被投訴過;" + Chr(10)
```

第 1 ～ 9 行程式碼：是「註解重複值 ()」子程序的第一部分。本段程式碼首先呼叫自訂的 NeedCheck() 函數，檢查修改的區域是否屬於員工姓名欄，然後將修改後的內容儲存在變數中，當作後面搜尋功能的目標。

第 10 ～ 19 行程式碼：迴圈訪問其他的工作表，呼叫自訂的 Search() 函數，檢查在該工作表中，是否存在重複的內容，並把結果用字串記錄下來。

行號	程式碼	程式碼註解

```
17  End If
18      End If
19    Next n
```

```
20    If text <> "" Then
21      If Not (aim.Comment Is Nothing) Then
22        aim.ClearComments
23      End If
24      aim.AddComment (text)
25    End If
26    Application.ScreenUpdating = True
27  End Sub
```

第 20～27 行程式碼：為修改的儲存格增加註解，註解的內容就是前面產成的搜尋結果。如果修改的儲存格已經有註解，程式碼會自動將其刪除，更新為搜尋的結果。

```
28  Function NeedCheck(aim As Range) As Boolean
29    If aim.Column <> 1 Then
30      NeedCheck = False
31    Else
32      NeedCheck = True
33    End If
34  End Function
```

第 28～34 行程式碼：執行了 NeedCheck() 函數。該函數會判斷修改是否發生在第一欄的儲存格上，即姓名所在的欄位。

```
35  Function Search(table As Worksheet, name As String)
    As Boolean
36    Dim rowNum As Integer
37    rowNum = table.Range("A1").CurrentRegion.Rows.Count
38    If rowNum = 0 Then
39      Search = False
40      Exit Function
41    End If
42    Dim n As Integer
43    Search = False
44    For n = 1 To rowNum
45      If table.Cells(n, 1) = name Then
46        Search = True
47        Exit Function
48      End If
49    Next n
50  End Function
```

第 35～50 行程式碼：執行了 Search() 函數。該函數會在指定工作表的第一欄上搜索，檢視是否有包含指定內容的儲存格。如果指定的工作表為空，則該程序會認為沒有找到指定的內容。

第 3 步，在 ThisWorkbook 程式碼視窗中輸入程式碼。在專案資源管理器中，按兩下 ThisWorkbook 選項，開啟 ThisWorkbook 的程式碼視窗，然後輸入以下程式碼。

行號	程式碼	程式碼註解
01	`Private Sub Workbook_SheetChange(ByVal Sh As Object, _` `ByVal Target As Range)`	第 1 ～ 4 行程式碼：當活頁簿中任意一個工作表的資料發生變動時都會自動執行「註解重複值 ()」子程序。
02	`'呼叫註解重複值功能`	
03	`註解重複值 Target, Sh`	
04	`End Sub`	

第 4 步，顯示註解資訊 1。返回工作表，並切換至「二月」表格中，在「姓名」欄輸入被投訴的員工姓名，如圖 3-41 所示。由於「張明」和「李華」沒有一月的投訴記錄，因此輸入後不會顯示註解資訊，而「陳明」在一月的投訴記錄表中有記錄，因此自動增加了註解資訊，說明該員工在一月已被投訴過。

第 5 步，顯示註解資訊 2。切換至「三月」表中，輸入「李華」，按 Enter 鍵後，可以看到註解標誌，將滑鼠指向該註解標誌時，即可檢視註解的資訊，說明該員工在二月已被投訴過；當輸入「陳明」後，所增加的註解同時顯示了一月和二月的投訴情況，如圖 3-42 所示。

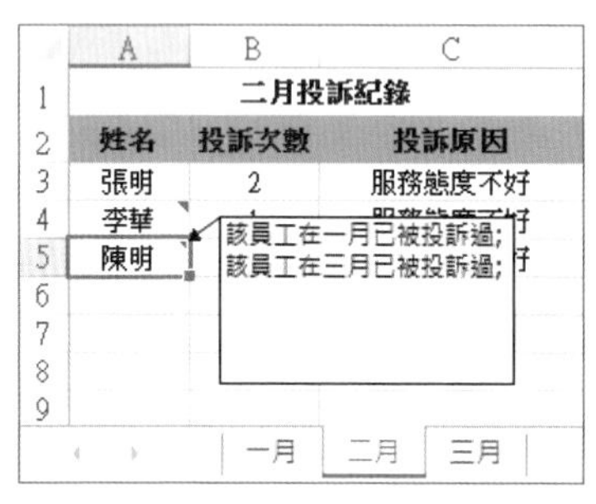

圖 3-41 二月註解情況

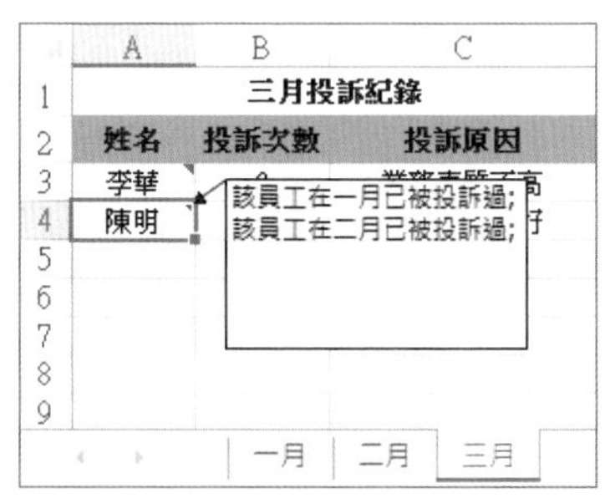

圖 3-42 三月註解情況

第 6 步，顯示註解資訊 3。為了在「一月」表格中，檢視員工是否在二月、三月被投訴，可按兩下所選儲存格，然後按 Enter 鍵，檢視有無註解。圖 3-43 所示為按兩下「陳明」所在儲存格後顯示的註解結果。

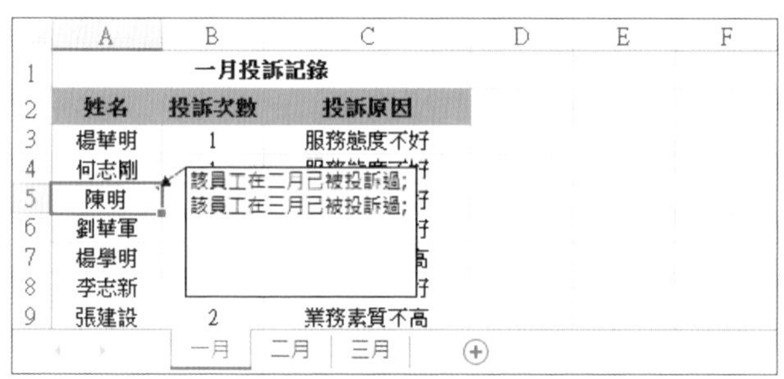

圖 3-43 檢視一月中的註解情況

3.3.3 自動為文字加上超連結

Excel 中，儲存的資料之間是有關聯的，如使用函數進行計算時，所參照的儲存格就會呈現出這一點。有時為了突破不同工作表間的界線，需要用連結的方式，為資料建立聯繫，這就是眾所周知的超連結。

增加超連結本身並不複雜，但是如果要批次增加不同連結化物件的超連結，就會麻煩很多。使用 VBA 程式碼可以自動且批次增加超連結。所謂「自動」，就是根據輸入的內容判斷是否有可連結的物件，而「批次」就是一鍵對所有需要連結的儲存格加上超連結。

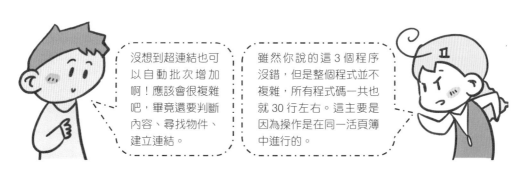

範例應用 3-11 增加超連結完成跨表參照

原始檔 範例檔>03>原始檔>3.3.2 自動加上超連結.xlsx

完成檔 範例檔>03>完成檔>3.3.2 自動加上超連結.xlsm

第 1 步，檢視原始表格。開啟原始檔，該活頁簿中不僅包含圖 3-44 所示的訂單表和圖 3-45 所示的出貨表，而且還有各客戶公司的基本資訊表。

	A	B	C	D
1	訂單表			
2	訂貨單位	英文名稱	訂單號	金額
3	通菱電子	tong ling ectronics	O3021A	3388
4	通菱電子	tong ling ectronics	O3032A	4214
5	勝達電子	sheng da ectronics	O3042A	133.08
6	希望網路	xi wang	O3120A	4774
7	明通電子	ming tong ectronics	O3101A	8008
8	方正電子	fang zheng ectronics	O3025A	3542
9	宏巨電子	hong ju ectronics	O3030A	5082

圖 3-44 訂單表

	A	B	C	D
1	出貨表			
2	購買單位	產品代碼	數量	單價
3	通菱電子	256331030A	2	161.00
4	通菱電子	256331040A	2	107.00
5	通菱電子	256313410A	3	44.36
6	通菱電子	256340010A	62	77.00
7	明通電子	256340020A	104	77.00
8	明通電子	256340040A	46	77.00
9	宏巨電子	256340020A	66	77.00

圖 3-45 出貨表

第 2 步，輸入程式碼 1。進入 VBA 程式設計環境，在專案資源管理器中，按兩下 ThisWorkbook 選項，然後在開啟的程式碼視窗中輸入以下程式碼。其中，Workbook_SheetChange() 程序會在活頁簿中，任意一個工作表的內容被修改時，自動執行。

行號 程式碼 程式碼註解

```
01  Private Sub Workbook_SheetChange(ByVal Sh As Object, _
    ByVal Target As Range)
02    If Target.Parent.name = "Sheet1" Or _
      Target.Parent.name = "Sheet2" Then
03      If NeedCheck(Target) Then
04        跨表參照1 Target
05      End If
06    End If
07  End Sub
08  Function NeedCheck(aim As Range) As Boolean
09    If aim.Count <> 1 Then
10      NeedCheck = False
11      Exit Function
12    End If
13    If aim.Column <> 1 Or aim.row <= 2 Then
14      NeedCheck = False
15      Exit Function
16    End If
17    NeedCheck = True
18  End Function
```

程式碼註解：

第 1 ～ 7 行程式碼：執行了 Workbook_SheetChange() 程序。首先判斷修改是否來自於指定的工作表，然後呼叫自訂的 NeedCheck() 函數，判斷修改是否來自於指定的區域，再呼叫「跨表參照 1()」子程序，執行跨表參照的主體功能。

第 8 ～ 18 行程式碼：執行了 NeedCheck() 函數的全部程式碼。該函數可以判斷修改是否發生在指定的儲存格區域中，即「購買單位」欄。

第 3 步，輸入程式碼 2。在 VBA 程式設計環境中插入模組，並輸入以下程式碼。該程式碼執行了「跨表參照 1()」子程序。該程序會搜索所有的工作表，如果某個工作表的名稱與儲存格的內容相同，則為該儲存格加上超連結，指向對應的工作表。

行號	程式碼	程式碼註解

```
01  Sub 跨表參照1(Target As Range)
02    For Each one In Worksheets
03      If one.name = Target.Value Then
04        ActiveSheet.Hyperlinks.Add Anchor:=Target, _
05        Address:="", SubAddress:=Target.Value & "!A1", _
06        TextToDisplay:=Target.Value
07      End If
08    Next one
09  End Sub
10  Sub 跨表引用2()
11    Dim index As Integer
12    For index = 1 To Selection.Count
13      跨表引用1 Selection(index)
      Next index
    End Sub
```

程式碼註解：

第 3 行程式碼：檢查是否有工作表名稱符合條件。

第 4 行程式碼：連結該儲存格到工作表。

第 10 行程式碼：迴圈操作選擇區域的每一個儲存格。

第 11 行程式碼：呼叫「跨表參照 1()」程序進行參照。

第 4 步，批次加上超連結。返回工作表 1，選取 A 欄中的 A3:A20 區域，然後切換至 VBA 程式設計環境，按 F5 鍵執行程式。程式執行結束後，可看到 A 欄中，部分訂貨單位加上了超連結，如圖 3-46 所示。由於活頁簿中沒有「明通電子」和「威化公司」的基本資料表，所以包含這兩個名稱的儲存格，就沒有被設定為超連結。按一下有超連結的儲存格，就能切換到對應的基本資料表，檢視對應公司的基本情況。

	A	B	C	D	E	F	G
1	訂單表						
2	訂貨單位	英文名稱	訂單號	金額	日期		
3	通菱電子	tong ling ectronics	O3021A	3388	2015/4/13		
4	通菱電子	tong ling ectronics	O3032A	4214	2015/4/14		
5	勝達電子	sheng da ectronics	O3042A	133.1	2015/4/15		
6	希望網路	xi wang	O3120A	4774	2015/4/15		
7	明通電子	ming tong ectronics	O3101A	8008	2015/4/15		
8	方正電子	fang zheng ectronics	O3025A	3542	2015/4/15		
9	宏巨電子	hong ju ectronics	O3030A	5082	2015/4/15		
10	威化公司	wei hua company	O3028A	4158	2015/4/16		
11	勝達電子	sheng da ectronics	O3123A	1694	2015/4/16		
12	宏巨電子	hong ju ectronics	O3126A	214	2015/4/16		
13	勝達電子	sheng da ectronics	O3134A	133.1	2015/4/16		
14	方正電子	fang zheng ectronics	O3137A	4774	2015/4/16		
15	明通電子	ming tong ectronics	O3234A	847	2015/4/17		

工作表1 | 工作表2 | 通菱電子 | 勝達電子 | 賽爾電子 | 宏巨電子

圖 3-46 批次加上的超連結

第 5 步，自動加上超連結。該程式除了能對選定區域執行跨表參照外，還能在儲存格中輸入內容時，自動設定超連結。例如，在 A21 儲存格中，輸入「通菱電子」後，按 Enter 鍵，該儲存格中的內容就會設定成超連結。

鞏固基礎，從活頁簿開始

活頁簿是 Excel 檔階層體系的最上層，每個活頁簿包含若干個工作表。在第 3 章中已經介紹了如何利用 VBA 來完成對工作表的操作。本章的重點是，如何利用 VBA 來完成對單一活頁簿的操作，主要包括一些自動化操作和同步化操作等。

4.1 定時自動化操作

和工作表類似，活頁簿也有它的物件 Workbook，它表示 Excel 中的一個活頁簿，而活頁簿成員的集合就是 Workbooks 集合。這與工作表中的 Worksheet 和 Worksheets 是一樣的。Workbook 物件也有其屬性和方法，下面就先學習該物件的重要屬性，如表 4-1 所示。

表 4-1 Workbook 物件的屬性

屬性	語法格式	說明
Name	運算式 .Name	活頁簿的名稱
Path	運算式 .Path	活頁簿的路徑
FullName	運算式 .FullName	活頁簿的完整路徑（即路徑 + 名稱）
FileFormat	運算式 .FileFormat	活頁簿的檔案格式或類型
HasPassword	運算式 .HasPassword	活頁簿是否有密碼保護
Sheet	運算式 .Sheet	活頁簿中的工作表

除了這些屬性外，應該還有關於該物件的方法吧，如建立、開啟、關閉等。它們與 Worksheet 物件提供的方法一樣嗎？

也不是完全一樣，但是有很多用法是相通的，就像你說的那幾種。這裡還是說說工作表中沒有介紹到的其他方法吧！

Workbook 物件的很多方法與 Worksheet 物件的方法是相通的，如 Add()、Close()、Open() 等，關於這些方法的用法，此處不再介紹，大家可參考第 3 章的相關內容。下面將重點說明其他常見的活頁簿操作，如表 4-2 所示。

表 4-2 常見的活頁簿操作

目的	相關方法或屬性程式碼	說明
訪問特定活頁簿	Workbooks.Item(1)	傳回集合中的第一個活頁簿
啟動活頁簿	Workbooks(myworkbook).Activate	啟動指定的活頁簿
計數活頁簿	Workbooks.Count	取得目前開啟的活頁簿數量
儲存活頁簿	Workbook.SaveAs(參數)	在指定資料夾中儲存對指定活頁簿的更改
保護活頁簿	Workbook.Protect(參數)	保護指定活頁簿，使其不能被修改

能不能一開始就不要講很難的例子啊，我希望有一個綜合性的範例來全面性地介紹這些屬性和方法。

好吧，為了讓大家對這些屬性和方法有一個系統性的認識，來看看下面這個簡單的範例吧！

範例應用 4-1 新增活頁簿，根據使用者需要設定名稱和密碼

原始檔 無

完成檔 範例檔>04>完成檔>4.1 新增活頁簿.xlsm

第 1 步，在新增的活頁簿中輸入程式碼。啟動 Excel 程式，新增空白活頁簿，然後進入 VBA 程式設計環境，插入模組後，輸入如下程式碼。

行號	程式碼	程式碼註解

```
01 Sub 活頁簿操作 ()
02   Dim mybook As Workbook
03   Dim mypassword As String
04   Dim myname As String
05   myname = Application.InputBox(" 請輸入新增活頁簿的名稱 ")
06   mypassword = Application.InputBox("請輸入新增活頁簿的密碼")
07   Set mybook = Workbooks.Add
08   Workbooks(2).SaveAs myname, , mypassword
09   MsgBox " 目前活動活頁簿為 :" + Workbooks(2).Name
```

第 5、6 行程式碼：透過呼叫對話方塊，輸入活頁簿的名稱和密碼。
第 7 行程式碼：使用 Add 方法新增活頁簿。
第 8 行程式碼：以使用者輸入的名稱和密碼儲存活頁簿。

行號	程式碼	程式碼註解
10	`    Workbooks.Close`	第 10 行程式碼：關閉活頁簿。
11	`End Sub`	

第 2 步，輸入活頁簿名稱。輸入完程式碼後，按 F5 鍵執行程式，此時會彈出「輸入」對話方塊，要求使用者輸入新增活頁簿的名稱，如圖 4-1 所示。輸入名稱後按一下「確定」按鈕，又會彈出輸入密碼的對話方塊，如圖 4-2 所示。

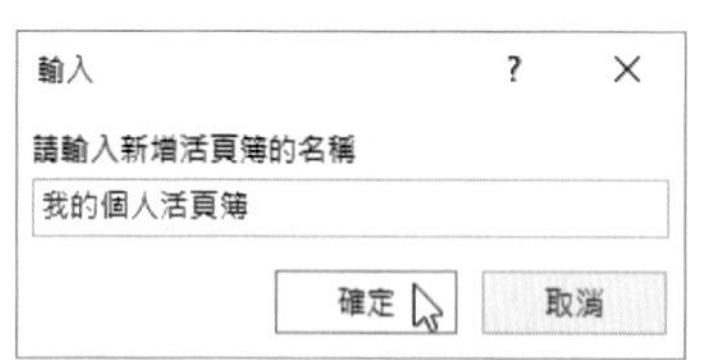

圖 4-1 輸入活頁簿名稱

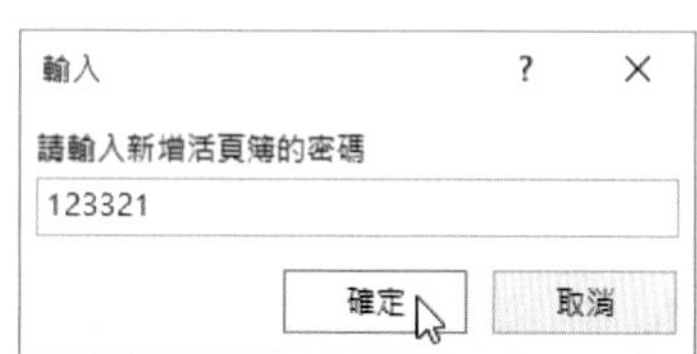

圖 4-2 輸入活頁簿密碼

第 3 步，檢視新增的活頁簿。按一下第二個「確定」按鈕後，程式新增了一個活頁簿，且彈出提示框，提示目前的活頁簿即為新增的活頁簿，如圖 4-3 所示。按一下提示框中的「確定」按鈕後，「4.1 新增活頁簿 .xlsm」和剛建立的「我的個人活頁簿 .xlsx」會同時關閉。

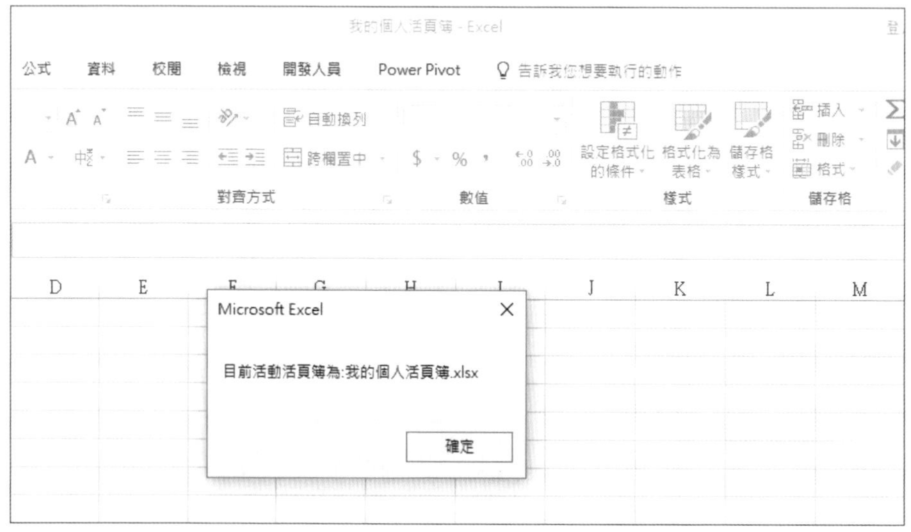

圖 4-3 新增的活頁簿

上述程式碼涉及 Workbook 物件的 3 個方法 [Add()、SaveAs()、Close()] 和 1 個屬性（Name）。如果刪除第 10 行程式碼，則在第 3 步操作後，兩個活頁簿都不會被關閉。這樣使用者就可直接編輯新增的活頁簿。

感謝這麼細心的分析，對理論知識的理解清楚了很多，而且對整個操作的思路也很清晰。

掌握了這些基礎知識後，再來看看平日裡都有些什麼關於活頁簿的操作，又有哪些是需要使用 VBA。

活頁簿的操作並沒有工作表那麼複雜，因為活頁簿的操作不用套用在儲存格上，而是套用在獨立的活頁簿文件中。因此，我們可以對活頁簿的操作繪製出如圖 4-4 所示的漏斗模型。該漏斗模型透過層層過濾，最終篩選出日常工作中需要用 VBA 來完成的操作。這些操作需要經過邏輯判斷才能完成，因此必須利用 VBA 程式碼來執行。

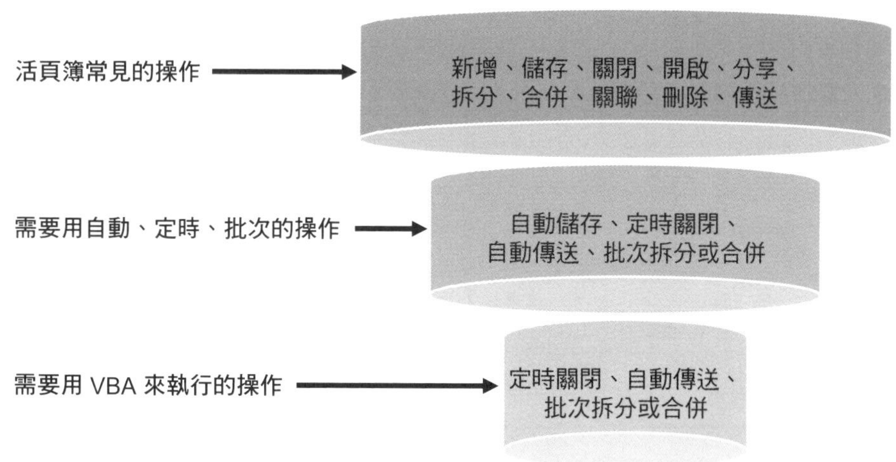
活頁簿常見的操作
新增、儲存、關閉、開啟、分享、
拆分、合併、關聯、刪除、傳送
需要用自動、定時、批次的操作
自動儲存、定時關閉、
自動傳送、批次拆分或合併
需要用 VBA 來執行的操作
定時關閉、自動傳送、
批次拆分或合併

圖 4-4 關於活頁簿的操作

4.1.1 定時自動傳送郵件

透過郵件傳送 Excel 活頁簿幾乎是所有辦公人員都不可避免的工作，他們會透過郵件與同事或客戶分享資源和資訊，更多的則是透過郵件向主管彙報工作。儘管使用電子郵件軟體也可以傳送 Excel 活頁簿，但直接使用 Excel 傳送能省去不少麻煩。

Excel 還能直接傳送郵件？可是沒有電子郵件地址，怎麼傳送啊？肯定很麻煩，不然我怎麼不知道？

每次在共用活頁簿的時候，你難道沒看到有「電子郵件」的選項嗎？但是這個功能與 Outlook 有關哦！

使用 Excel 傳送郵件時，必須先在 Outlook 程式中新增電子郵件。首先啟動 Outlook 程式，然後根據提示，選擇「手動設定或其他伺服器類型→ POP 或 IMAP」，這裡以 gmail 信箱為例，在彈出的「新增帳戶」對話方塊中，設定相關選項，如圖 4-5 所示。其中，「伺服器資訊」是固定格式，其他選項根據使用者實際情況設定。然後按一下對話方塊右下方的「其他設定」按鈕，在彈出的新對話方塊中，切換至「進階」索引標籤，並設定統一的參數，如圖 4-6 所示。

使用者資訊
您的名稱(Y): cc
電子郵件地址(E): 123456@gmail.com
伺服器資訊
帳戶類型(A): POP3
內送郵件伺服器(I): pop.gmail.com
外寄郵件伺服器 (SMTP)(O): smtp.gmail.com
登入資訊
使用者名稱(U): 123456@gmail.com
密碼(P): ******
☑記住密碼(R)

圖 4-5 新增帳户

一般 外寄伺服器 進階
伺服器連接埠號碼
內送伺服器 (POP3)(I): 995 使用預設值(D)
☑此伺服器需要加密連線 (SSL)(E)
外寄伺服器 (SMTP)(O): 25
使用下列加密連線類型(C): 無
伺服器逾時(T)
短 長 1 分
傳送
☑在伺服器上保留一份郵件複本(L)
☑超過下列天數後就從伺服器移除(R): 14 天
☐從「刪除的郵件」中移除時從伺服器移除(M)

圖 4-6 電子郵件設定

在 Outlook 中新增 gmail 後，還需要在 gmail 中開啟 POP3 通訊協定。進入 gmail，按一下「設定→帳戶」即可自行設定，這裡不詳細描述。當所有的準備工作做好之後，就可以在活頁簿中，執行「檔案→共用→電子郵件」選項，傳送郵件。不過一般情況都是將活頁簿以附件的形式傳送，如圖 4-7 所示。

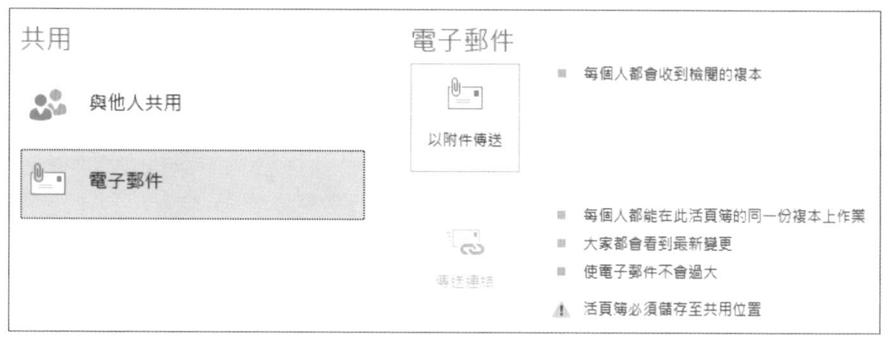

圖 4-7「電子郵件」選項

結合 Outlook 在 Excel 中傳送郵件所帶來的便利性是其他工具所不可比擬的，尤其是對日常事務繁多的辦公人員來說，這無疑又是一大福音。利用 VBA 的自動化功能，還能讓郵件在使用者指定的時間傳送，實現真正方便的自動化操作。

範例應用 4-2 每週固定時間自動傳送週報表

原始檔 範例檔>04>原始檔>4.1.1 自動傳送郵件.xlsx

完成檔 範例檔>04>完成檔>4.1.1 自動傳送郵件.xlsm

第 1 步，檢視原始表格。開啟原始檔，如圖 4-8 所示。該表記錄了 6 月第二週的銷售情況，圖中利用凍結窗格功能隱藏了第 5 ～ 25 列的記錄。

	A	B	C	D	E	F
1		6月第二週銷售表				
2	日期	名稱	單價	數量	銷售人員	
3	2015/6/8	玉蘭油潤膚露	37	1	鄧利平	
4	2015/6/8	心相印抽紙	4.5	2	鄧利平	
26	2015/6/12	老乾媽香辣脆	5.60	2	劉華軍	
27	2015/6/12	金雞白鞋油	6.40	3	劉華軍	
28	2015/6/12	金雞黑鞋油	6.80	2	劉華軍	
29						
30						
31						

6月銷售明細表

圖 4-8 原始表格

第 2 步，建立月報表。選取「6 月銷售明細表」中的資料區域 A2:E28，然後插入樞紐分析表，設定欄位配置，最後修改樞紐分析表的標籤為「6 月報表」，結果如圖 4-9 所示。該樞紐分析表可呈現員工每天的銷售業績，要求在當週週五下班前傳送給主管檢視。

	A	B	C	D	E	F	G
1	**加總 - 數量**	**銷售人員** ▾					
2	**日期** ▾	**李華明**	**楊華明**	**劉華軍**	**鄧利平**	**總計**	
3	2015/6/8				10	**10**	
4	2015/6/9	9			6	**15**	
5	2015/6/10		8	5		**13**	
6	2015/6/11			11		**11**	
7	2015/6/12			7		**7**	
8	**總計**	**9**	**8**	**23**	**16**	**56**	
9							

6月報表　6月銷售明細表　⊕

圖 4-9　建立的樞紐分析表

第 3 步，編寫程式碼。進入 VBA 程式設計環境，插入模組並輸入如下程式碼。本段程式碼主要呼叫了 InputBox 對話方塊來取得使用者輸入的指定時間，再呼叫 MySend 子程序，在指定的時間將活頁簿傳送出去。

行號	程式碼	程式碼註解
01	`Sub 定時傳送 ()`	
02	`  Dim result As String`	第 2 ～ 6 行程式碼：呼叫對話方塊，取得指定時間。
03	`  result = InputBox(" 請輸入定時傳送的時間 ")`	
04	`  If result = "" Then`	
05	`    Exit Sub`	
06	`  End If`	
07	`  On Error GoTo er`	第 7 ～ 9 行程式碼：檢查輸入內容是否為時間。
08	`  Dim ontime As Date`	
09	`  ontime = TimeValue(result)`	
10	`  If ontime < time Then`	第 10 ～ 13 行程式碼：判斷時間的有效性。
11	`    MsgBox " 您輸入的定時時間已過 "`	
12	`    Exit Sub`	
13	`  End If`	
14	`  Application.ontime ontime, "MySend"`	第 14 ～ 16 行程式碼：執行定時任務並彈出提示。
15	`  MsgBox " 定時成功，您的文件將會在 " & result & " 傳送 "`	
16	`  Exit Sub`	
17	`er:`	第 17、18 行程式碼：使用者輸入錯誤時的提醒。
18	`  MsgBox " 輸入時間不正確！ "`	

行號	程式碼	程式碼註解
19	`End Sub`	
20	`Sub MySend()`	
21	`  ThisWorkbook.SendMail Recipients:=""`	第 21 行程式碼：呼叫程序傳送本活頁簿。
22	`End Sub`	

第 4 步，為程式指定巨集。利用前面介紹的方法，在「6 月報表」中，插入「按鈕（表單控制項）」，然後為其指定「定時傳送」巨集，並修改按鈕文字為「定時傳送」。

第 5 步，設定傳送時間。按一下新增的「定時傳送」按鈕，在彈出的對話方塊中，輸入需要定時傳送的時間，如圖 4-10 所示。按一下「確定」按鈕後，會彈出定時成功的提示框，如圖 4-11 所示。

圖 4-10 輸入傳送時間

圖 4-11 定時成功提示

第 6 步，自動傳送。當設定的時間到了後，會彈出郵件傳送視窗，使用者只需要輸入收件人的信箱地址，即可將該活頁簿傳送出去。

4.1.2 定時關閉活頁簿

我每天的工作都要固定參考好幾個活頁簿，但是常常因為手誤關閉了應該儲存的，而儲存了不應該儲存的！

這個錯誤我以前也常犯，那個時候除了小心之外還是小心。但是學了 VBA 之後，這些顧慮都消失了！

如果使用者同時開啟了很多還未儲存的活頁簿，那麼在關閉 Excel 應用程式時，Excel 就會提示使用者，逐一確認是否對活頁簿進行儲存。有時活頁簿會多到連使用者都分不清，此時判斷該不該儲存就會變得很困難，也就很容易做出錯誤的選擇，導致資料錯亂和遺失。而本範例介紹的 VBA 程式，可以讓使用者在多個開啟的活頁簿中，指定在某個時間關閉某些重要的活頁簿，還能選擇關閉的方式：直接關閉、存檔後關閉或另存後關閉。這樣就可避免儲存了不該儲存的，而未儲存應該儲存的活頁簿了。

範例應用 4-3 定時關閉並儲存活頁簿

原始檔 範例檔>04>原始檔>4.1.2 定時關閉活頁簿.xlsx

完成檔 範例檔>04>完成檔>4.1.2 定時關閉活頁簿.xlsm

第 1 步，為指定的活頁簿編寫程式。開啟原始檔，進入 VBA 程式設計環境，並插入自訂表單，命名為 CloseOnTime，然後在表單上增加必要的控制項，設計出「定時關閉」對話方塊，效果如圖 4-12 所示。有關控制項的類型和屬性設定如表 4-3 所示。

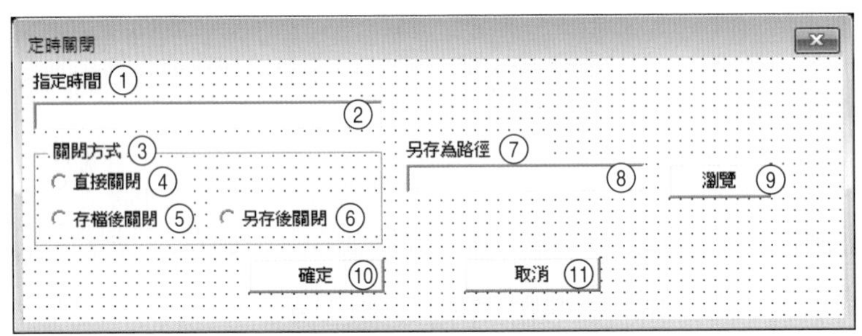

圖 4-12 設計的「定時關閉」對話方塊

表 4-3 控制項的屬性設定

序號	控制項類型	屬性	值
①	標籤	Caption	指定時間
②	文字方塊	名稱（Name）	TTime
③	框架	Caption	關閉方式
④	選項按鈕	名稱（Name）	BClose
		Caption	直接關閉

序號	控制項類型	屬性	值
⑤	選項按鈕	名稱（Name）	BSave
		Caption	存檔後關閉
⑥	選項按鈕	名稱（Name）	BSaveAs
		Caption	另存後關閉
⑦	標籤	Caption	另存為路徑
⑧	文字方塊	名稱（Name）	TPatch
		Locked	True
⑨	命令按鈕	名稱（Name）	View
		Caption	瀏覽
⑩	命令按鈕	Name（名稱）	OK
		Caption	確定
⑪	命令按鈕	Name（名稱）	Cancel
		Caption	取消

第 2 步，在表單的程式碼視窗中輸入程式碼。右擊自訂表單 CloseOnTime，在彈出的快顯功能表中，執行【檢視程式碼】命令，然後在開啟的程式碼視窗中輸入程式碼。由於該段程式碼較長，此處未列出，請在完成檔中檢視。

第 3 步，在模組視窗中輸入程式碼。在 VBA 程式設計環境中插入模組，先修改模組的名稱為「module」，然後輸入以下程式碼。該模組中包含若干全域變數，以及顯示自訂表單的程序「定時關閉 ()」。

行號	程式碼	程式碼註解
01	`Public Patch As String`	第 1 行程式碼：定義變數用於儲存另存為路徑。
02	`Public CloseType As String`	第 2 行程式碼：定義變數用於儲存關閉方式。
03	`Sub 定時關閉 ()`	第 3 ~ 8 行程式碼：顯示表單的程序。
04	`  Dim myForm As CloseOnTime`	
05	`  Set myForm = New CloseOnTime`	
06	`  myForm.Show`	
07	`  Set myForm = Nothing`	

行號	程式碼	程式碼註解
08	`End Sub`	
09	`Sub MyClose()`	
10	`  If CloseType = "Close" Then`	第 10 ～ 13 行程式碼：使用者選擇「直接關閉」選項時，對應的操作。
11	`    ThisWorkbook.Saved = True`	
12	`    ThisWorkbook.Close`	
13	`  End If`	
14	`  If CloseType = "Save" Then`	第 14 ～ 17 行程式碼：使用者選擇「存檔後關閉」選項時，對應的操作。
15	`    ThisWorkbook.Save`	
16	`    ThisWorkbook.Close`	
17	`  End If`	
18	`  If CloseType = "SaveAs" Then`	第 18 ～ 21 行程式碼：使用者選擇「另存後關閉」選項時，對應的操作。
19	`    ThisWorkbook.SaveAs Patch`	
20	`    ThisWorkbook.Close`	
21	`  End If`	
22	`End Sub`	

第 4 步，指定巨集名稱。回到工作表，用前面介紹的方法，插入「按鈕（表單控制項）」，設定巨集名為「定時關閉」，並修改按鈕文字為「定時關閉」。

第 5 步，設定關閉時間和關閉方式。按一下新增的「定時關閉」按鈕，此時彈出「定時關閉」對話方塊，輸入關閉的時間，此處輸入「17:15」，然後選擇關閉方式，此處選擇的是「存檔後關閉」選項按鈕，如圖 4-13 所示。當指定的時間到了之後，活頁簿就會自動儲存內容並關閉。這樣使用者在操作活頁簿時，就不用擔心因為其他工作而忘記關閉活頁簿，也不用擔心活頁簿未被正確儲存了。

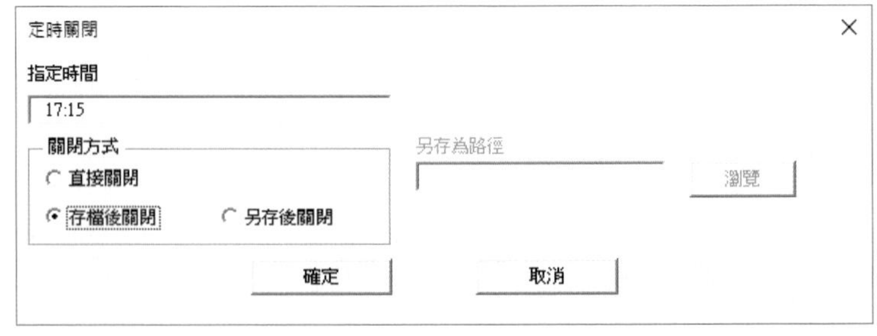

圖 4-13 指定時間和關閉方式

4.2 合併與拆分操作

活頁簿的自動化操作為
日常工作帶來了很大的
方便，而活頁簿的同步
化操作又能為辦公人員
帶來什麼驚喜呢？

活頁簿的同步化操作，
主要運用在合併多個活
頁簿，以及將一個複雜
的活頁簿拆分成多個獨
立的活頁簿。

合併活頁簿與合併儲存格不同，合併儲存格使用的是 Merge() 方法，而合併活頁簿是透過 Copy() 方法，將工作表複製到活頁簿中。活頁簿的合併操作又可分為以下兩種情況。

- 合併多個活頁簿到不同工作表中：多用於比對分析不同地區或不同時間的資料，活頁簿個數相對較少，一般在 10 個以內。
- 合併多個活頁簿到同一工作表中：多用於統計員工或客戶資料，活頁簿個數相對較多，如多達 100 個活頁簿。

有了對活頁簿的合併操作，往往也就希望能對活頁簿進行拆分，而活頁簿的拆分主要應用在同一活頁簿中多張工作表的拆分。由於同一活頁簿中的多張工作表可以同時進行各種設定和計算（僅限於有相同樣式的表格結構），在綜合分析多張工作表時，就可以採用這種先同時操作、再獨立拆分的方式。

4.2.1 合併到不同工作表中

在同時對多個活頁簿進行分析時，可將這些活頁簿以工作表的形式，合併到一個活頁簿中。一方面，在同一視窗可方便切換；另一方面，同一活頁簿中，可同步計算多個工作表，如以城市或日期命名的銷售業績表等。接下來就以合併不同地區的銷售情況表為例來說明。

範例應用 4-4 將多個活頁簿合併成不同工作表

原始檔 範例檔>04>原始檔>各區域匯總表（資料夾）

完成檔 範例檔>04>完成檔>4.2.1 匯總多個活頁簿.xlsm

第 1 步，檢視原始檔。開啟「各區域匯總表」資料夾，可看到其中存放了 4 個活頁簿，分別記錄了各區域的銷售情況，如圖 4-14 所示。現要求將這 4 個活頁簿合併到一個新活頁簿中，以便同時分析這 4 個區域的資料。

圖 4-14 需要合併的活頁簿

第 2 步，新增引用。在「完成檔」資料夾中新增空白活頁簿，進入 VBA 程式設計環境，執行【工具→設定引用項目】命令，如圖 4-15 所示。然後在彈出的「設定引用項目 -VBAProject」對話方塊中，勾選「Microsoft Scripting Runtime」和「Microsoft Scriptlet Library」核取方塊，如圖 4-16 所示。

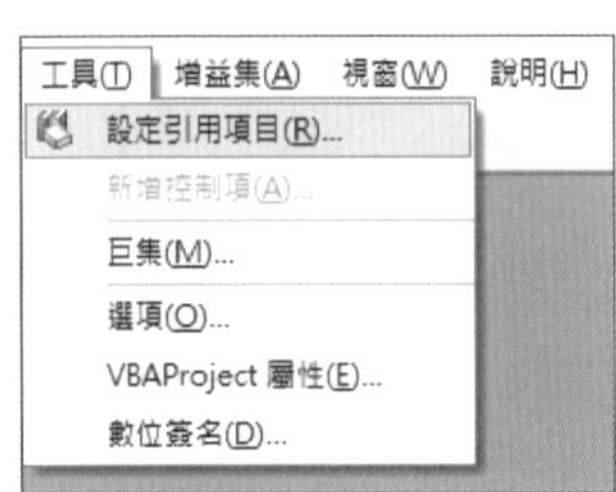

圖 4-15 執行【設定引用項目】命令

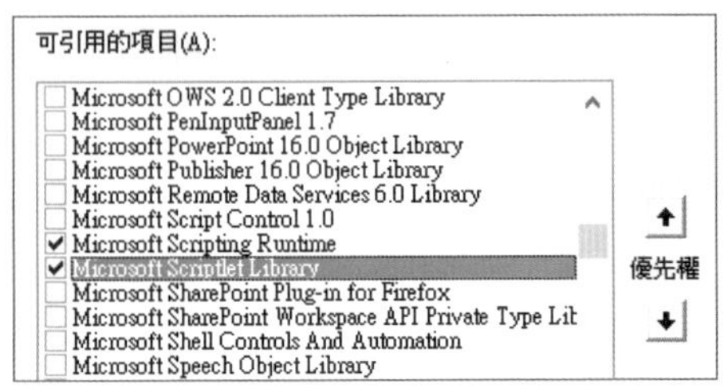

圖 4-16 勾選可引用的項目

第 3 步，輸入程式碼。新增引用後，在 VBA 程式設計環境中插入模組，然後輸入以下程式碼。該程式碼包含 3 個部分：「合併活頁簿 ()」程序、GetPatch() 函數和 MyCopy() 程序。

行號　程式碼　程式碼註解

```
01  Sub 合併活頁簿 ()
02    Dim patch As String
03    patch = GetPatch()
04    If patch = "" Then
05      Exit Sub
06    End If
07    Dim myfilesystem As Object
08    Set myfilesystem = CreateObject("Scripting.
09  FileSystemObject")
10    Dim aimFolder As folder
11    Set aimFolder = myfilesystem.GetFolder(patch)
12    For Each one In aimFolder.files
13      If one.Type = "Microsoft Excel" Then
14        MyCopy (one.path)
15      End If
16    Next one
17  End Sub
18  Function GetPatch() As String
19    Dim fd As FileDialog
20    Set fd = Application.FileDialog(msoFileDialogFolderPicker)
21    Dim result As Integer
22    With fd
23      .AllowMultiSelect = False
24      result = .Show()
25      If result <> 0 Then
26        GetPatch = fd.SelectedItems(1)
27      Else
28        GetPatch = ""
29      End If
30    End With
31    Set fd = Nothing
32  End Function
33  Sub MyCopy(path As String)
34    Application.ScreenUpdating = False
35    On Error GoTo er
36    Workbooks.Open(path)
37    Dim source As Workbook
```

第 1 ～ 16 行程式碼：本程序在執行時，會呼叫GetPatch()函數，取得使用者指定的資料夾路徑，然後透過檔案系統訪問該資料夾下的所有 Excel 活頁簿文件，並呼叫 MyCopy() 程序，將該活頁簿中的所有工作表複製到目前活頁簿中。

第 17 ～ 31 行程式碼：是 GetPatch() 函數的全部程式碼。該函數會呼叫資料夾，選取對話方塊，取得使用者指定資料夾的路徑。

第 32 ～ 47 行程式碼：包含 MyCopy() 程序的全部程式碼。該程序會開啟指定路徑的 Excel 活頁簿，並將其中所有的工作表都複製到目前活頁簿中。

行號	程式碼	程式碼註解

```
    Set source = ActiveWorkbook
    Dim index As Integer
    For index = 1 To source.Worksheets.Count
      source.Worksheets(index).Copy _
      Before:=ThisWorkbook.Worksheets(1)
      ThisWorkbook.Worksheets(1).Name = source.Name
    Next index
    source.Close
    Application.ScreenUpdating = True
    Exit Sub
  er:
  End Sub
```

第 4 步，合併活頁簿。按 F5 鍵或以插入「按鈕（表單控制項）」的方法，執行上述程式，此時彈出「瀏覽」對話方塊，如圖 4-17 所示。在其中選取存放原始檔的「各區域匯總表」資料夾，再按一下「確定」按鈕，讓程式繼續執行。

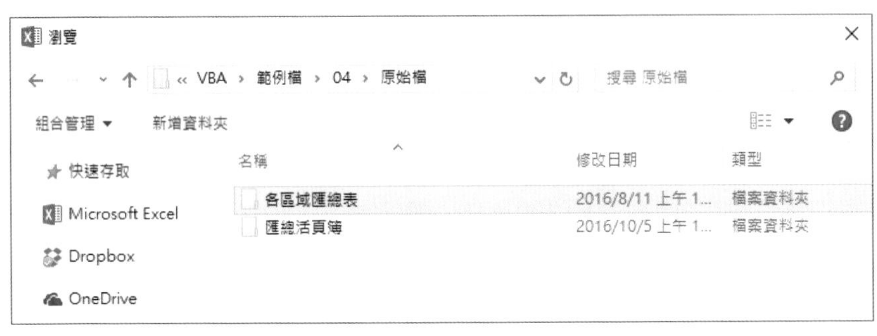

圖 4-17 選擇需要合併的檔所在的資料夾

第 5 步，合併後的結果。待程式執行完畢後，「各區域匯總表」資料夾中的 4 個活頁簿都被合併到目前新增的活頁簿中，且各自以獨立的工作表形式存在，結果如圖 4-18 所示。

	A	B	C	D	E	F	G
1	城市	銷量	銷售額				
2	自貢	1117	100530				
3	瀘州	1289	116010				
4	內江	1054	94860				
5	樂山	1366	122940				
6	眉山	1579	142110				
7	宜賓	1245	112050				
8							
9							
10							

川西區域.xlsx | 川東區域.xlsx | 川南區域.xlsx | 川北區域.xlsx | 工

圖 4-18 合併後的活頁簿

4.2.2 合併到同一工作表中

合併活頁簿的方法很實用啊！已經迫不及待想知道怎麼將多個活頁簿合併到同一工作表中了，這個幾乎是我每天都會面臨的難題！

想必你也是每天被重複的複製貼上操作累得暈頭轉向。有了VBA，就可以和這些麻煩事說再見了！

在統計公司員工的基本資訊時，通常是將相應的表格範本製作成 Excel 活頁簿，共用在區域網路或網路硬碟中，由各員工下載後自行填寫並繳交。行政人員收集了所有員工填好的活頁簿後，再將它們匯總到一個工作表中，這就需要執行一系列的「開啟活頁簿→選取資料→複製→切換活頁簿視窗→選定貼上位置→貼上資料」操作。如果只有十幾二十名員工就還好，但如果員工數量有幾十人甚至上百人，這樣機械式地執行大量重複的操作，既枯燥又易出錯。使用本小節介紹的 VBA 程式碼，可以輕鬆將所有活頁簿的內容準確、快速地匯總到一張工作表中。

範例應用 4-5 合併多個活頁簿到同一工作表中

原始檔 範例檔>04>原始檔>匯總活頁簿（資料夾）

完成檔 範例檔>04>完成檔>4.2.2 樣表匯總.xlsm

第 1 步，檢視原始檔。開啟「匯總活頁簿」資料夾，該資料夾下有 9 個活頁簿，分別是員工繳交的資料統計表，如圖 4-19 所示。

名稱	修改日期	類型	大小
小米	2016/3/5 上午 10...	Microsoft Excel ...	10 KB
小李	2016/3/5 上午 10...	Microsoft Excel ...	10 KB
小張	2016/3/5 上午 10...	Microsoft Excel ...	10 KB
小榮	2016/3/5 上午 10...	Microsoft Excel ...	11 KB
小樂	2016/3/5 上午 10...	Microsoft Excel ...	10 KB
小燕	2016/3/5 上午 10...	Microsoft Excel ...	10 KB
阿文	2016/3/5 上午 10...	Microsoft Excel ...	10 KB
阿林	2016/3/5 上午 10...	Microsoft Excel ...	10 KB
阿梅	2016/3/28 下午 0...	Microsoft Excel ...	10 KB
匯總	2016/3/28 下午 0...	Microsoft Excel ...	10 KB

圖 4-19 原始活頁簿

第 2 步，檢視原始表格。開啟任意活頁簿，可看到記錄員工資料的表格結構，如圖 4-20 所示。每位員工繳交的活頁簿，都是按照這種結構填寫的內容。

	A	B	C	D	E
1	序號	姓　名	性別	身份證號碼	戶籍所在地
2	1	小米	女	510824199306******	四川 廣元-蒼溪
3					
4					
5					
6					

工作表1

圖 4-20 表格結構

第 3 步，新增活頁簿並輸入程式碼。在「匯總活頁簿」資料夾中新增「匯總」活頁簿，將圖 4-20 中的表頭複製到該活頁簿中，然後進入 VBA 程式設計環境插入模組，輸入如下程式碼。

行號	程式碼	程式碼註解

```
01 Sub 匯總()
02   Dim myfile, mypath, wkb
03   Application.ScreenUpdating = False
04   Sheet1.UsedRange.Offset(1, 0).Clear
05   mypath = ThisWorkbook.Path
06   myfile = Dir(mypath & "\*.xls*")
07   Do While myfile <> ""
08     If myfile <> ThisWorkbook.Name Then
09       Set wkb = GetObject(mypath & "\" & myfile)
10       With wkb.Sheets(1)
11         .UsedRange.Offset(1, 0).Copy _
           Sheet1.Range("A" & Sheet1.UsedRange.Rows.Count + 1)
12       End With
13       wkb.Close False
14     End If
15     myfile = Dir
16   Loop
17   Application.ScreenUpdating = True
18 End Sub
```

第 4 行程式碼：清除表頭之外的所有內容。

第 5 行程式碼：取得目前活頁簿的路徑。

第 6 行程式碼：瀏覽目前資料夾下的 Excel 活頁簿文件。

第 8 行程式碼：當找到的檔案不是目前活頁簿時，執行下一行。

第 9 行程式碼：將 Dir 找到的活頁簿物件儲存在變數 wkb 中。

第 11 行程式碼：複製 wkb 的第 1 個工作表除第 1 列外的所有內容。

第 15 行程式碼：尋找下一個 Excel 活頁簿。

第 4 步，執行程式，檢視結果。按 F5 鍵執行程式碼，程式執行結束後，可看到目前活頁簿的工作表 1 匯總了所有員工的資料，如圖 4-21 所示。由於事先沒有對填寫格式提出統一、嚴格的要求，匯總結果有些零亂，還需要花些時間對資料格式進行整理。

	A	B	C	D	E	F
1	序號	姓 名	性別	身份證號碼	戶籍所在地	本市居住詳細地址
2	2	小樂	女	51168119941O******	四川省華鎣市	高興鎮四通路129號
3	7	小張	男	350481197908******	成都	武侯區龍騰西路3號
4	3	小李	女	513021199101******	川省達州市達川區石梯	成都市成華區一環路東三段新鴻社區107號大院
5	6	小燕	女	510122199302******	四川成都	成都市青羊區群康路50號
6	1	小米	女	510824199306******	四川 廣元-蒼溪	青羊區東城根中街64號2-10
7	8	小榮	女	511602199103******	四川廣安	武侯區郭家橋正街4號院2單元5號
8	9	阿文	女	510703198807******	四川綿陽	成華區崔家店陽光舜苑
9	5	阿林	女	511621199310******	四川. 廣安	錦江區銀杏森林二期
10	4	阿梅	女	513401199012******	四川●西昌	成都市天府新區華陽街道正北中街25號商業廣場二期7棟1單元3樓

圖 4-21 匯總後的活頁簿

第 5 步，另存為活頁簿。將匯總後的活頁簿儲存在完成檔下，並重命名為「4.2.2 樣表匯總．xlsm」。

4.2.3 拆分出多個活頁簿

既然講到了拆分活頁簿，那還是幫我解決這個眼前的問題吧！我統計了 5 個地區的銷售情況，現要將這 5 張表分別傳送給負責該地區的主任！

我還沒開始講，你的問題就來了！不過照你這麼說，應該是在同一活頁簿中記錄的 5 張表吧！很明顯不能將這 5 張表同時傳送給 5 位主任，因為區域之間有些資料是保密的！

在 3.2.2 中講解了如何根據工作表中的欄標誌拆分出不同的工作表，解決了分類管理客戶資料的問題。其實還有更進一步的操作，就是將這些拆分出的工作表再次拆分成獨立的活頁簿。就像上述對話中提到的一樣，為了給不同使用者最直接的資料，必須排除不相關的內容。也可以說，為了不洩露公司機密，有必要在分享這些資料前，將無關的資料拆分出來。本小節將根據 3.2.2 的基礎，結合實際情況，為大家講解拆分多個工作表為不同活頁簿的操作。

範例應用 4-6 將不同工作表拆分成獨立的活頁簿

原始檔 範例檔>04>原始檔>4.2.3 拆分活頁簿.xlsx

完成檔 範例檔>04>完成檔>4.2.3 拆分活頁簿.xlsm

第 1 步，檢視原始表格。開啟原始檔，如圖 4-22 所示。該活頁簿中有 5 張記錄各地區銷售情況的工作表，現要求將這 5 張工作表拆分成獨立的活頁簿。

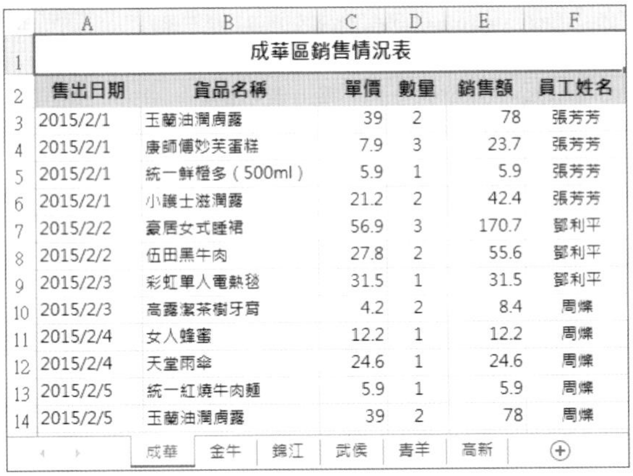

	A	B	C	D	E	F
1	成華區銷售情況表					
2	售出日期	貨品名稱	單價	數量	銷售額	員工姓名
3	2015/2/1	王蘭油潤膚露	39	2	78	張芳芳
4	2015/2/1	康師傅妙芙蛋糕	7.9	3	23.7	張芳芳
5	2015/2/1	統一鮮橙多（500ml）	5.9	1	5.9	張芳芳
6	2015/2/1	小護士滋潤露	21.2	2	42.4	張芳芳
7	2015/2/2	豪居女式睡裙	56.9	3	170.7	鄧利平
8	2015/2/2	伍田黑牛肉	27.8	2	55.6	鄧利平
9	2015/2/3	彩虹單人電熱毯	31.5	1	31.5	鄧利平
10	2015/2/3	高露潔茶樹牙膏	4.2	2	8.4	周燦
11	2015/2/4	女人蜂蜜	12.2	1	12.2	周燦
12	2015/2/4	天堂雨傘	24.6	1	24.6	周燦
13	2015/2/5	統一紅燒牛肉麵	5.9	1	5.9	周燦
14	2015/2/5	王蘭油潤膚露	39	2	78	周燦

成華　金牛　錦江　武侯　青羊　高新

圖 4-22 原始檔

第 2 步，編寫程式碼。進入 VBA 程式設計環境，在插入的模組中，輸入以下程式碼。該程式碼包含「拆分活頁簿 ()」程序和該程序中呼叫的 GetPatch() 函數。

行號	程式碼	程式碼註解

```
01 Sub 拆分活頁簿 ()
02   Dim patch As String
03   patch = GetPatch()
04   If patch = "" Then
05     Exit Sub
06   End If
07   Application.ScreenUpdating = False
08   Dim index As Integer
09   For index = 1 To Worksheets.Count
10     Dim one As Worksheet
11     Set one = ThisWorkbook.Worksheets(index)
12     Workbooks.Add
13     one.Copy Before:=ActiveWorkbook.Worksheets(1)
14     ActiveWorkbook.SaveAs path + one.Name + ".xlsx"
```

第 1 ～ 18 行程式碼：執行拆分活頁簿的功能。在執行程序中，會呼叫 GetPatch() 函數，取得使用者輸入的資料夾路徑，然後在其中新增活頁簿，並將目前活頁簿中的每一張工作表插入到一個新增的活頁簿中。

行號	程式碼	程式碼註解

```
15        ActiveWorkbook.Close
16      Next index
17      Application.ScreenUpdating = True
18    End Sub
19    Function GetPatch() As String
20      Dim fd As FileDialog
21      Set fd = Application.FileDialog(msoFileDialogFolderPicker)
22      Dim result As Integer
23      With fd
24        .AllowMultiSelect = False
25        result = .Show()
26        If result <> 0 Then
27          GetPatch = fd.SelectedItems(1)
28        Else
29          GetPatch = ""
30        End If
31      End With
32      Set fd = Nothing
33    End Function
```

第 19～33 行程式碼：是 GetPatch() 函數的全部程式碼。該函式呼叫資料夾，選取對話方塊，取得使用者指定的資料夾路徑。

第 3 步，執行程式。按 F5 鍵，執行程式，此時彈出「瀏覽」對話方塊，如圖 4-23 所示。這裡選擇將拆分後的活頁簿存放在「範例檔」的「04」資料夾中。

圖 4-23 選擇拆分後活頁簿的存放路徑

第 4 步，檢視拆分結果。待程式執行結束後，開啟「範例檔」資料夾，可看到拆分出的活頁簿，如圖 4-24 所示。

名稱	修改日期	類型	大小
錦江.xlsx	2016/10/6 下午 05:03	Microsoft Excel ...	20 KB
成華.xlsx	2016/10/6 下午 05:03	Microsoft Excel ...	20 KB
武侯.xlsx	2016/10/6 下午 05:03	Microsoft Excel ...	20 KB
金牛.xlsx	2016/10/6 下午 05:03	Microsoft Excel ...	21 KB
青羊.xlsx	2016/10/6 下午 05:03	Microsoft Excel ...	20 KB
高新.xlsx	2016/10/6 下午 05:03	Microsoft Excel ...	20 KB

圖 4-24 拆分出的活頁簿

協調運用，從資料開始

工作中的大部分事務都與資料有直接的關係，如果能學會用 VBA 處理資料，將大幅減少單調乏味的統計工作。本章就來講解使用 VBA 處理資料的方法，內容主要集中在資料匯總、資料統計、資料分析和圖表製作上，透過 Excel 提供的內建函數，解決日常工作中遇到的資料處理問題。

5.1 縱橫交錯，資料匯總

Excel 是現代辦公中使用頻率最高的資料分析軟體。它對資料的匯總、計算、預測等都有著不可替代的價值，再加上有 VBA 這種可以自訂功能的幕後程式，使其在資料分析領域立於不敗之地。下面將為大家講解如何利用 VBA 完成對資料的處理重點。

哈哈，終於等到資料處理的內容。說到資料處理，我有滿腦子的需求，總想透過簡便的程式來完成資料處理的自動化操作。

你要是還有印象的話，應該記得在第 1 章講 VBA 運算子時所舉的例子，如求數值的和、差、積、商等，這些就是資料處理最簡單的應用。

資料處理可以說是一個廣泛的概念，包含的內容很多，如數據收集、資料篩選、資料加工等。而資料匯總只是資料加工的一種。在 Excel 中，能進行資料匯總的方法也有很多，主要有如下 3 種。

- 分類匯總：可對多項資料按指定的欄位匯總。
- 樞紐分析表：可對多個關鍵字進行交叉匯總。
- 統計函數：可進行跨區域、跨工作表的資料匯總。

上述每一種方法都有各自的優勢和缺點。例如，分類匯總雖然簡單易操作，但是不能跨表同時匯總；樞紐分析表雖能進行關鍵字的交叉匯總，但同樣只能在同一個工作表中進行；儘管統計函數打破了前兩者的跨表匯總限制，但是使用起來沒有分類匯總和樞紐分析表方便，如果不是對統計函數特別熟悉，往往會因為誤用參數而造成統計錯誤。

當然，若要集上述 3 種方法的優點於一身，還要克服它們的缺點，就只能靠自己寫程式碼來自訂運算過程了。

5.1.1 多工作表之間的匯總

對工作表進行匯總統計不僅要進行對多個工作表中的資料匯總，還要在匯總過程中，完成對某些指標的計算。這種同步化的操作過程是分類匯總、樞紐分析表所不能達成的。正因為這些操作不能透過一般功能完成，所以使用 VBA 編寫的程式，也就顯得有些複雜。例如，在主程序中會呼叫不同的子程序來完成某些特定的計算，而很多子程序又是使用者自訂的操作，因此還需要用詳細的程式碼說明子程序的作用。

不管難不難，總算等到關於資料處理的內容了。我大概是習慣了自動化操作，所以很期待這方面的知識！

見你如此好學，我也不多說廢話了。下面就直接進入主題，講解如何匯總計算多個工作表中的資料。

眾所周知，大型商場或小型超市所使用的價格掃描器，能將顧客購買的每一件商品按數量、依時間地如實記錄到管理系統中。這些被記錄下來的資料，最終需要專業的資料分析人員進行處理、分析，但由於管理系統功能或工作人員職業能力所限，通常會將這些資料導入 Excel 中進行分析，一方面是為了方便操作，另一方面也是為了方便向主管彙報工作。

通常導入 Excel 中的這類資料是按照時間的先後順序排列的，且單位精確到秒。而實際分析資料時，又習慣以「天」當作最小單位，即需要將同一天內的資料進行合併。這就是本小節要提出的範例。它同樣適用於需要進行選擇性合併匯總的其他工作。就下面的範例而言，使用者在匯總統計了多張工作表中的資料後，還可以借助樞紐分析表功能，匯總每月的結果。

範例應用 5-1 匯總計算多個工作表中的資料

原始檔 範例檔>05>原始檔>5.1.1 匯總多個工作表.xlsx

完成檔 範例檔>05>完成檔>5.1.1 匯總多個工作表.xlsm

第 1 步，檢視原始表格。開啟原始檔，如圖 5-1 和圖 5-2 所示。該活頁簿中記錄了某超市 2015 年前 6 個月的銷售情況，這裡只顯示了 1 月和 6 月的銷售記錄。

	A	B	C	D
1	1月份銷售表			
2	售出日期	貨品名稱	單價	數量
3	2015/1/1	玉蘭油潤膚露	39	2
4	2015/1/1	康師傅妙芙蛋糕	7.9	3
5	2015/1/1	統一鮮橙多（500ml）	5.9	1
83	2015/1/31	康師傅妙芙香芋蛋糕	7.9	2
84	2015/1/31	百事可樂（500ml）	6.2	1
85	2015/1/31	康師傅老壇酸菜	5.7	1
86	2015/1/31	雅琪黑鞋油	6.7	1
87	2015/1/31	SK10支裝水性筆	5.6	2
88	2015/1/31	真彩5支裝水性筆	4.2	1
89				

1月 2月 3月 4月 5月 6

圖 5-1 1 月銷售表

	A	B	C	D
1		6月份銷售表		
2	售出日期	貨品名稱	單價	數量
3	2015/6/1	漁樵仙（1斤）	5.2	1
4	2015/6/1	小角樓	13.2	2
5	2015/6/1	玉蘭油潤膚露	39	1
78	2015/6/30	漁樵仙（1斤）	5.2	1
79	2015/6/30	女人蜂蜜	12.2	2
80	2015/6/30	天堂雨傘	24.6	1
81	2015/6/30	漁樵仙（1斤）	5.2	3
82	2015/6/30	小角樓	13.2	3
83	2015/6/30	SK10支裝水性筆	5.6	2
84				

1月 2月 3月 4月

圖 5-2 6 月銷售表

第 2 步，輸入程式碼。進入 VBA 程式設計環境插入模組，然後編寫程式碼。下面是整個程式的第一部分程式碼，完整程式碼請檢視完成檔。這個部分的程式碼主要用於取得使用者指定的工作表，並建立新的工作表，用來存儲合併後的訊息以及對一些錯誤的處理。其中，呼叫了 CollectDate() 程序，將指定工作表的內容按日期合併到新工作表中。

行號	程式碼	程式碼註解

```
01 Sub 按日期合併 ()
02   Dim answer As String
03   answer = InputBox(" 請輸入需匯總的工作表名稱 " _
     & Chr(10) & " 按一下取消按鈕則匯總所有工作表 ")
04   Application.ScreenUpdating = False
05   Dim source As Worksheet
06   Dim aim As Worksheet
07   Set aim = GetAim()
08   If answer <> "" Then
09     On Error GoTo er
10     Set source = Worksheets(answer)
11     CollectDate source, aim
12   Else
13     Dim index As Integer
14     For index = 1 To Worksheets.Count
15       Set source = Worksheets(index)
16       CollectDate source, aim
```

第 7 行程式碼：取得匯總表。該程序會在後面的程式碼中宣告。

第 10 行程式碼：取得來源工作表。

第 13～17 行程式碼：若使用者按一下「取消」按鈕，則合併所有工作表。

行號	程式碼	程式碼註解

```
17        Next index
18      End If
19      Application.ScreenUpdating = True
20      Exit Sub
21    er: MsgBox "找不到該工作表"
22      Application.DisplayAlerts = False
23      aim.Delete
24      Application.DisplayAlerts = True
25      Application.ScreenUpdating = True
26    End Sub
      ……
```

第 21～25 行程式碼：如果使用者輸入錯誤的工作表名稱，則彈出提示對話方塊。

第 3 步，新增按鈕。返回工作表，插入「表單控制項」選項群組中的按鈕，並為按鈕指定程式中定義的巨集名稱「按日期合併」，然後修改按鈕名稱為「按日期合併金額」。

第 4 步，匯總 1 月份的資料。按一下「按日期合併金額」按鈕，會彈出如圖 5-3 所示的對話方塊。在其文字方塊中輸入「1 月」，表示匯總 1 月份每天的銷售額數據，然後按一下「確定」按鈕。程式執行後會新增「匯總表」工作表，並將 1 月份的銷售額數據按天匯總，結果如圖 5-4 所示。比對圖 5-1 和圖 5-4 中的列數可看出，程式對相同日期的資料進行了匯總。

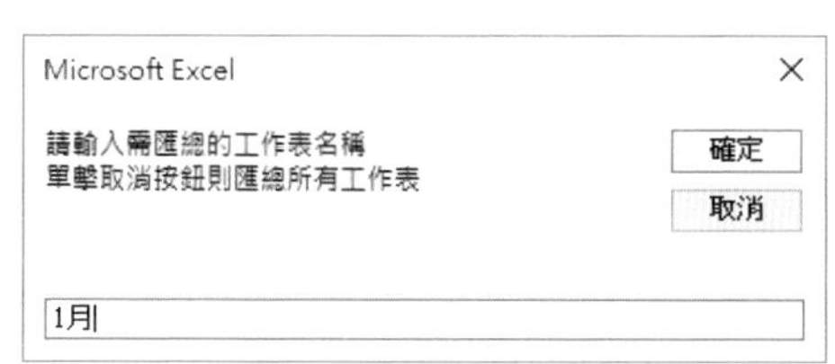

圖 5-3 匯總 1 月銷售表

	A	B	C
1	1月銷售表		
2	日期	銷售額	
3	2015/1/1	$107.60	
4	2015/1/2	$213.10	
5	2015/1/3	$95.50	
6	2015/1/4	$36.80	
7	2015/1/5	$5.90	
8	2015/1/6	$100.00	
9	2015/1/7	$17.80	
10	2015/1/8	$12.60	
11	2015/1/9	$17.60	
12	2015/1/10	$22.00	

圖 5-4 匯總結果 1

第 5 步，匯總 6 個月的資料。重新按一下「按日期合併金額」按鈕，在彈出的對話方塊中，不輸入任何內容，按一下「取消」按鈕，即可匯總目前活頁簿中所有工作表的資料，如圖 5-5 和圖 5-6 所示。

圖 5-5 匯總所有工作表

	A	B	C
1	1月銷售表		
2	日期	銷售額	
3	2015/1/1	$107.60	
4	2015/1/2	$213.10	
5	2015/1/3	$95.50	
186	2015/6/23	$20.70	
187	2015/6/24	$18.50	
188	2015/6/25	$46.90	
189	2015/6/26	$16.40	
190	2015/6/27	$86.00	
191	2015/6/28	$96.30	
192	2015/6/29	$43.70	

圖 5-6 匯總結果 2

第 6 步，結合樞紐分析表匯總。VBA 程式碼完成了對所有月份中每一天的銷售額的計算，並將這 6 張工作表的資料匯總到同一張工作表中。此時使用者就可以對匯總後的資料使用樞紐分析表功能，將所有日期按月份再一次匯總，結果如圖 5-7 所示。但是在匯總前，需要刪除匯總表中的表頭。

列標籤	加總 - 銷售額
⊞1月	1989.40
⊞2月	1349.20
⊞3月	1794.50
⊞4月	1684.80
⊞5月	1256.60
⊞6月	1635.80
總計	9710.30

圖 5-7 樞紐分析表的匯總結果

5.1.2 指定時間段內的匯總

上述實例只解決了我工作的部分困難。有時候匯總的不是幾張工作表的資料，而是自訂日期匯總，又該如何簡化操作呢？

對，這也是一個常見問題。為了滿足你的實際需求，我們再對上述範例做一些改進，達到你所期望的效果！

在實際工作中，不但要對工作表進行匯總計算，有時還需要針對某個指定的時間段進行匯總。上一小節範例中的 VBA 程式碼無法達成這樣的效果，所以需要修改程式碼，以達到對任意時段的資料進行匯總統計。

範例應用 5-2 按使用者輸入的時間段匯總資料

原始檔 範例檔>05>原始檔>5.1.2 分段統計.xlsx

完成檔 範例檔>05>完成檔>5.1.2 分段統計.xlsm

第 1 步，插入自訂表單。開啟原始檔，該檔與範例應用 5-1 中的原始檔一樣。進入 VBA 程式設計環境，插入自訂表單，命名為 DateSum，並在自訂表單中，新增不同的控制項，效果如圖 5-8 所示。控制項的類型和屬性設定如表 5-1 所示。

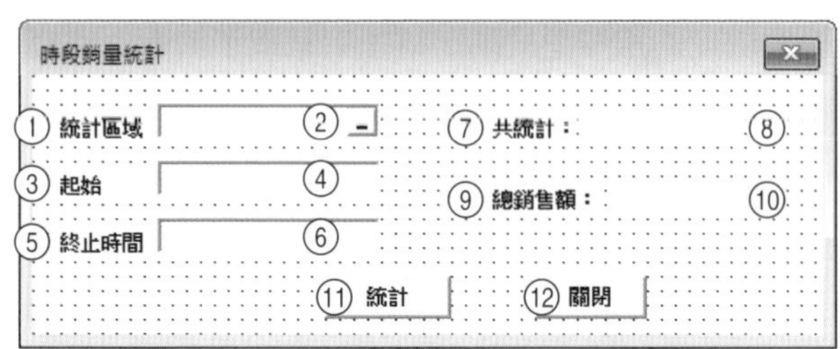

圖 5-8 設計表單

表 5-1 控制項的類型和屬性

序號	控制項類型	屬性	值
①	標籤	Caption	統計區域
②	RefEdit	Name（名稱）	SelArea
③	標籤	Caption	起始時間
④	文字方塊	Name（名稱）	StartDate
⑤	標籤	Caption	終止時間
⑥	文字方塊	Name（名稱）	EndDate
⑦	標籤	Caption	共統計
⑧	標籤	Name（名稱）	LCount
⑨	標籤	Caption	總銷售額
⑩	標籤	Name（名稱）	LSum

序號	控制項類型	屬性	值
⑪	命令按鈕	Name（名稱）	OK
		Caption	統計
⑫	命令按鈕	Name（名稱）	Cancel
		Caption	關閉

第 2 步，在表單的程式碼視窗中輸入程式碼。以檢視程式碼的方式開啟自訂表單的程式碼視窗，然後輸入表單處理的相關程式碼，這裡只截取了迴圈處理使用者選擇的儲存格區域，並將統計結果顯示在表單中的程式碼。

行號	程式碼	程式碼註解
	`......`	
01	`For Each one In area`	第 2 行程式碼：判斷內容必須是日期。
02	`  If NeedCheck(one.value) Then`	
03	`    If CDate(one.value) >= beginDate And _`	第 3 行程式碼：判斷其值在使用者設定的起止日期之間。
	`    CDate(one.value) <= overDate Then`	
04	`      sum = sum + CSng(one.Offset(0, 2).value) * _`	第 4 行程式碼：計算銷售總額並計數。
	`      CSng(one.Offset(0, 3).value)`	
05	`      count = count + 1`	
06	`    End If`	
07	`  End If`	
08	`Next one`	
09	`LCount.Caption = CStr(count)`	第 9 ～ 12 行程式碼：將結果顯示在表單中。
10	`LSum.Caption = FormatCurrency(sum, 2)`	
11	`MsgBox "統計完畢！"`	
12	`Exit Sub`	
	`......`	

第 3 步，在模組中輸入程式碼。在 VBA 程式設計環境中插入模組，然後輸入以下程式碼，相信大家對此段程式碼已十分熟悉。此程序用於執行自訂表單，如果要透過按鈕執行自訂表單，必然需要這樣的程式碼。在後面的章節中，涉及呼叫自訂表單的程序，在文中可能會省略，讀者可到完成檔中檢視。

行號	程式碼	程式碼註解
01	`Sub 時段統計()`	第 1 ～ 6 行程式碼：用於顯示自訂表單的程序。
02	`  Dim myForm As DateSum`	

行號	程式碼	程式碼註解

```
    Set myForm = New DateSum
    myForm.Show
    Set myForm = Nothing
End Sub
```

第 4 步，新增按鈕並指定巨集名。切換至工作表，新增「按鈕（表單控制項）」，並為按鈕指定巨集名稱為「時段統計」，然後將按鈕命名為「按時段統計」。

第 5 步，執行程式。按一下「按時段統計」按鈕，在彈出的對話方塊中，選取統計區域，並輸入需要統計的日期，然後按一下「統計」按鈕，統計結果會顯示在該對話方塊右側，如圖 5-9 所示。在統計無誤的情況下，程式還會彈出提示統計成功的對話方塊，如果沒按程式要求執行，則會彈出提示錯誤的對話方塊。

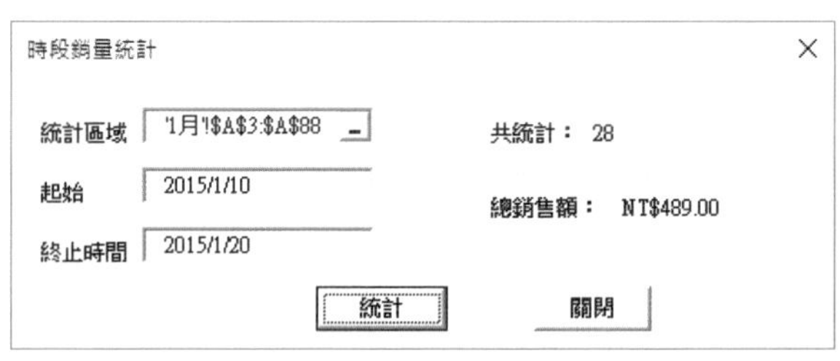

圖 5-9 統計結果

第 6 步，貼上剪貼簿中的值。根據程式碼，使用者按一下「關閉」按鈕後，程式會先將統計結果複製到剪貼簿上，然後關閉對話方塊。隨後使用者便可將統計結果貼到工作表的任意儲存格中，以便進行其他分析。如圖 5-10 所示，選取任意空白儲存格，按 Ctrl+V 快速鍵，即可貼上剪貼簿中的統計結果。

	A	B	C	D	E	F	G	H
1		1月份銷售表						
2	售出日期	貨品名稱	單價	數量	員工姓名			
3	2015/1/1	玉蘭油潤膚露	39	2	張芳芳			
4	2015/1/1	康師傅妙芙蛋糕	7.9	3	張芳芳	按時段統計		
5	2015/1/1	統一鮮橙多（500ml）	5.9	1	張芳芳			
6	2015/1/2	小護士滋潤露	21.2	2	張芳芳			
7	2015/1/2	豪居女式睡裙	56.9	3	鄧利平	$ 489.00		
8	2015/1/3	伍田黑牛肉	27.8	2	鄧利平			

圖 5-10 貼上結果

延伸應用

本範例主要是針對上一個範例編寫的程式碼，因此在設定統計區域時，只能選擇單一工作表中 A 欄的日期區域，不能選取任意多個工作表同時匯總。如果使用者需要進行跨月份的任意時段統計，可用前面介紹的匯總工作表方法，先將這 6 張工作表匯總到一張工作表中，然後使用本範例中的程式碼即可。圖 5-11 就是匯總這 6 張工作表之後，完成跨月份的匯總。

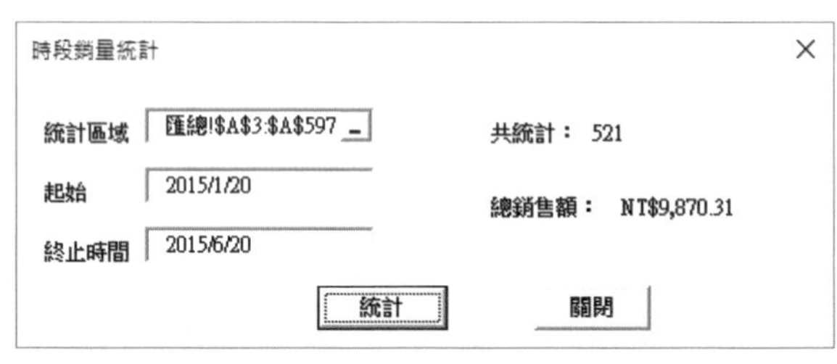

圖 5-11 完成跨月份的匯總

5.1.3 按類別進行的匯總

擁有 VBA 真是想怎麼變就怎麼變！什麼樣的需求都能滿足！看本小節的標題就知道，還有新的亮點等著我學習吧！

匯總統計是辦公人員每天都會面臨的工作，其要求也是各不相同，所以需要提供更多的應對方法！

在上一小節的範例中，匯總的依據是日期。但是，如果主管想看的不是某個時段的銷售額，而是某一商品在當月的銷售額，又該如何透過 VBA 來達成呢？為了降低理解難度，本節仍以上述的原始檔為例，編寫按商品名稱匯總的程式碼。

範例應用 5-3 根據輸入的貨品名稱統計銷售額

原始檔 範例檔>05>原始檔>5.1.3 輸入關鍵字匯總.xlsx

完成檔 範例檔>05>完成檔>5.1.3 輸入關鍵字匯總.xlsm

第 1 步，在模組中輸入程式碼。開啟原始檔，然後插入模組，輸入程式碼。該程式分為 3 個部分：「統計貨品銷售 ()」程序、尋找工作表名稱的 find() 程序和「匯總 ()」程序。在「匯總 ()」程序中，宣告 sum 變數的資料類型時，切記不能定義為 Integer 類型。因為貨品單價保留了一位小數，所以這裡應定義為雙精度的 Double 型。

行號 | 程式碼 | 程式碼註解

```
    ......
01  Sub 匯總 (aim As String)
02    Dim find As Boolean
03    find = False
04    Dim i As Integer
05    Dim j As Integer
06    j = newsheet.Range("A1").CurrentRegion.Rows.Count + 1
07    For i = 3 To mysheet.Range("A1").CurrentRegion.Rows.Count
08      If CStr(mysheet.Cells(i, 2).value) = aim Then
09        find = True
10        mysheet.Rows(i).Copy
11        newsheet.Paste Cells(j, 1), False
12        j = j + 1
13      End If
14    Next i
15    Dim sum As Double
16    sum = 0
17    If find = False Then
18      MsgBox "銷售表中該貨品不存在！"
19      Exit Sub
20    End If
21    For i = 3 To newsheet.Range("A1").CurrentRegion.Rows.Count
22      sum = sum + Cells(i, 3) * Cells(i, 4)
23    Next i
24    newsheet.Cells(i, 2).value = "匯總金額"
25    newsheet.Cells(i, 3).value = sum
26  End Sub
```

第 1 ～ 14 行程式碼：是「匯總 ()」子程序的前半部分，主要用於將要匯總的工作表中，待匯總的貨品銷售記錄，全部複製到新增的工作表中。

第 15 ～ 26 行程式碼：是「匯總 ()」子程序的後半部分，主要用於匯總貨品的銷售額，並將匯總結果填入新工作表的相應位置。

第 2 步，輸入需匯總的工作表。按一下新增的「統計貨品銷售額」按鈕，在彈出的對話方塊中輸入「2 月」，表示要匯總「2 月」工作表中的資料，如圖 5-12 所示。

圖 5-12 輸入需要匯總的工作表

第 3 步，輸入貨品名稱。上一步操作後，程式會新增一張工作表，並設定好表頭，接著彈出新的對話方塊，提示輸入需要匯總的貨品名稱，這裡輸入「統一鮮橙多」，如圖 5-13 所示。

圖 5-13 輸入需要匯總的貨品名稱

第 4 步，檢視匯總結果。程式按照上述輸入的參數，在「2 月」工作表中，統計「統一鮮橙多」的銷售額，並將結果顯示在新增的工作表中，如圖 5-14 所示。

	A	B	C	D	E	F	G
1	貨品銷售額匯總						
2	售出日期	貨品名稱	單價	數量	員工姓名		
3	2015/2/7	統一鮮橙多	2.8	1	葉超		
4	2015/2/18	統一鮮橙多	5.9	1	劉虎		
5	2015/2/25	統一鮮橙多	5.9	2	陳明		
6		匯總金額	20.5				
7							

圖 5-14 匯總結果

5.1.4 更人性化的分析匯總

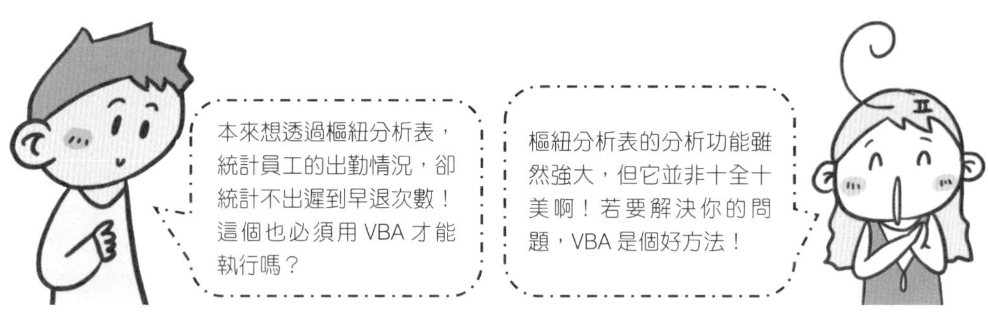

本來想透過樞紐分析表，統計員工的出勤情況，卻統計不出遲到早退次數！這個也必須用 VBA 才能執行嗎？
樞紐分析表的分析功能雖然強大，但它並非十全十美啊！若要解決你的問題，VBA 是個好方法！

打卡機的普及，給行政工作帶來了革命性的改變，辦公人員再也不用每天製作員工簽到表，進行繁瑣的人工統計。員工只需要上下班時打卡，系統就能將時間準確地記錄下來。儘管打卡機簡化了統計工作，但是若要統計出員工的出勤天數、遲到早退次數等情況，還需要將這些資料導入 Excel 中，由人工進行進一步分析。

下面就以員工考勤表為例，透過 VBA 來匯總統計考勤結果。在操作前大家可先熟悉程式中，需要用到的多層嵌套 IF 語法的判斷結構，如圖 5-15 所示。

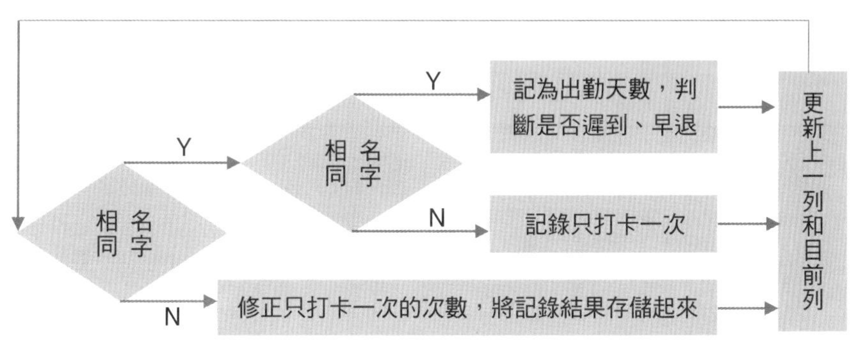

圖 5-15 多層嵌套 IF 語法

範例應用 5-4 分析匯總考勤表中的出勤情況

原始檔 範例檔>05>原始檔>5.1.4 分析匯總.xlsx

完成檔 範例檔>05>完成檔>5.1.4 分析匯總.xlsm

第 1 步，檢視原始表格。開啟原始檔，如圖 5-16 所示。該表記錄了員工 8 月 1 日至 23 日的打卡明細。假設公司規定，7:30 後到公司就視為遲到，17:30 前離開公司就視為早退，如果某天只打了一次卡，這天就不計入出勤天數。

	A	B	C	D	E
1	八月份考勤表				
2	姓名	卡號	打卡日期	打卡時間	
3	白小珊	255695327	2015/8/1	21:16:00	
4	白小珊	255695327	2015/8/2	07:05:00	
5	白小珊	255695327	2015/8/2	17:50:00	
6	白小珊	255695327	2015/8/3	07:17:00	
7	白小珊	255695327	2015/8/3	17:46:00	
8	白小珊	255695327	2015/8/5	07:28:00	
9	白小珊	255695327	2015/8/5	17:24:00	
10	白小珊	255695327	2015/8/6	07:10:00	
11	白小珊	255695327	2015/8/6	21:10:00	
12	白小珊	255695327	2015/8/7	07:01:00	
13	白小珊	255695327	2015/8/7	21:09:00	

八月

圖 5-16 8 月考勤表

第 2 步，在模組中輸入程式碼。進入 VBA 程式設計環境輸入程式碼。這裡只顯示「考勤統計 ()」程序中新增工作表，用於儲存結果的程式碼，其中也包含了製作表頭的操作。完整程式碼請到完成檔中檢視。

行號　程式碼　程式碼註解

```
……
  Dim result As Worksheet
  Set result = Worksheets.Add
  result.Name = "考勤統計結果"
  result.Cells(1, 1).Value = "考勤統計結果"
  With result.Range(result.Cells(1, 1), result.Cells(1, 5))
    .Merge
    .HorizontalAlignment = xlCenter
  End With
  result.Cells(2, 1).Value = "姓名"
  result.Cells(2, 2).Value = "出勤天數"
  result.Cells(2, 3).Value = "遲到天數"
  result.Cells(2, 4).Value = "早退天數"
  result.Cells(2, 5).Value = "打卡一次天數"
  Dim aimrow As Integer
  aimrow = 3
……
```

第 3 步，執行程式。在工作表中新增「考勤統計按鈕」，按一下此按鈕後，程式開始執行，並新增「考勤統計結果」工作表，如圖 5-17 所示。可看到該程式將每一位員工在 8 月份的出勤天數、遲到早退天數、打卡一次天數都一一統計出來了，這樣的效果是樞紐分析表所不能達到的，值得每一位讀者收藏學習。

	A	B	C	D	E	F	G
1			考勤統計結果				
2	姓名	出勤天數	遲到天數	早退天數	打卡一次天數		
3	白小珊	15	0	1	3		
4	李麗華	19	0	0	2		
5	周爍	16	0	1	3		
6	張芳芳	17	2	1	4		
7	張魏	19	3	1	1		
8	鄧利平	14	0	2	4		
9							
10							

考勤統計結果 | 八月

圖 5-17 考勤統計結果

延伸應用

在省略的程式碼中，有這樣一行程式碼：lasttime = CDate(.Cells(3, 4).Value)，該程式碼呼叫了 CDate() 函數，將儲存格中的資料強制轉換成有效的日期格式，這樣才能進行日期的比較和運算。在後面的程式碼中也多次使用了該函數。

5.2 化繁為簡，資料統計

熟悉 VBA 的使用者都知道，VBA 中的函數分為兩類：內建函數和自訂函數。內建函數就是 VBA 提供，能直接呼叫的函數，而自訂函數需要使用者自行宣告它的計算程序。

5.2.1 VBA 中的兩類函數

在前面章節的 VBA 程式中，讀者可發現應用了一些內建函數和自訂函數。為了方便學習，這裡將有系統地為大家說明這兩類函數的使用要求。

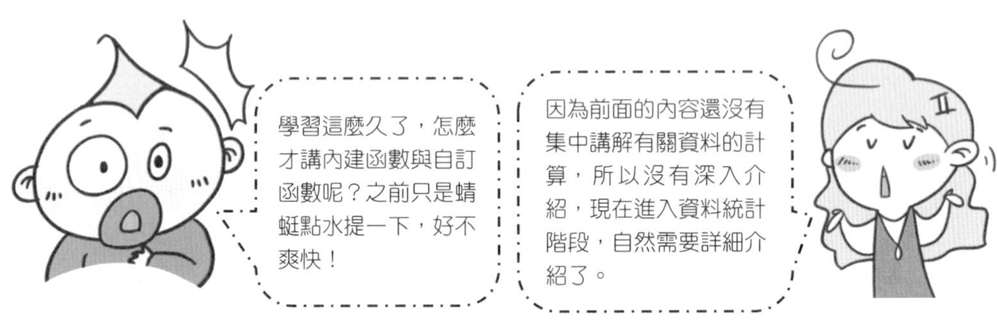

學習這麼久了，怎麼才講內建函數與自訂函數呢？之前只是蜻蜓點水提一下，好不爽快！
因為前面的內容還沒有集中講解有關資料的計算，所以沒有深入介紹，現在進入資料統計階段，自然需要詳細介紹了。

1. 自訂函數

自訂函數是使用者自己編寫的函數，用 Function 程序進行宣告。編寫自訂函數時，必須在 VBA 模組中定義，而不是在 ThisWorkbook 或自訂表單中定義。Function 函數的建立過程有 4 步，如圖 5-18 所示。

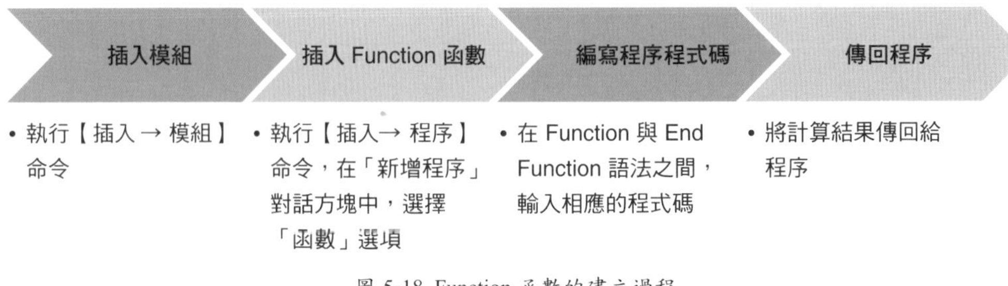

編寫程序程式碼

• 執行【插入→ 程序】命令，在「新增程序」對話方塊中，選擇「函數」選項

• 將計算結果傳回給程序

圖 5-18 Function 函數的建立過程

經過前面眾多範例的操作，相信大家對建立 Function 函數已耳熟能詳。下面來認識自訂函數的語法結構。掌握該固定結構，相信編寫 Function 函數也就輕而易舉了。

```
[Public | Private][Static] Function 函數名稱 [(參數)] [As 函數傳回值的資料類型]
[語法]
[函數名稱 = 程序結果]
[Exit Function]
[語法]
[函數名稱 = 程序結果]
End Function
```

2. 內建函數

與自訂函數相比，內建函數的用法就顯得簡單很多，使用者不必宣告就可直接呼叫。這裡不建議使用者自訂與內建函數功能相同的函數。因為自訂函數除了操作上更複雜外，還會影響程式的執行效率。下面列舉幾類 VBA 中常用的內建函數，如表 5-2 所示。

表 5-2 常用的內建函數

函數類型	函數	說明
測試函數	IsNumeric(expression)	判斷運算式是否為數字
	IsDate(expression)	判斷運算式是否為日期
	IsNull(expression)	判斷運算式是否不包含任何有效資料
數學函數	Abs(x)	傳回 x 的絕對值
	Round(x,y)	把 x 按「銀行規則」進行捨入，得到保留 y 位小數的值
	Int(number)	傳回參數的整數部分
字串函數	Len(string)	計算 string 的長度
	Left(string, x)	取 string 左端 x 個字元組成的字串
	InStr()	傳回一個字串在另一個字串中的位置
其他函數	InputBox	顯示簡單的輸入對話方塊
	MsgBox	顯示簡單的訊息提示對話方塊
	Dir	尋找文件或資料夾
	Shell	執行一個可執行的程式

使用者還可以在 VBA 程式設計環境中，檢視 VBA 的內建函數。首先在 VBA 程式設計環境中，插入模組，然後在模組中輸入「vba.」，此時系統會自動彈出內建函數清單，如圖 5-19 所示。

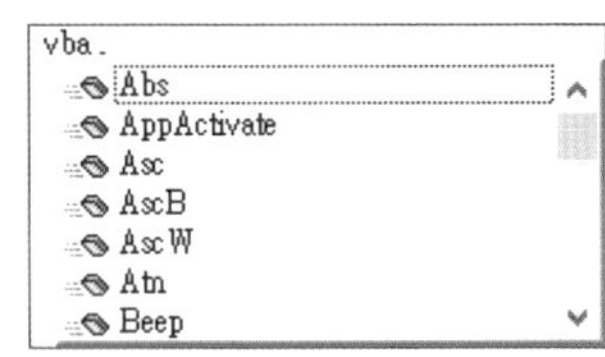

圖 5-19 內建函數清單

有些熟悉 Excel 操作的讀者可能會問：Excel 的公式中也可以使用許多工作表函數，如 Sum()、Max() 等，這些函數能在 VBA 程式中使用嗎？答案是肯定的。Excel 中的大部分工作表函數，都可以被 VBA 程式呼叫。透過 Application.WorksheetFunction 物件介面或直接使用 WorksheetFunction，就可以進行呼叫，如 Application.WorksheetFunction.Sum() 或 WorksheetFunction.Sum()。

5.2.2 按設定的要求統計

既然是用 Excel 中的內建函數來統計資料，那就幫我統計我們公司各分店上半年的銷售情況吧！

哎呀，你這說得好籠統啊！用 VBA 做統計工作不難，但至少你得告訴我要統計哪些指標吧？

本範例提供了一份某集團公司在 2015 年上半年的各分店銷售額情況，現要求透過 VBA 程式，統計表格中的分店數量。此外，還要統計出半年總銷售額和平均月銷售額，並找出平均月銷售額最高和最低的分店。

上述的幾個指標看似簡單，而且也能在工作表中，用相關函數計算出來，但是計算的結果需要疊加才能求得最終答案。例如，在計算半年中平均月銷售額最高的分店和平均值時，就需要對每家分店進行平均值計算，然後使用 Max 函數，計算出最高的平均月銷售額，其他指標也可依此類推。如果遇到大量的資料，這種疊加工作就會顯露出工作表函數的不足。因此，在 VBA 中呼叫 Excel 內建函數，進行自動化統計就很有必要。

範例應用 5-5 按設定的要求進行匯總統計

原始檔 範例檔>05>原始檔>5.2.2 按要求統計.xlsx

完成檔 範例檔>05>完成檔>5.2.2 按要求統計.xlsm

第 1 步，檢視原始表格。開啟原始檔，如圖 5-20 所示。該表記錄了 2015 年上半年各分店的銷售額情況。

第 2 步，新增「統計結果」工作表。新增「統計結果」工作表，並設定需要統計的指標，如圖 5-21 所示。該表用來儲存統計結果。

	單位：萬元	2015年各分		
2	月份 / 分店	一月份	二月份	三月份
3	北京分店	81.83	90.72	83.61
4	成都分店	78.15	88.04	81.04
5	上海分店	82.38	89.41	84.49
19	杭州分店	54.51	63.53	59.44
20	蘇州 分店	53.9	60.93	56.01
21	廣州分店	54.83	67.15	60.94
22	呼和浩特分店	54.83	67.15	60.94
23				

分店銷售表

圖 5-20「分店銷售表」工作表

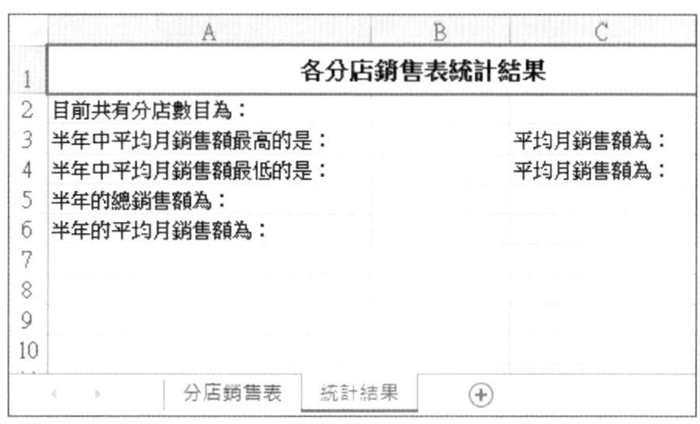

圖 5-21「統計結果」工作表

第 3 步，在模組中輸入程式碼。在 VBA 程式設計環境中插入模組，並輸入程式碼。以下程式碼是程式的中間程序，即省略了前面變數的宣告程式碼和「分店數統計 ()」函數的程式碼。

行號	程式碼	程式碼註解

```
    ......
01    For i = 1 To m
02      For j = 2 To 7
03        sum = Worksheets("分店銷售表").Cells(i + 2, j).value
              + sum
04      Next j
05      aver(i) = sum / 6
06      sum = 0
07    Next i
```

第 1 ～ 7 行程式碼：使用了一個雙重 For 迴圈。內層的 For 迴圈用於計算一個分店在上半年的總銷售額和平均月銷售額；外層的 For 迴圈用於控制計算各個分店的平均月銷售額。

行號	程式碼	程式碼註解

```
08    For i = 1 To m
09      'num(1) 儲存較大值
10      If aver(i) > num(1) Then
11        num(1) = aver(i)
12        row(1) = i + 2
13      End If
14      'num(2) 儲存較小值
15      If aver(i) < num(2) Then
16        num(2) = aver(i)
17        row(2) = i + 2
18      End If
19    Next i
20    shop(1) = Worksheets("分店銷售表").Cells(row(1), 1).value
21    shop(2) = Worksheets("分店銷售表").Cells(row(2), 1).value
22    Dim mon(120) As Single
23    Dim avg As Single
24    avg = 0
25    j = 1
26    For Each cell In myRange
27      mon(j) = cell.value
28      j = j + 1
29    Next cell
30    avg = Application.WorksheetFunction.Average(mon())
31    sum = Application.WorksheetFunction.Sum(mon())
  ......
```

第 8 ～ 21 行程式碼：使用 For…Next 控制，從陣列 aver() 中找出最大值和最小值，即找出最高平均月銷售額和最低平均月銷售額。

第 22 ～ 31 行程式碼：該程式碼中的 For Each…Next 語法將 myRange 區域中各儲存格的銷售額儲存到 mon() 陣列中，然後呼叫工作表函數 Average()，計算參數的平均值，呼叫 Sum() 函數計算參數的總和。

第 3 步，執行程式。在「分店銷售表」中新增「統計銷售情況」按鈕，按一下此按鈕後會彈出如圖 5-22 所示的統計結果。切換至「統計結果」工作表，可看到程式將統計結果填入了對應的儲存格，如圖 5-23 所示。

圖 5-22 彈出的對話方塊

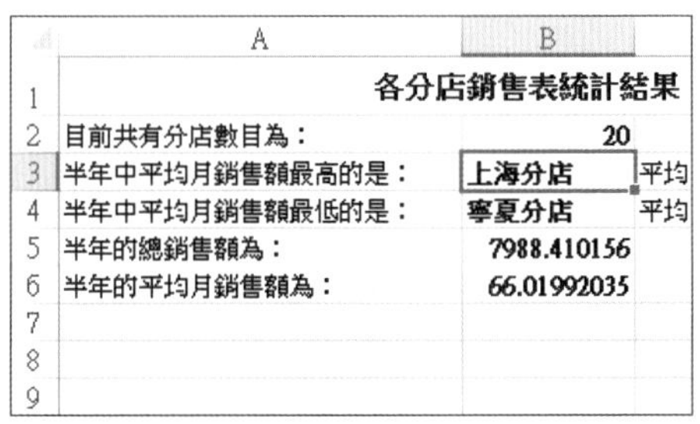

圖 5-23「統計結果」工作表

5.2.3 選取任意區域統計資料

用 VBA 執行的統計功能還真強大！我還想對上面的範例做更進一步的思考，比如能不能對任意選取的資料區域進行統計呢？

這有什麼難的，跟著我的節奏學吧！下面的範例就使用了前面提到的 InputBox 內建函數，此外還用到了 IsNumber 工作表函數。

上一個範例解決的是對整個工作表的資料統計，但是實際情況並非這麼簡單，主管很可能還需要單獨比對某些月份、部分分店的銷售額情況，並且要比對的月份和分店不是固定的，而是根據實際情況任意選擇。這種對程式的靈活性要求較高的任務，又如何透過 VBA 程式碼來實現呢？下面就以最高銷售額數據和最低銷售額數據為例，解析如何對所選的任意有數值的儲存格區域進行資料統計，包括連續和非連續的資料區域。

範例應用 5-6 選取任意區域統計資料

原始檔 範例檔>05>原始檔>5.2.3 選取任意區域統計資料.xlsx

完成檔 範例檔>05>完成檔>5.2.3 選取任意區域統計資料.xlsm

第 1 步，檢視原始表格。開啟原始檔，該工作表的資料與範例應用 5-5 中的原始檔一樣，記錄的也是 2015 年上半年各分店的銷售額情況。

第 2 步，在模組中輸入程式碼。進入 VBA 程式設計環境插入模組，並輸入以下完整程式碼。由於該程序沒有涉及自訂表單的操作，也沒有複雜的自訂函數，因此程式碼很簡短。

行號	程式碼	程式碼註解
01	`Sub find()`	第 1 ～ 16 行程式碼：是 find() 程序的前半部分，主要用於取得使用者選取的區域，並判斷該區域中是否含有非數字訊息。如果含有，則彈出警告對話方塊並退出程式。
02	`  Dim maxname As String`	
03	`  Dim maxmonth As String`	
04	`  Dim minname As String`	
05	`  Dim minmonth As String`	
06	`  Dim max As Single`	
07	`  Dim min As Single`	

行號	程式碼	程式碼註解

```
08    Dim myrange As Range
09    On Error GoTo er
10    Set myrange = Application.InputBox("請選擇一個區域
11  ", Type:=8)
12    For Each one In myrange
13      If Not Application.WorksheetFunction.
14  IsNumber(one.Value) Then
15        MsgBox "所選區域含有非數字訊息！"
16        GoTo er
17      End If
18    Next one
19    max = 0
20    min = 100
21    For Each one In myrange
22      If one.Value > max Then
23        max = one.Value
24        maxname = Cells(one.Row, 1)
25        maxmonth = Cells(2, one.Column)
26      End If
27      If one.Value < min Then
28        min = one.Value
29        minname = Cells(one.Row, 1)
30        minmonth = Cells(2, one.Column)
31      End If
32    Next one
33    MsgBox "所選區域月銷售額最高的是" & Chr(10) _
      & maxname & maxmonth & "的銷售額：" & max _
      & Chr(10) & "所選區域月銷售額最低的是" & Chr(10) _
      & Chr(13) & minname & minmonth & "的銷售額：" &
34  min
35  er:
36  End Sub
```

第 17 ～ 34 行程式碼：是 find() 程序的後半部分，它使用 For 迴圈語法，找出所選區域中的最大值和最小值，並記錄下最大值和最小值所對應的分店名和月份，最後在對話方塊中顯示結果。

第 3 步，對非數字資料的測試。在工作表中，新增「統計最高和最低銷售額」按鈕，然後按一下此按鈕，在彈出的對話方塊中，選取任意的資料區域，如圖 5-24 所示。當所選的資料區域包含非數字訊息時，程式便不能對其進行統計，因而彈出如圖 5-25 所示的提示對話方塊。

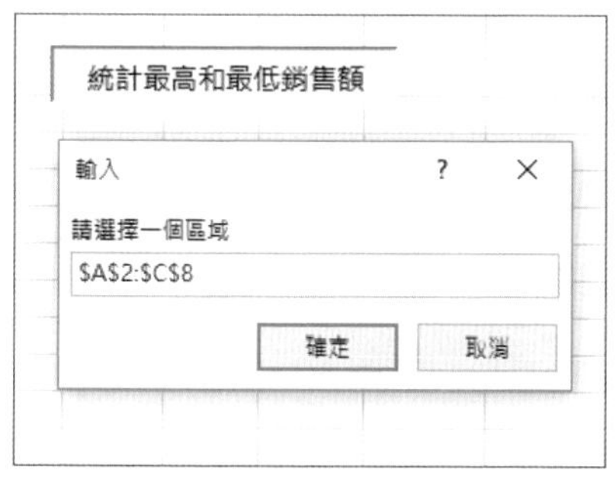

圖 5-24 選取任意區域

圖 5-25 提示所選區域含有非數字訊息

第 4 步，統計只含有數字的區域。重新按一下按鈕，選擇資料區域，如這裡選擇 1—3 月所有分店的銷售額數據，如圖 5-26 所示。按一下「確定」按鈕，統計結果如圖 5-27 所示。

圖 5-26 選擇只有數字的區域

圖 5-27 統計結果

使用者還可以選取不連續的儲存格區域，程式仍然可以統計出所選資料區域中的最大值和最小值，並顯示對應的分店和月份。

5.3 複雜多變，資料分析

資料分析的過程不是很複雜嗎？而 VBA 更多的是進行自動化處理。這能給資料分析工作帶來什麼好處？難道可以簡化計算過程？

資料分析中有很多計算過程，因此在關鍵處採用 VBA，不但可以簡化計算過程，還能提供更好的決策支援！

資料分析過程本身是很複雜的，不僅涉及對定量資料的處理，還包括定性資料的分析。定量資料的處理一般都是對各種資料的計算，因此使用 VBA 也能完成；而定性資料的分析就需要人為解讀，要盡可能地將其轉換為定量資料，這樣就能對每一個專案運用資料分析的方法，自然也就能透過 VBA 進行問題分析。

工作中需要分析的資料類型有很多，本書不可能面面俱到，所以下面只舉兩個典型的應用範例做分析，雖不能解決資料分析工作中的所有問題，但也能發揮一定的引導作用。讀者可修改範例中的程式碼來解決其他類似的問題。

為了保證程式的完整性，對修改程式碼提出以下建議：

- 程式中的關鍵字儘量不要修改；
- 根據所分析資料類型的不同，可對定義的資料類型作修改，如將 Integer 修改為 Double；
- 根據資料區域的範圍不同，可對程式中訪問的儲存格區域做修改；
- 根據工作表的名稱不同，可對訪問的工作表名稱做修改；
- 根據迴圈間隔的不同，可對迴圈中的 Step 語法做修改。

5.3.1 最近一期的資料預測

資料預測是資料分析過程中的重要一環，它是管理者對企業未來發展的一種預估。當預測結果出現正面的趨勢時，可以提醒企業管理者控制好當前形勢下的每一個環節，保證狀態能順利延續；當預測的趨勢出現警告信號時，企業就可以提前應對潛在危機，制止勢態的惡性發展。可見，資料預測在企業發展中，能發揮重要的作用。

我是資料分析單位的實習生，每次看到前輩做計畫時，好像都是透過預測來給同事們分配工作。但是我一直沒學會該怎麼進行預測分析！

資料預測的方法有很多，如常見的公式法、圖表法，當然還有本小節的程式法。由於程式法能進行大量的自動化處理，因此接下來的範例將透過程式來完成資料預測工作！

對於常見的日期 - 銷售額（不同日期的銷售額不同）資料，通常採用線性迴歸分析函數進行預測。線性迴歸分析就是確定兩種或兩種以上變數間，有著相互依賴定量關係的一種統計分析方法。Excel 提供了這樣一個函數來處理類似的預測問題：LinEst(known_y's,known_x's)。

該函數使用最小二乘法對資料進行最佳的直線擬合，並且傳回得到的直線函數。傳回結果是一個陣列，不是一個數值。擬合出的直線函數可用方程 y=kx+b 表示，在 VBA 中，又該如何分離出方程中的 k、b 呢？下面用一段通用程式碼來表示這一程序。

```
With Application.WorksheetFunction
  k = .index(.LinEst(known_y's, known_x's), 1)
  b = .index(.LinEst(known_y's, known_x's), 2)
End With
```

下面仍以範例應用 5-6 中的原始檔當作資料依據，要求根據所選分店前 6 個月的銷售額數據，預測其 7 月份的銷售情況。讀者可以將此程式應用在任何類似的預測分析中。

範例應用 5-7 預測最近一期的資料

原始檔 範例檔>05>原始檔>5.3.1 資料預測.xlsx

完成檔 範例檔>05>完成檔>5.3.1 資料預測.xlsm

第 1 步，在模組中輸入程式碼。開啟原始檔，進入 VBA 程式設計環境並插入模組，然後輸入以下完整程式碼。

行號	程式碼	程式碼註解

```
01  Sub 銷售預測 ()
02    Dim myrange As Range
03    On Error GoTo esc
04  er:
05    Set myrange = Application.InputBox _
      ("請選擇需要預期的列", Type:=8)
06    If myrange.Rows.Count <> 1 Then
07      MsgBox "只能選擇一列資料！"
08      GoTo er
09    End If
10    Dim RowNum As Integer
11    RowNum = myrange.Row
12    Dim ColOver As Integer
13    ColOver = myrange.Column + myrange.Columns.Count - 1
14    Dim Num() As Single
15    ReDim Num(myrange.Count - 1)
16    Dim index As Integer
17    index = 0
18    For Each one In myrange
19      If Not Application.WorksheetFunction. _
        IsNumber(one.Value) Then
20        MsgBox "所選區域包含非數字訊息"
21        GoTo er
22      Else
23        Num(index) = one.Value
24        Debug.Print Num(index)
25        index = index + 1
26      End If
27    Next one
28    Dim Month() As Integer
29    ReDim Month(myrange.Count - 1)
30    index = 0
31    For Each one In myrange
32      Month(index) = one.Column - 1
33      Debug.Print Month(index)
34      index = index + 1
35    Next one
36    With Application.WorksheetFunction
37      a = .index(.LinEst(Num(), Month()), 1)
38      b = .index(.LinEst(Num(), Month()), 2)
39      result = .Fixed(a * (ColOver) + b, 2)
40    End With
```

第 1 ～ 15 行程式碼：是「銷售預測 ()」程序的第一部分，該段程式碼檢測使用者所選區域是否為一列，如果不是，則重新選取。在該程式碼中定義了一個動態陣列 Num()，用於儲存所選區域各儲存格中的資料。

第 16 ～ 27 行程式碼：是「銷售預測 ()」程序的第二部分，該段程式碼使用一個迴圈語法來判斷所選區域各儲存格中的資料是否全為數字：如果不是，則彈出警告對話方塊，並轉到標號 er 處；如果是，則把資料存儲到動態陣列 Num() 中。

第 28 ～ 45 行程式碼：是「銷售預測 ()」過程的第三部分，該段程式碼使用迴圈語法，將所選區域儲存格所對應的月份，儲存到 Month() 陣列中，最後呼叫了 LinEst() 函數、index() 函數和 Fixed() 函數來進行線性迴歸的銷售預測。

行號 | 程式碼 | 程式碼註解

```
    MsgBox Cells(RowNum, 1).Value & _
    "下月的銷售額預計為：" & result & "萬元"
    Exit Sub
esc:
End Sub
```

第 2 步，執行程式。按一下工作表中新增的「銷售預測」按鈕，然後在彈出的對話方塊中，選取上海分店 1—6 月的銷售額數據，其資料區域為 B5:G5，如圖 5-28 所示。按一下「確定」按鈕，在彈出的新對話方塊中顯示了預測結果，如圖 5-29 所示。

圖 5-28 選擇一列資料

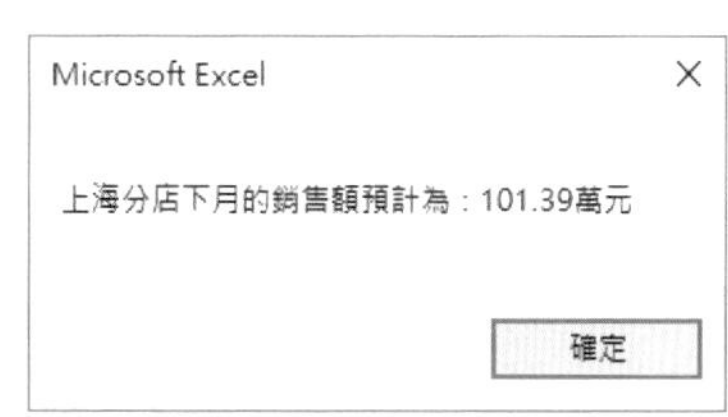

圖 5-29 預測結果

5.3.2 收益與風險優化模型

當企業發展到一定程度後，都希望透過資本運作來獲得更多收益，這主要反映在企業對投資專案的關注上。但是在進行投資活動前，決策者應對投資項目做風險評估，特別是某些表面收益很高的項目，應從企業角度進行全面分析。當然，這些投資活動收益與風險分析都要根據資料的分析結果來評估。

做財務工作這麼久，第一次聽說還可以用 VBA 進行投資分析！投資活動的分析工作太複雜了，如果有一個自動化分析的方法，真是萬分感激啊！

做投資分析不就是各種關於收益和風險的評估嗎？說到底還是要靠資料來支撐。對於資料的計算，VBA 是完全能夠勝任的！

企業管理者在進行投資活動決策時，一般會讓相關工作人員提供多種可選擇的投資方案，而工作人員又該如何站在企業的角度選擇可行的投資策略呢？除了對每個投資項目的風險和收益進行評估外，還需要對預期的利潤作判斷。只有同時對多種指標進行計算和分析後，才能大幅減少投資風險。

做過財務工作的人都知道，投資分析是一項很複雜的工作，特別是各種組合下的收益分析更是令人費解。下面的這個範例就是用 VBA 實現對多個投資專案進行綜合分析，並幫助使用者選擇最理想的投資方案。當你把這樣一份投資分析報告呈報給主管時，主管一定會被眼前的自動化分析過程所折服，也許下一個升職的就是你。

範例應用 5-8 投資活動中的收益與風險分析

原始檔 範例檔>05>原始檔>5.3.2 優化模型.xlsx

完成檔 範例檔>05>完成檔>5.3.2 優化模型.xlsm

第 1 步，檢視原始表格。開啟原始檔，如圖 5-30 所示。它是一張投資表，記錄了一些投資專案以及項目的固定投資和收益，當然也有被完全套牢的風險。

	A	B	C	D	E	F	G	H
1	項目名	交易費率	淨投資收益率	風險率	投資收益率	最佳投資金額	期望利潤率	推薦
2	石油期貨計畫	25.6%	27.4%	64.0%				
3	囤積大米計畫	15.5%	12.5%	21.6%				
4	房地產投資	22.5%	7.5%	11.3%				
5	並購小企業	16.7%	19.7%	33.5%				
6	國債投資	41.0%	8.0%	7.6%				

圖 5-30 投資表

第 2 步，新增命令按鈕。在「開發人員」索引標籤的「控制項」群組中，按一下「插入」下三角按鈕，然後在展開的下拉清單中，按一下「ActiveX 控制項」選項群組的「命令按鈕」，如圖 5-31 所示。

第 3 步，編輯命令按鈕。新增按鈕後，選取該按鈕，此時可看到「開發人員」索引標籤下的「設計模式」選項被取。右擊該按鈕，執行【命令按鈕 物件→編輯】命令，修改按鈕名稱為「投資分析」，如圖 5-32 所示。

圖 5-31 新增命令按鈕

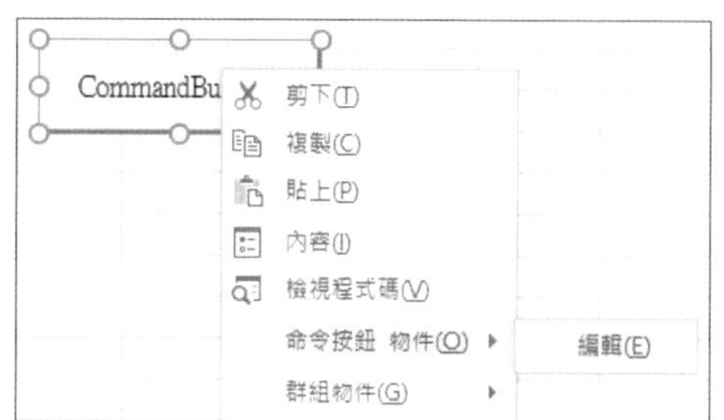

圖 5-32 編輯命令按鈕

第 4 步，開啟工作表 1 的程式碼視窗。右擊「投資分析」按鈕，然後以檢視程式碼的方式開啟工作表 1 的程式碼視窗，如圖 5-33 所示。在開啟的程式碼視窗中，應用程式自動為按鈕建立了程序的開始和結束語法，如圖 5-34 所示。使用者可直接在這個程序中輸入程式碼。

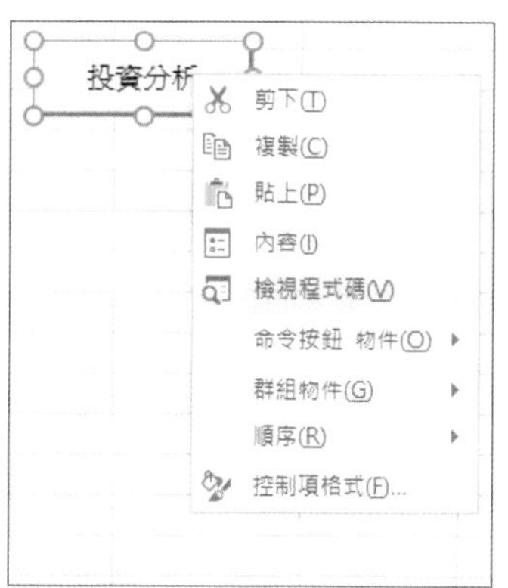

圖 5-33 檢視程式碼

圖 5-34 程式碼視窗

第 5 步，輸入按鈕回應程式碼。在上述程序中，輸入以下程式碼，該程序中自訂了 AnalyseMoney 函數來分析專案的優劣，它可以從指定儲存格中，取得資料並將分析結果寫入儲存格。由於該函數是自訂函數，因此會在後面對該函數進行宣告。

行號　程式碼　程式碼註解

```
Private Sub CommandButton1_Click()
  Dim TempI As Integer
  Dim TempMark As Integer
  Dim MaxRate As Double
```

行號	程式碼	程式碼註解
05	`For TempI = 2 To 6 Step 1`	第 5 ～ 7 行程式碼：對每一項投資都要檢查其利潤空間。
06	`AnalyseMoney (TempI)`	
07	`Next TempI`	
08	`MaxRate = 0`	
09	`For TempI = 2 To 6 Step 1`	
10	`If (MaxRate < (Cells(TempI, 7).Value /` `Cells(TempI, 6).Value)) Then`	第 10 行程式碼：計算最大收益。
11	`MaxRate = Cells(TempI, 7).Value /`	
12	`Cells(TempI, 6).Value`	
	`TempMark = TempI`	
13	`End If`	
14	`Next TempI`	
15	`Cells(TempMark, 8).Value = "推薦"`	第 15 行程式碼：推薦收益率最大的投資項目。
16	`End Sub`	

第 6 步，宣告函數 AnalyseMoney 的程序。在上述程式碼後，對 AnalyseMoney 函數進行宣告，相關程式碼如下。在該程序中又呼叫了 DealMoney 函數，它也是程式中的自訂函數，用來尋找每個專案合適的投資金額，以取得最大回報。

行號	程式碼	程式碼註解
01	`Function AnalyseMoney(ByVal RowValue As Integer)`	
02	`Cells(RowValue, 5).Value = (1 - CInt(Cells(RowValue, _` `2).Value)) * (Cells(RowValue, 2).Value)`	第 2 行程式碼：計算投資期望收益。
03	`MaxEarn = -1`	
04	`DealMoney 10000000, 1, 1000, RowValue`	第 4 行程式碼：計算最大回報的投資額。
05	`Cells(RowValue, 6).Value = BestInvest`	
06	`Cells(RowValue, 7).Value = MaxEarn`	
07	`End Function`	

第 7 步，宣告函數 DealMoney 的過程。同樣在上一個程序後，定義 DealMoney 函數的處理程序，相關程式碼如下。

行號	程式碼	程式碼註解
01	`Function DealMoney(ByVal MaxMoney As Double, ByVal _` `MinMoney As Double, ByVal StepMoney As Double, ByVal _` `RowValue As Integer)`	
02	`Dim NextMax As Double`	
03	`Dim NextMin As Double`	

行號	程式碼	程式碼註解

```
04    NextMin = -1
05    NextMax = -1
06    Dim TempMoney As Double
07    For TempMoney = MinMoney To MaxMoney Step StepMoney
08      If (MaxEarn < (((TempMoney * Cells(RowValue, 5).Value) _
        * (1 - Cells(RowValue, 4).Value) + (0 - TempMoney) _
        * (Cells(RowValue, 4).Value)) / TempMoney)) Then
09        MaxEarn = ((TempMoney * Cells(RowValue, 5).Value) _
          * (1 - Cells(RowValue, 4).Value) + (0 - TempMoney) _
          * (Cells(RowValue, 4).Value)) / TempMoney
10        BestInvest = TempMoney
11        NextMin = TempMoney
12        NextMax = TempMoney + StepMoney
17      End If
18    Next TempMoney
19    StepMoney = StepMoney / 10
20    If (StepMoney >= 10 And NextMin <> -1 And NextMax <> -1) _
      Then
21      DealMoney NextMax, NextMin, StepMoney, RowValue
22    End If
23  End Function
```

程式碼註解：

第 7 行程式碼：從最小投資迴圈到最大投資。
第 8 行程式碼：比較不同投資額下的投資收益，得到最大收益。
第 9 行程式碼：計算不同投資額下的最大收益。
第 11、12 行程式碼：得到最大收益的投資範圍。
第 15 行程式碼：降低估計投資額的精確度。
第 17 行程式碼：重複以更小精確度來計算最大收益。

第 8 步，新增 Option Explicit 語法。由於在自訂的兩個函數中，使用了 MaxEarn 和 BestInvest 變數，因此需要在所有程式碼開頭新增 Option Explicit 語法來強制宣告這兩個變數。

第 9 步，執行程式。在「設計模式」選項沒被選取的情況下，按一下「投資分析」按鈕，程式開始執行，隨後工作表中的「投資收益率」、「最佳投資金額」、「期望利潤率」欄都會被填上計算結果，並在「推薦」欄中標出最佳投資專案，如圖 5-35 所示。

	A	B	C	D	E	F	G	H
1	項目名	交易費率	淨投資收益率	風險率	投資收益率	最佳投資金額	期望利潤率	推薦
2	石油期貨計畫	25.6%	27.4%	64.0%	25.6%	$ 19,001.00	-54.78%	
3	囤積大米計畫	15.5%	12.5%	21.6%	15.5%	$ 5,001.00	-9.45%	
4	房地產投資	22.5%	7.5%	11.3%	22.5%	$ 87,001.00	8.66%	
5	並購小企業	16.7%	19.7%	33.5%	16.7%	$ 10,001.00	-22.39%	
6	國債投資	41.0%	8.0%	7.6%	41.0%	$ 13,001.00	30.28%	推薦
7								
8				投資分析				

圖 5-35 投資分析結果

5.4 抽象資料，圖表呈現

圖表是一種視覺化的表達方法，能將資料直覺地呈現出來，使資料的比較和趨勢變得一目瞭然，進而更加容易表達人們的觀點。在 Excel 中，圖表的製作同樣也可用 VBA 來進行，且能達到一般操作所不能實現的效果。

5.4.1 用 VBA 製作圖表的基礎知識

常見的 Excel 圖表製作本身就不複雜，用 VBA 製作是不是有點小題大做了？不過我很期待它有什麼不一樣的效果哦！

如果你只是做一些常用的直條圖，的確很簡單，但是要進行多圖選擇、動態顯示的效果，恐怕就沒那麼容易了吧！

使用 VBA 製作圖表主要是因為它能比較輕鬆地實現動態圖表的效果，且能以對話模式用同一資料來源製作出不同樣式的圖表。關於利用 VBA 製作圖表的內容，會在第 9 章詳細介紹，這裡先讓大家認識用 VBA 製作圖表的基礎操作。

1. 圖表類型

用 VBA 製作圖表的基礎便是認識不同類型的圖表關鍵字，只有明白了不同圖表類型的 VBA 程式碼，才能分清應該對程式中的哪些地方作更改，以便建立滿足不同需求的圖表樣式。常用的圖表類型 VBA 常量如表 5-3 所示。

表 5-3 圖表類型的 VBA 常量

圖表類型		VBA 常量
直條圖	群組直條圖	xlColumnClustered
	堆疊直條圖	xlColumnStacked
	百分比堆疊直條圖	xlColumnStacked100

圖表類型		VBA 常量
橫條圖	群組橫條圖	xlBarClustered
	堆疊橫條圖	xlBarStacked
	百分比堆疊橫條圖	xlBarStacked100
折線圖	折線圖	xlLine
	含有資料標記的折線圖	xlLineMarkers
	堆疊折線圖	xlLineStacked
	含有資料標記的堆疊折線圖	xlLineMarkersStacked
	百分比堆疊折線圖	xlLineStacked100
圓形圖	圓形圖	xlPie
	分裂式圓形圖	xlPieExploded
	子母圓形圖	xlPieOfPie
	圓形圖帶有子橫條圖	xlBarOfPie
XY 散佈圖	散佈圖	xlXYScatter
	帶有平滑線的散佈圖	xlXYScatterSmooth
	折線散佈圖	xlXYScatterLines
泡泡圖		xlBubble
環圈圖		xlDoughnut
曲面圖	立體曲面圖	xlSurface
股票圖	最高 - 最低 - 收盤股價圖	xlStockHLC
雷達圖		xlRadar
區域圖	區域圖	xlArea
	堆疊區域圖	xlAreaStacked
	百分比堆疊區域圖	xlAreaStacked100

2. 圖表元素

認識了不同圖表類型的 VBA 常量後，還需要深入學習圖表元素的運算式。表 5-4 是常見圖表元素在 VBA 中的運算式。

表 5-4 圖表元素的 VBA 運算式

圖表元素	VBA 運算式	圖表元素	VBA 運算式
繪圖區	PlotArea	圖例	HasLegend
資料數列	Series	趨勢線	Trendlines
圖表標題	ChartTitle	誤差線	ErrorBar
格線	HasMajorGridlines	資料標籤	DataLabels
	HasMinorGridlines		DataLabel

掌握了圖表元素的運算式，便可以透過 VBA 程式碼來完成圖表樣式的設計，其操作過程並不比手動設定困難。關於圖表元素的設定會在 5.4.3 中介紹，下面先學習 VBA 中圖表的建立方法。

5.4.2 建立不同類型的圖表

好期待用 VBA 建立圖表啊！這樣以後的資料統計、資料分析及圖表展示都可以用 VBA 來完成了，是不是有種厲害的感覺！

這樣你瞬間就成了萬人膜拜的程式設計師了！同事、主管都會深深被你折服的！好了，還是趕緊回到正題，看看下面的範例！

範例應用 5-9 根據同一資料來源建立不同類型的圖表

原始檔 範例檔>05>原始檔>5.4.2 地區銷售額.xlsx

完成檔 範例檔>05>完成檔>5.4.2 建立不同類型的圖表.xlsm

第 1 步，檢視原始表格。開啟原始檔，如圖 5-36 所示。該表記錄了 3 個地區 2014 年全年的銷售額情況。

	A	B	C	D	E	F
1	月份	北京	上海	廣州		
2	1月	98500	105200	86300		
3	2月	105400	119600	95400		
4	3月	86400	105420	87600		
5	4月	99800	96800	96300		
6	5月	112500	102500	91250		
7	6月	109560	112300	86350		
8	7月	120010	125600	102540		
9	8月	115600	99100	105800		
10	9月	109600	120010	96980		
11	10月	131560	113260	99770		
12	11月	116500	104500	102300		
13	12月	99900	108210	112500		

圖 5-36 資料來源

第 2 步，新增自訂表單。進入 VBA 程式設計環境，插入自訂表單，透過屬性視窗修改表單的 Caption 值為「圖表類型選擇」，然後在表單中新增 3 個命令按鈕，並分別命名為「橫條圖」「折線圖」「雷達圖」，效果如圖 5-37 所示。

第 3 步，開啟程式碼視窗。設計好自訂表單後，按兩下「橫條圖」按鈕，會彈出該按鈕的程式碼視窗，如圖 5-38 所示。該視窗中顯示了按鈕的開始和結束程式碼。

圖 5-37 設計的自訂表單

圖 5-38 開啓的程式碼視窗

第 4 步，編寫按鈕程式碼。在開啟的程式碼視窗中，依序輸入 3 個按鈕對應的事件程式碼，具體程式碼如下。每一個按鈕都有一個程序。每個程序除了新增的圖表類型不一樣外，其他設定基本相同。

行號	程式碼	程式碼註解
01	`Private Sub CommandButton1_Click()　'橫條圖按鈕功能`	第 1 ～ 8 行程式碼：建立橫條圖的程序。
02	`  ActiveWorkbook.Charts.Add　'新增一張新圖表`	
03	`  ActiveChart.ChartType = xlBarClustered　'用橫條圖顯示`	
04	`  '將圖表當作影像元素插入到工作表中`	
05	`  ActiveChart.Location Where:=xlLocationAsObject, Name:="工作表1"`	
06	`  '為圖表新增資料`	
07	`  ActiveChart.SetSourceData Source:=Sheets(1).Range("A1:D13")`	
08	`End Sub`	
09	`Private Sub CommandButton2_Click()`	第 9 ～ 14 行程式碼：建立折線圖的程序。
10	`  ActiveWorkbook.Charts.Add`	
11	`  ActiveChart.ChartType = xlLine`	
12	`  ActiveChart.Location Where:=xlLocationAsObject, Name:="工作表1"`	
13	`  ActiveChart.SetSourceData Source:=Sheets(1).Range("A1:D13")`	
14	`End Sub`	
15	`Private Sub CommandButton3_Click()`	第 15 ～ 20 行程式碼：建立雷達圖的程序。
16	`  ActiveWorkbook.Charts.Add`	
17	`  ActiveChart.ChartType = xlRadar`	
18	`  ActiveChart.Location Where:=xlLocationAsObject, Name:="工作表1"`	
19	`  ActiveChart.SetSourceData Source:=Sheets(1).Range("A1:D13")`	
20	`End Sub`	

第 5 步，在模組中輸入程式碼。插入模組，輸入呼叫自訂表單的程式碼。該程序在前面的小節中也有介紹，此處不再註解。

行號	程式碼	程式碼註解
01	`Sub 建立圖表()`	
02	`  Dim myForm As UserForm1`	
03	`  Set myForm = UserForm1`	
04	`  myForm.Show`	
05	`  Set myForm = Nothing`	
06	`End Sub`	

第 6 步，新增按鈕。返回工作表 1，新增表單控制項按鈕，並指定巨集名稱為「建立圖表」，然後修改按鈕名稱為「選擇建立的圖表類型」。

第 7 步，建立橫條圖。按一下上一步新增的按鈕，會彈出「圖表類型選擇」表單，如圖 5-39 所示，然後按一下「橫條圖」按鈕，建立橫條圖，如圖 5-40 所示。

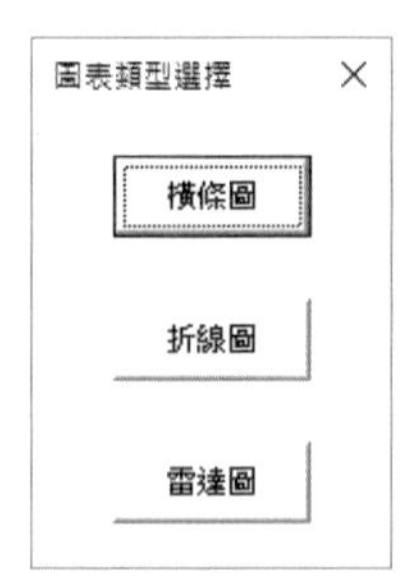

圖 5-39 按一下「橫條圖」按鈕

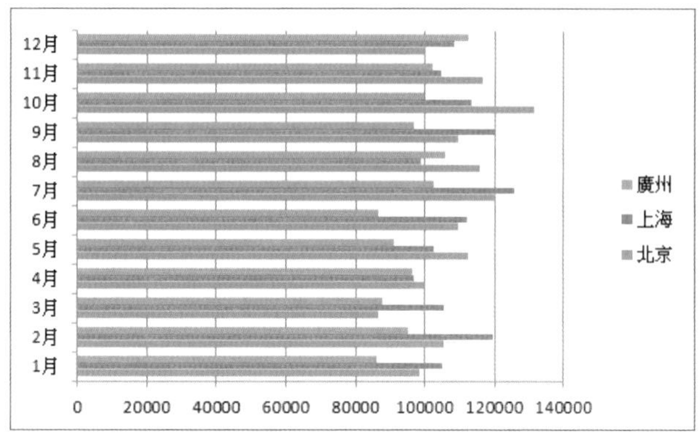

圖 5-40 建立的橫條圖

第 8 步，建立其他圖表。使用者可依次按一下表單中的「折線圖」和「雷達圖」按鈕，分別建立對應的圖表，如圖 5-41 和圖 5-42 所示。

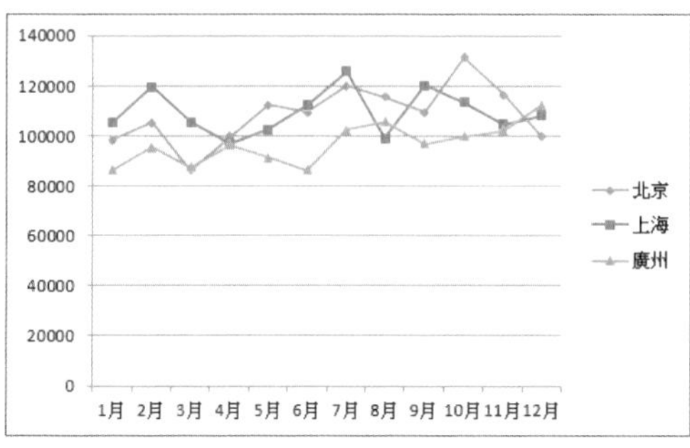

圖 5-41 折線圖

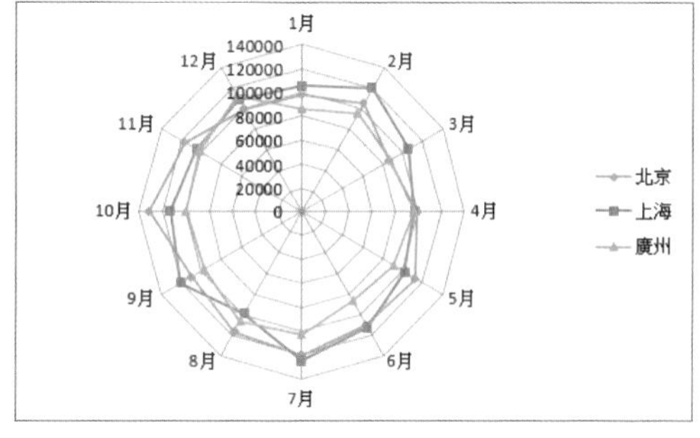

圖 5-42 雷達圖

5.4.3 圖表元素的簡化應用

既然圖表的製作和各種設計都能用 VBA 完成，那它能幫我簡化圖表效果嗎？例如，將圖表中垂直座標的小單位換算成大單位。

你可以直接縮小原始資料的比例來簡化數值啊！不過要用 VBA 來完成，其實也只需要 4 行程式碼。

儘管可以透過修改資料來源的形式來改變數值軸單位，但是這種情況會破壞資料來源所傳遞訊息的真實意義。因此，為了保持資料來源的完整性，設計出簡潔的圖表效果，就需要使用 VBA 來簡化圖表上數值軸的單位大小。

可以使用 Axis 物件（Axes 集合的成員）的 DisplayUnit 屬性，傳回或設定數值軸的單位標籤。其語法格式為：Object.DisplayUnit = XlDisplayUnit。其中，Object 是代表 Axis 物件的變數，XlDisplayUnit 可以選用的常量如表 5-5 所示。

表 5-5 XlDisplayUnit 可以選用的常量

常量	值	對應的刻度單位
xlHundreds	-2	百
xlThousands	-3	千
xlTenThousands	-4	萬
xlHundredThousands	-5	十萬
xlMillions	-6	百萬
xlTenMillions	-7	千萬
xlHundredMillions	-8	億
xlThousandMillions	-9	十億
xlMillionMillions	-10	百億

下面透過一個簡單的範例，說明如何在不修改原始資料的情況下，用 VBA 程式碼來簡化數值軸的刻度單位。

範例應用 5-10 簡化垂直座標軸的刻度單位

原始檔 範例檔>05>原始檔>5.4.3 圖表元素簡化.xlsx

完成檔 範例檔>05>完成檔>5.4.3 圖表元素簡化.xlsm

第 1 步，檢視原始表格。開啟原始檔，可看到原始檔中有一張已經建立好的圖表，如圖 5-43 所示。

圖 5-43 原始檔中的圖表

第 2 步，輸入程式碼。進入 VBA 程式設計環境，插入模組 1，然後輸入如下程式碼。該程式碼儘管只有 4 行，卻能簡化數值軸的刻度單位。

行號	程式碼	程式碼註解
01	`Sub 設定單位標籤 ()`	第 3 行程式碼：設定圖表數值軸的刻度單位為「千」。
02	`  ActiveSheet.ChartObjects(1).Select`	
03	`  ActiveChart.Axes(xlValue).DisplayUnit =`	
04	`xlThousands`	
05	`End Sub`	

第 3 步，檢視圖表效果。隨後可新增按鈕來執行 VBA 程式碼，也可直接在 VBA 程式設計環境中，按 F5 鍵執行程式，最後的圖表效果如圖 5-44 所示。比對圖 5-43，可看出 Y 軸的刻度單位發生了變化，且出現了「千」字樣。

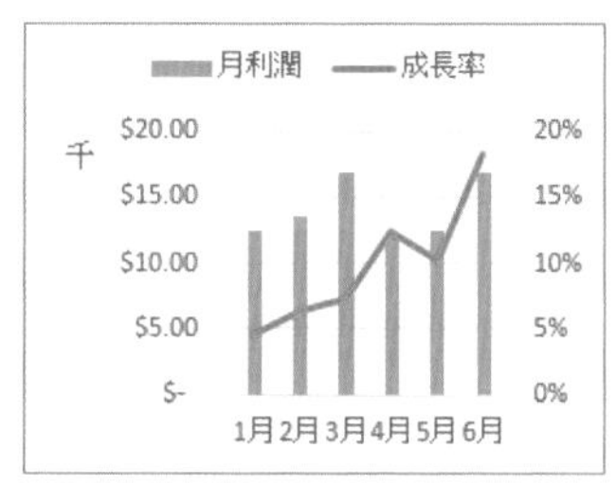

圖 5-44 數值軸刻度簡化後的效果

行政與秘書管理

行政與秘書工作涵蓋的範圍比較廣泛，小到資料管理、考勤管理、會議管理等日常辦公事務，大到財產管理、人力資源管理等更專業的領域。其最終目標是透過各種規章制度和人為努力，使部門之間或企業之間形成密切的配合關係，以保障整個企業的良性發展。在這一領域中，VBA 也能發揮一技之長，協助行政人員與秘書高效地完成任務。

6.1 保護重要的訊息

行政與秘書相關的 Excel 活頁簿中，儲存的內容一般都是企業的重要資料或員工的個人訊息，在很多情況下是禁止他人檢視或編輯的。保護好這些資料和訊息，是行政人員與秘書的職責所在。在 Excel 中，保護這些內容的方法有很多，它們各有優劣，使用者可以根據實際工作需要進行選擇。根據保護的物件不同，可以從活頁簿到儲存格分別設定保護，如圖 6-1 所示。

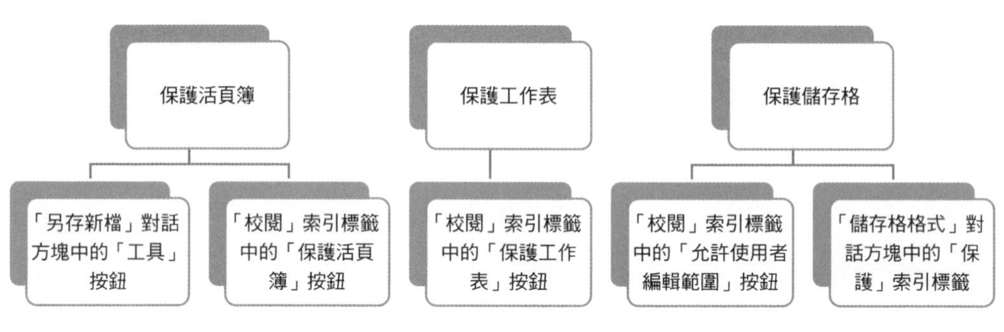

圖 6-1 保護不同的物件

6.1.1 保護不同的物件

1. 保護活頁簿

保護活頁簿是指限制他人對活頁簿的結構或表單進行修改，如不能修改工作表名稱、不能刪除或增加工作表等，它相當於活頁簿的第一層「防彈衣」。由於「校閱」索引標籤中的「保護活頁簿」功能大家並不陌生，這裡重點說明透過「另存新檔」對話方塊中的「工具」按鈕來保護活頁簿的方法。

首先在開啟的活頁簿中，按一下「檔案」按鈕，然後按一下「另存新檔→瀏覽」選項，開啟「另存新檔」對話方塊。在其中選擇好儲存路徑後，按一下右下角的「工具」下三角按鈕，選擇「一般選項」選項，如圖 6-2 所示。隨後在彈出的對話方塊中，分別設定「保護密碼」和「防寫密碼」，如圖 6-3 所示。

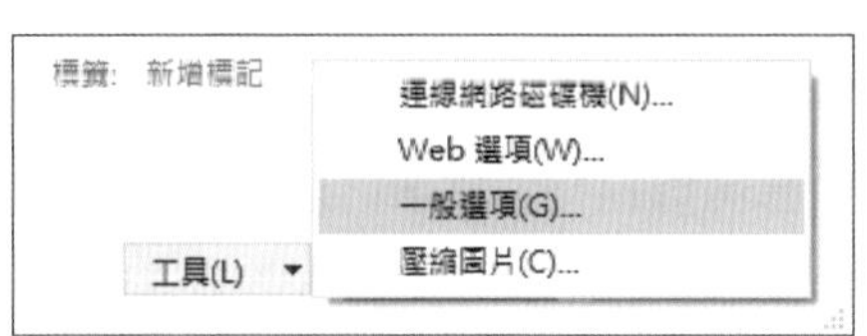

圖 6-2 一般選項

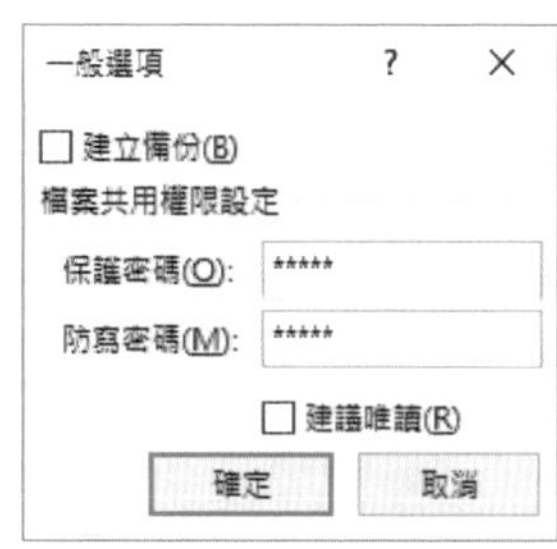

圖 6-3 設定密碼

2. 保護工作表

與保護活頁簿不同，保護工作表只針對目前的工作表進行，不影響活頁簿中其他的工作表。在「校閱」索引標籤的「變更」群組中，按一下「保護工作表」按鈕，開啟「保護工作表」對話方塊，在對話方塊中，不僅可以限制他人對工作表的相關操作，還能選擇允許他人進行的操作，如圖 6-4 所示。

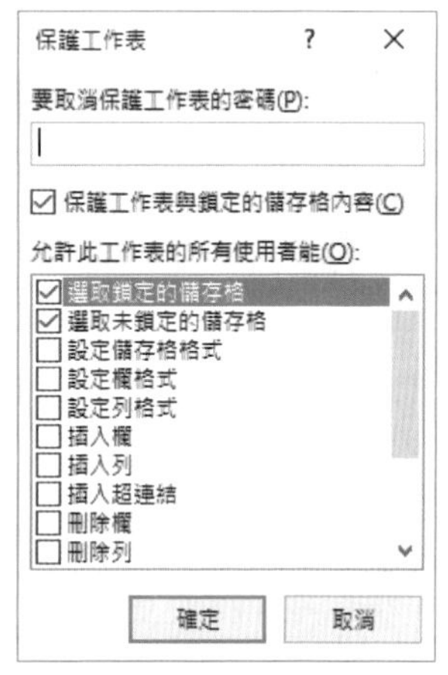

圖 6-4 保護工作表

3. 保護儲存格

有時完全被保護的工作表並不能滿足實際需求。例如，在維護員工資料表時，需要對員工編號、部門等固定屬性的資料進行保護，以免被誤改，而住址、電話等儲存格範圍又要允許編輯，以便填入新的資料。

Excel 中對儲存格的保護是以保護工作表為基礎，間接達成的。也就是說，在保護工作表的情況下，只允許對指定的某些儲存格進行編輯，其他未被指定的儲存格範圍便處於保護狀態。下面介紹兩種保護儲存格的方法。

(1) 設定允許編輯的範圍

第 1 步，在「校閱」索引標籤的「變更」群組中，按一下「允許使用者編輯範圍」按鈕，然後在彈出的對話方塊中，按一下「新範圍」按鈕。

第 2 步，在彈出的「新範圍」對話方塊的「參照儲存格」文字方塊中，設定可編輯的儲存格範圍，如設定為 A1:D13，如圖 6-5 所示。這裡建議不要對所選範圍設定密碼，既然是允許編輯的範圍，使用密碼反而讓操作更麻煩了。

第 3 步，返回最初的對話方塊，按一下左下角的「保護工作表」按鈕，如圖 6-6 所示。然後使用者就可以按照保護工作表的方式設定保護了。

圖 6-5 設定可編輯的儲存格範圍

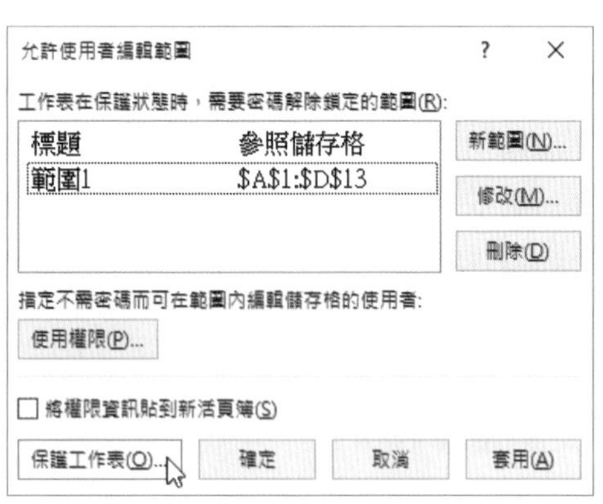

圖 6-6 保護工作表

第 4 步，返回工作表，可以發現「常用」索引標籤中的很多功能都呈灰色，說明該工作表已被保護，但是可在 A1:D13 區域進行編輯，如圖 6-7 所示。

圖 6-7 可編輯的儲存格

第 5 步，當對除 A1:D13 儲存格範圍之外的任何儲存格進行編輯時，都會彈出如圖 6-8 所示的提示資料。

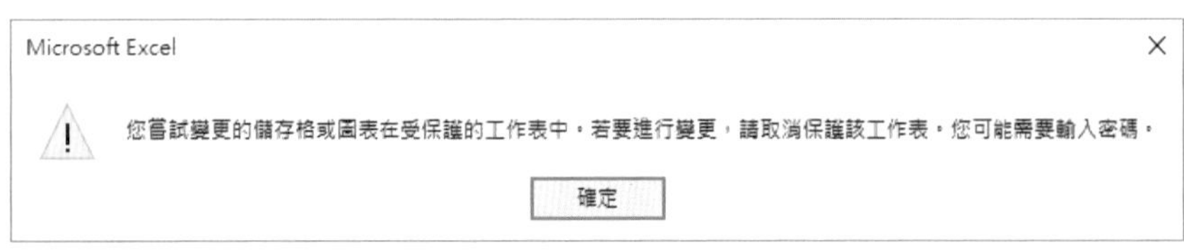

圖 6-8 提示資料

（2）透過取消儲存格鎖定來設定允許編輯的區域

第 1 步，選取要允許編輯的儲存格範圍並右擊，在彈出的快顯功能表中，執行【儲存格格式】命令，如圖 6-9 所示。

第 2 步，在彈出的對話方塊中，切換至「保護」索引標籤，取消「鎖定」核取方塊的勾選，如圖 6-10 所示。

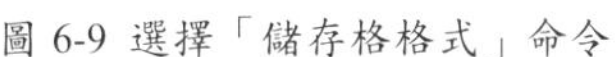
圖 6-9 選擇「儲存格格式」命令

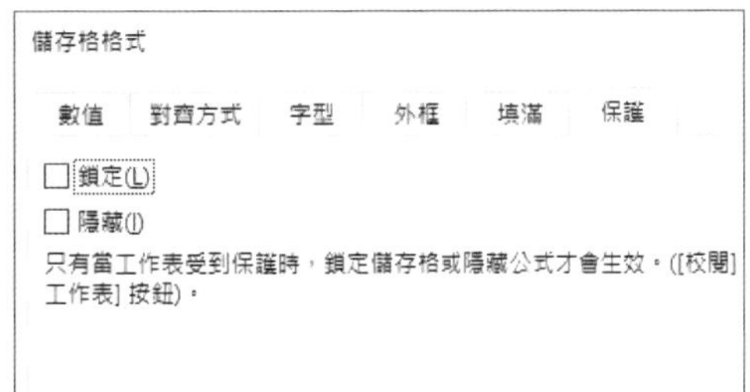

圖 6-10 取消鎖定

第 3 步，在「校閱」索引標籤下設定保護工作表，之後就只能在指定的儲存格範圍進行編輯，而其他儲存格範圍則被保護起來。

6.1.2 隨心所欲保護物件

講了這麼多關於表格的保護操作，與 VBA 有什麼關係呢？這些方法不是挺好的嗎，為什麼要選擇 VBA 來保護呢？

這不是在為接下來的 VBA 知識作鋪陳嗎！讓你感受 VBA 所達到的效果是如何與眾不同。

儘管保護工作表的方法有很多，在某些時候也能解決問題。但是，上面介紹的所有功能都不夠人性化，特別是對部分儲存格的保護。如果工作表中有成百上千列記錄，而實際上又只需將其中某一欄的前 100 列資料設定為可編輯，那麼在選擇可編輯的儲存格範圍時，就會特別不方便。所以當問題變得複雜後，這些方法就會顯露出它們的不足，因而有必要用 VBA 程式碼來彌補這些缺陷。

在講解範例前，先假設：當在儲存格中輸入內容後，該儲存格即被鎖定，而其他空白儲存格仍處於可編輯狀態，這樣就不需要再對某些列或某些欄單獨設定鎖定了。此時也許有人會疑惑，如果需要對上一步的操作進行修改，豈不是會變得很麻煩嗎？結合這一顧慮，範例應用 6-1 正好能妥善解決這個問題。

範例應用 6-1 儲存時鎖定有資料的儲存格

原始檔 無

完成檔 範例檔>06>完成檔>6.1.2 鎖定有資料的儲存格.xlsm

第 1 步，在 ThisWorkbook 中輸入程式碼。啟動 Excel，新增空白活頁簿，進入 VBA 程式設計環境。在專案資源管理器中，按兩下 ThisWorkbook，開啟對應的程式碼視窗，然後輸入如下程式碼。該程序宣告了一個在儲存活頁簿之前執行的事件。

行號 程式碼 程式碼註解

```
01 Private Sub Workbook_BeforeSave(ByVal SaveAsUI As Boolean, _
   Cancel As Boolean)
02   Dim mysheet As Worksheet, myrange As Range
03   For Each mysheet In Sheets
04     mysheet.Unprotect
05     With mysheet
06       For Each myrange In .UsedRange
07         If myrange.FormulaLocal <> "" Then
08           myrange.Locked = True
09         Else
10           myrange.Locked = False
11         End If
12       Next
13     End With
14     mysheet.Protect
15   Next
16 End Sub
```

第 4 行程式碼：取消保護工作表。
第 6 行程式碼：在已使用的儲存格範圍中迴圈。
第 7、8 行程式碼：當訪問的儲存格不為空時，鎖定儲存格。

第 2 步，檢視工作表狀態。輸入完程式碼後，返回工作表，由於新增的工作表還未輸入任何內容，因此「常用」索引標籤中的功能按鈕都是可使用的狀態，如圖 6-11 所示。

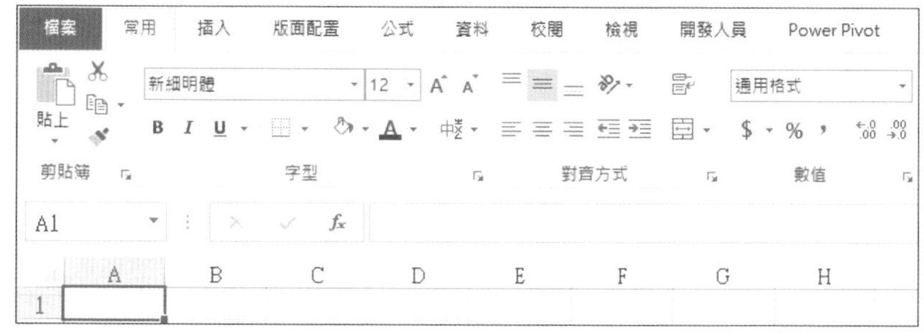

圖 6-11 未編輯的工作表

第 3 步，在工作表中輸入內容。在 A1 儲存格中，輸入「員工編號」，如圖 6-12 所示。按 Enter 鍵後，該儲存格仍處於可編輯狀態，可以在此時對 A1 儲存格做任何修改。

第 4 步，執行儲存操作後的結果。當確定輸入內容無誤後，可按 Ctrl+S 快速鍵儲存活頁簿，此時該儲存格就被鎖定了，且「常用」索引標籤中的功能按鈕也變成了灰色，如圖 6-13 所示。若此時對 A1 儲存格進行修改，則系統會提示取消保護工作表。

圖 6-12 輸入內容

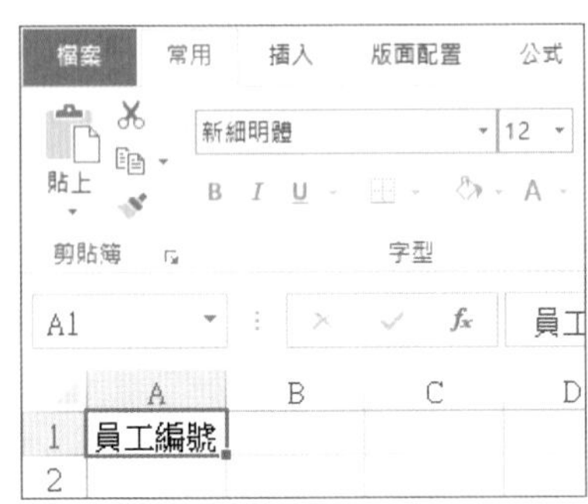

圖 6-13 儲存活頁簿

第 5 步，編輯其他儲存格。儘管目前工作表處於保護狀態，但是仍可繼續在其他儲存格中輸入內容，如圖 6-14 所示。只要編輯後不執行儲存操作，所編輯的區域就不會被鎖定。

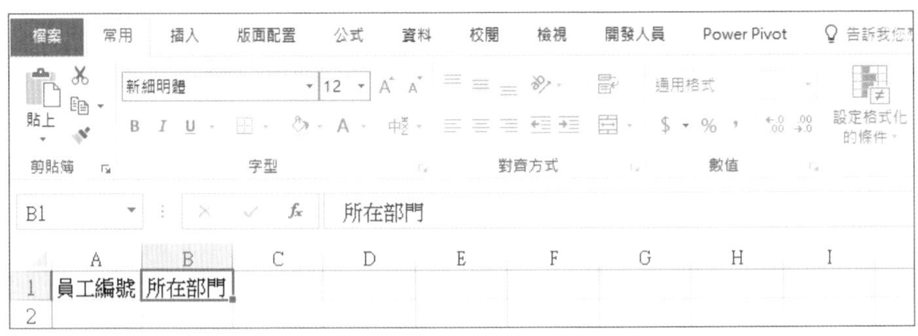

圖 6-14 編輯其他儲存格

6.2 資料的簡易互動式輸入

行政人員與秘書每天要輸入大量不同類型的資料，時間一長難免會因為眼睛疲勞而輸入錯誤。專業的資料管理系統可以大幅減少出錯，但有些企業沒有多餘資金去購買專業的系統，這些企業的行政人員與秘書渴望有一個簡易的資料輸入系統，以減少輸入資料時的失誤，並且避免頻繁使用滑鼠切換列和欄。這一切都可以透過 VBA 輕易實現。

6.2.1 以互動式的方式輸入

您真是太懂我了！我每天都要輸入客戶資訊，好幾次把電話號碼輸錯了，導致聯繫不到客戶，很丟臉！

我也是從行政崗位走過來的，當然明白你們的苦衷了！自從學習 VBA 後，工作中很多操作我都追求自動化！

每次在表格中輸入一筆資料，就彈出一個對話方塊，可以保證輸入資料的完整性，如果透過程式碼，針對對話方塊中輸入的內容進行條件限制，還可以保證資料的有效性。行政與秘書工作中司空見慣的客戶資料，其實就有很多潛在的限制條件，如性別只能是男或女，電話號碼有固定的位數等。這些限制條件都可以設計在程式中，這樣在使用者不小心輸入錯誤內容時，程式就不會將錯誤資料輸入儲存格中。

範例應用 6-1 客戶資料的互動式輸入

原始檔 無

完成檔 範例檔>06>完成檔>6.2.1 互動式輸入.xlsm

第 1 步，建立表頭。新增活頁簿，在工作表 1 中，建立輸入客戶資料需要的表頭，如圖 6-15 所示。

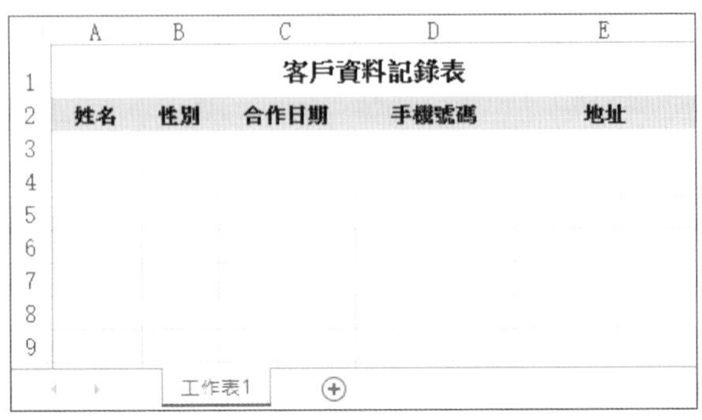

圖 6-15 建立表頭

第 2 步，在模組中輸入程式碼。進入 VBA 程式設計環境，插入模組，然後輸入「交互輸入 ()」程序的相關程式碼，具體如下。該程序中使用了多個 Do…Loop 迴圈語法，每個迴圈語法中，都呼叫了一個資料輸入函數，如 InputName()、InputSex() 等，直到使用者輸入的資料正確，迴圈呼叫才結束。

行號	程式碼	程式碼註解

```
01  Sub 交互輸入 (rowNum As Integer)
02    Application.ScreenUpdating = False
03    Dim result As Boolean
04    result = False
05    Do
06      result = InputName(rowNum)
07    Loop Until (result = True)
08    Do
09      result = InputSex(rowNum)
10    Loop Until (result = True)
11    Do
12      result = InputDate(rowNum)
13    Loop Until (result = True)
14    Do
15      result = InputPho(rowNum)
16    Loop Until (result = True)
17    Do
18      result = InputAdd(rowNum)
19    Loop Until (result = True)
20    Application.ScreenUpdating = True
21  End Sub
    ……
```

程式碼註解：

第 5 ～ 7 行程式碼：呼叫 InputName() 函數輸入姓名，直至內容正確。

第 8 ～ 10 行程式碼：呼叫 InputSex() 函數輸入性別，直至內容正確。

第 11 ～ 13 行程式碼：呼叫 InputDate() 函數輸入合作日期，直至內容正確。

第 14 ～ 16 行程式碼：呼叫 InputPho() 函數輸入手機號碼，直至內容正確。

第 17 ～ 19 行程式碼：呼叫 InputAdd() 函數輸入地址，直至內容正確。

第 3 步，在模組中輸入程式碼。由於呼叫的自訂函數較多，這裡只以輸入日期的函數 InputDate() 為例作介紹，其他函數可在完成檔中檢視。學習了這個函數的宣告方式，其他函數也就很容易理解了。

行號 | 程式碼 | 程式碼註解

```
   ......
01 Function InputDate(rowNum As Integer) As Boolean
02   Dim answer As String
03   answer = InputBox("請輸入與客戶合作的日期")
04   If answer = "" Then
05     InputDate = True
06     Exit Function
07   End If
08   answer = Trim(answer)
09   InputDate = False
10   On Error GoTo msg
11   Dim dat As Date
12   dat = CDate(answer)
13   If dat < 42369 Then
14     InputDate = True
15   End If
16   If InputDate = True Then
17     Worksheets(1).Cells(rowNum, 3) = answer
18   Else
19 msg:
20     MsgBox ("輸入內容格式錯誤或超出範圍，請重新輸入")
21   End If
22 End Function
   ......
```

第 8 行程式碼：刪除變數中存在的空格。

第 9 ~ 10 行程式碼：如果輸入的日期不正確，則執行 msg 語法。

第 12 行程式碼：轉換變數的資料類型為日期型。

第 13 行程式碼：判斷輸入日期的有效範圍，其中數值 42369 是日期 2015/12/31 的另一種表示方法。在這種表示方法中，使用者可在儲存格中輸入日期，然後以數值的格式顯示。

第 20 行程式碼：輸入錯誤時的提示內容。

第 4 步，在工作表 1 中輸入程式碼。在專案資源管理器中按兩下工作表 1，開啟對應的程式碼視窗，然後輸入如下程式碼。該程序的作用就是在按兩下儲存格時，呼叫「交互輸入 ()」程序。

行號 | 程式碼 | 程式碼註解

```
01 Private Sub Worksheet_BeforeDoubleClick _
   (ByVal Target As Range, Cancel As Boolean)
02   If Target.Column = 1 Then
03     交互輸入 (Target.Row)
04   End If
05 End Sub
```

第 2 行程式碼：判斷動作是否發生在 A 欄上。

第 3 行程式碼：呼叫「交互輸入 ()」程序，並傳遞所在列號當作其參數。

第 5 步，輸入姓名和性別。返回工作表，按兩下 A3 儲存格，然後在彈出的對話方塊中輸入客戶姓名，如圖 6-16 所示。按 Enter 鍵後，彈出新的對話方塊，提示輸入客戶性別，如圖 6-17 所示。當輸入的性別不是男或女時，程式會彈出資料輸入錯誤的提示框，要求重新輸入。

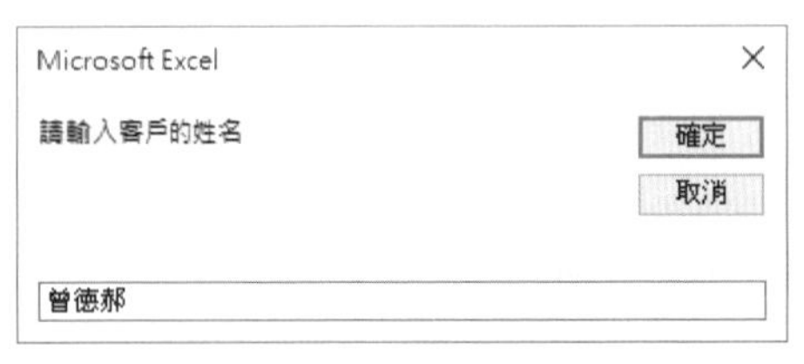

圖 6-16 輸入姓名

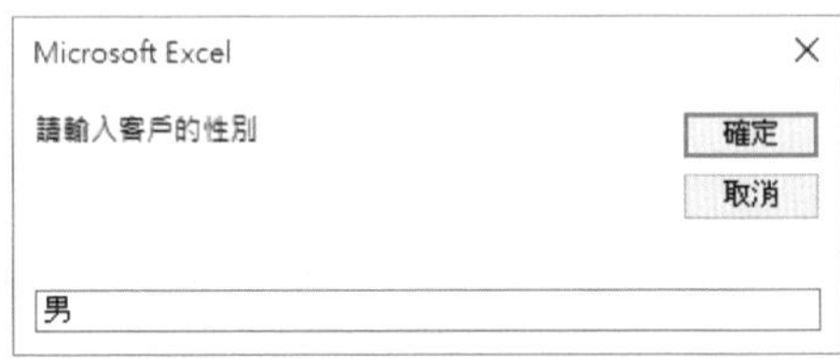

圖 6-17 輸入性別

第 6 步，輸入合作日期和手機號碼。每輸入一筆資料後，按 Enter 鍵，就會切換至下一筆資料，圖 6-18 和圖 6-19 是依序輸入的合作日期和手機號碼資料。

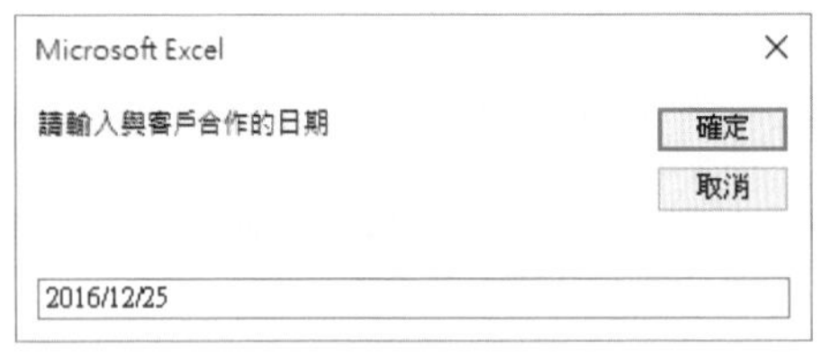

圖 6-18 輸入合作日期

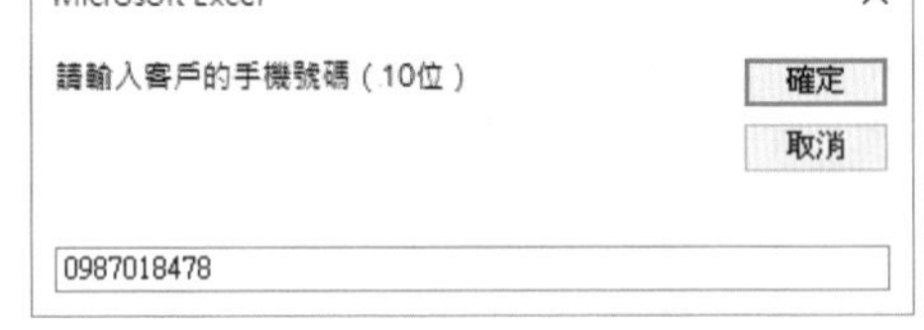

圖 6-19 輸入手機號碼

第 7 步，檢視輸入結果。輸入完最後一個專案客戶地址後，按 Enter 鍵，即可看到所有已輸入的內容，如圖 6-20 和圖 6-21 所示。

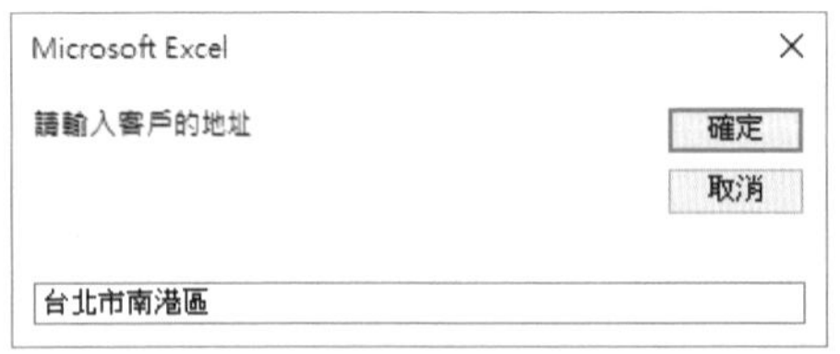

圖 6-20 輸入地址

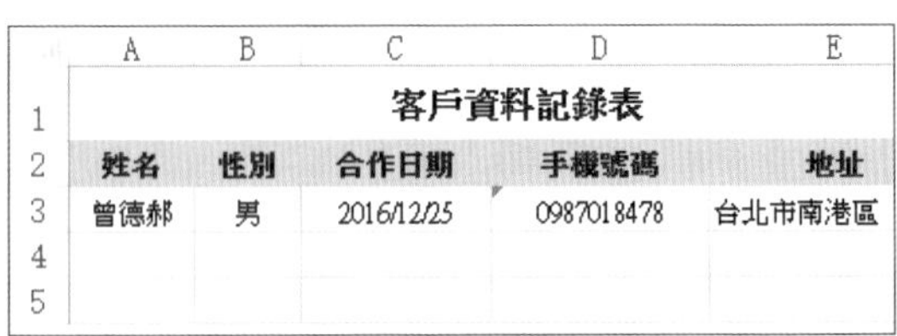

	A	B	C	D	E
1	客戶資料記錄表				
2	姓名	性別	合作日期	手機號碼	地址
3	曾德郝	男	2016/12/25	0987018478	台北市南港區
4					
5					

圖 6-21 輸入的結果

6.2.2 以表單的形式輸入

如果只是想很規律地在表格中輸入資料，還可以使用 Excel 提供的表單功能，這樣無須水平捲動，便可輸入或檢視區域清單中的整列資料，尤其是當表格中有多欄資料無法一次在螢幕中完全顯示時，表單的這種縱向容納功能就很實用。

本書不是講 VBA 的嗎？怎麼又說到了無關的表單？表單是什麼，為什麼我在 Excel 中就沒有看到這個工具呢？

看吧，隨便說一個表單你都不知道！雖然本書講解的是 VBA，但是本書的宗旨是幫助使用者解決問題。這裡也不是無緣無故地提到表單，而是為使用者提供了一種選擇。

Excel 的功能區預設是不顯示表單功能的，需要使用者以自訂功能區的方式增加。下面簡單說明一下增加和使用這個功能。

1. 增加表單功能

第 1 步，在「檔案」功能表下，執行【選項】命令，然後在彈出的對話方塊中，按一下「自訂功能區」選項。

第 2 步，在對話方塊右側的「自訂功能區」清單方塊的「開發人員」索引標籤（或其他任意索引標籤）下新增一個群組。

第 3 步，在中間的「由此選擇命令」下拉式清單方塊中，選擇「不在功能區的命令」，並在下方的清單方塊中，找到並選取「表單」，再按一下「新增」按鈕，如圖 6-22 所示。按一下「確定」按鈕，此時「表單」按鈕就增加到「開發人員」索引標籤中了，如圖 6-23 所示。

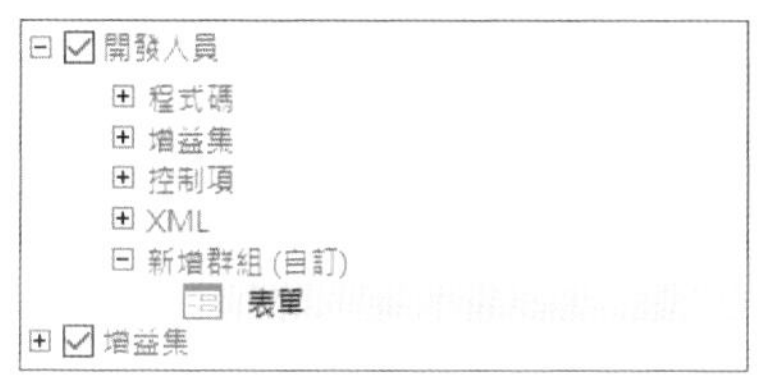

圖 6-22 增加表單

圖 6-23 功能區中的「表單」按鈕

2. 表單功能的用法

表單功能的用法很簡單，但必須在使用前建立好表頭，且有已輸入的資料樣式，然後在已有資料下方的空白儲存格上按一下，表單才能啟用。否則都會彈出不能輸入資料的提示框。下面以範例應用 6-2 為例，說明如何使用表單功能繼續在表格中增加新記錄。

第 1 步，選取 A4:E4 區域中的任意儲存格，然後按一下「開發人員」索引標籤中的「表單」按鈕，此時會彈出如圖 6-24 所示的對話方塊。該對話方塊中顯示了已輸入的資料和一些可用來檢視或新增資料的按鈕。

第 2 步，按一下對話方塊中的「新增」按鈕，此時對話方塊中的資料會被清空，使用者可輸入新的內容，如圖 6-25 所示。

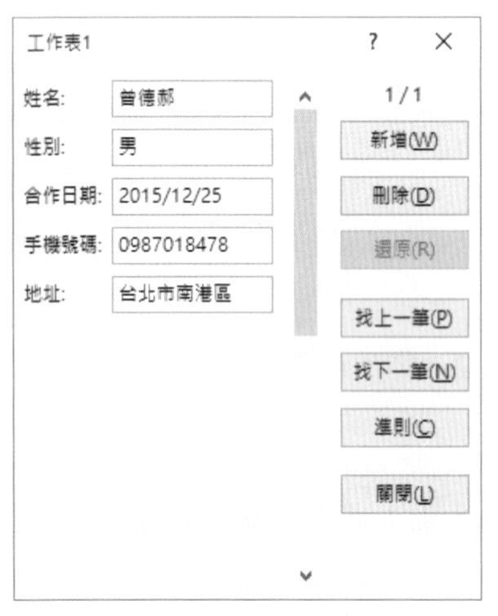

圖 6-24 開啓的表單

圖 6-25 輸入新的內容

第 3 步，當按 Enter 鍵後，表單中的資料就會被一併輸入表格中，如圖 6-26 所示。且表單中的內容會再次被清除，使用者可透過此種方式繼續輸入。

	A	B	C	D	E	F
1			客戶資料記錄表			
2	姓名	性別	合作日期	手機號碼	地址	
3	曾德郝	男	2015/12/25	0987018478	台北市南港區	
4	張華倫	男	2110/5/12	091012345	台北市中正區	
5						

圖 6-26 輸入的結果

延伸應用

上述範例中，故意輸入了與目前日期相差很遠的合作日期（這顯然是不合理的），手機號碼也只有 9 位數字，但這些錯誤最後還是被輸入了儲存格。這個範例說明，表單雖然有記錄資料的諸多好處，但不能進行資料有效性的驗證。

我終於明白您為什麼要在 VBA 的範例後介紹表單了！這麼一比對，VBA 自然有不可取代的好處，而表單雖有用也並非完美。

對呀，方法在於精而不在於多。但是對於那些學了這麼久都還不懂VBA的人來說，表單也是一個很有用的工作技巧！

如果讀者精通 Excel 軟體的功能，在學習 VBA 知識後，還可以找到新的方式來進行更多操作。例如，可以嘗試將表單與「資料驗證」功能結合使用，也許會帶來新的發現。

6.3 工作中的時間管理

對於行政人員與秘書來說，高效是他們尋找解決方法的一個必要條件，因為他們特別看重時間的掌控，而本書的目的也是為讀者提供自動化的問題解決方案。本節將分別從自動計算和自動提醒兩個角度來說明，如何透過 VBA 進行效率化的時間管理。

6.3.1 自動計算工作天數

雖然前面的內容介紹了如何統計打卡人員的考勤情況，但是公司還有部分不打卡的實習生和臨時工啊！有沒有一種自動化的方法來解決這一難題呢？

看你這麼著急，我也只能加快步伐了！下面就分享一個用 VBA 統計員工工作天數的程式吧！

在很多企業中，多少存在一些非正式員工，這部分員工的考勤與正式員工的考勤稍有不同。例如，對於一些臨時工，可能不執行嚴格的打卡制度，也沒有雙休，還不能完全享受法定節假日等，他們只要完成了當天的工作任務就算全勤，所以很少涉及遲到或早退的扣款情況。只需統計出這類員工每月的上班天數，就能按天給他們結算工資。

但非正式員工不穩定，每月陸陸續續地進出，為統計工作帶來了很多麻煩。下面就來介紹一段 VBA 程式碼，它能輕鬆解決員工工作天數的統計問題，而且不管對正式員工還是非正式員工都同樣適用。

範例應用 6-3 統計員工工作天數

原始檔 範例檔>06>原始檔>6.3.1 休息日安排.xlsx

完成檔 範例檔>06>完成檔>6.3.1 工作天數統計.xlsm

第 1 步，檢視原始表格。開啟原始檔，如圖 6-27 所示。該表記錄了 2015 年非正式員工可享受的節假日，可以看出，它們只是國定假日的一部分。為了使應用更符合實際，這裡假設每週的週日為員工統一休息的時間。

第 2 步，增加文字方塊控制項。在「開發人員」索引標籤下，按一下「控制項」群組中的「插入」下三角按鈕，並在展開的清單中，按一下「ActiveX 控制項」選項群組中的「文字方塊（ActiveX 控制項）」，如圖 6-28 所示。然後在日期右側的空白處，繪製出文字方塊控制項 TextBox1，再透過相同的方法，繪製出文字方塊控制項 TextBox2。

	A
1	非正式人員2015年節假日列表
2	104年1月1日
3	104年2月18日
4	104年2月19日
5	104年2月20日
6	104年2月21日
7	104年4月4日
8	104年5月1日
9	104年6月20日
10	104年9月3日
11	104年9月26日
12	104年10月1日
13	104年10月2日

圖 6-27 日期列表

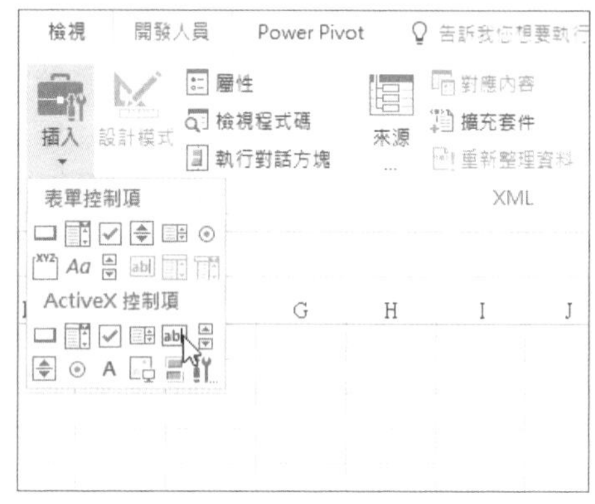

圖 6-28 增加文字方塊控制項

第 3 步，增加標籤控制項。在「ActiveX 控制項」選項群組中，按一下「標籤（ActiveX 控制項）」，然後在兩個文字方塊控制項上方，繪製出兩個標籤控制項。當選取任意一個控制項時，編輯欄中會顯示該控制項的名稱，如圖 6-29 所示。在後續的程式碼中，將會引用文字方塊控制項。

第 4 步，編輯控制項。右擊標籤控制項，在彈出的快顯功能表中，執行【標籤 物件→編輯】命令，如圖 6-30 所示。分別修改標籤文字為「開始日期」和「結束日期」。

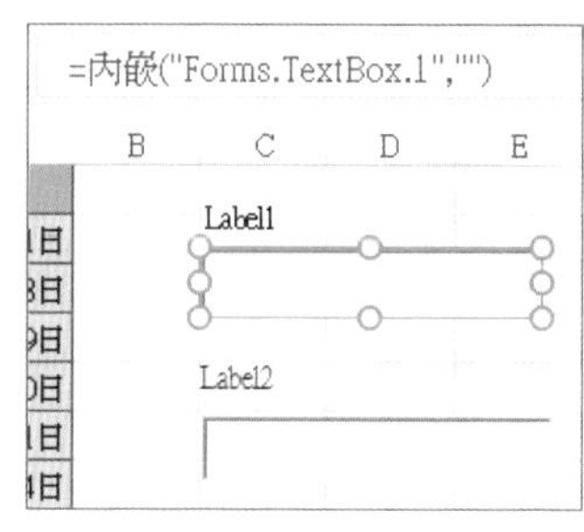

圖 6-29 編輯欄顯示控制項名

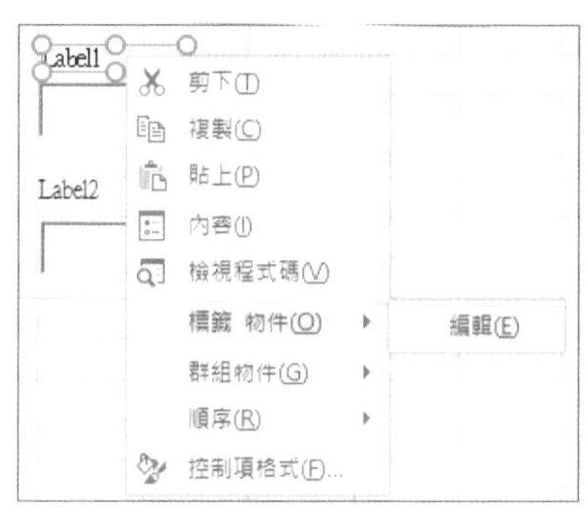

圖 6-30 執行【編輯】命令

第 5 步，增加按鈕。同樣在「ActiveX 控制項」選項群組中，按一下「命令按鈕（ActiveX 控制項）」，並在文字方塊控制項右側，繪製出 CommandButton1 按鈕，像編輯標籤文字一樣，將按鈕文字修改為「統計工作天數」。

第 6 步，編寫程式碼。在「設計模式」按兩下上一步增加的按鈕，進入 VBA 程式設計環境，然後在彈出的程式碼視窗中，輸入以下程式碼。在程式碼中，自訂了一個 WeekendFind 函數，用來確定日期是否為週日。

行號	程式碼	程式碼註解

```
01  Private Sub CommandButton1_Click()
02    Dim TempDate As Date
03    Dim TempRag As Range
04    Dim WorkDay As Integer
05    Dim TempMsgBox As VbMsgBoxResult
06    For TempDate = TextBox1.Value To TextBox2.Value Step 1
07      If (WeekendFind(TempDate)) Then
08        GoTo NextDate
09      End If
10      For Each TempRag In Range("A2:A20")
11        If (TempDate = DateSerial(Year(TempDate), _
          Month(TempRag.Value), Day(TempRag.Value))) Then
12          GoTo NextDate
13        End If
14      Next
15      WorkDay = WorkDay + 1
16  NextDate:
17    Next
18    TempMsgBox = MsgBox("實際工作天數為:" & WorkDay, _
      vbOKOnly, "得到工作日")
19  End Sub
20  Private Function WeekendFind(TempDate As Date) As Boolean
21    Select Case Weekday(TempDate)
22    Case vbSunday
23      WeekendFind = True
24    Case Else
25      WeekendFind = False
26    End Select
27  End Function
```

第 6 行程式碼：對輸入的兩個日期之間的日期逐一進行判斷。

第 11 行程式碼：把日期同工作表中的節假日進行對比。

第 15 行程式碼：若上述條件都不滿足，則把工作日加 1。

第 20 ～ 27 行程式碼：自訂函數體，判斷日期是否為週日。

第 7 步，統計結果 1。返回工作表，在文字方塊中分別輸入開始日期和結束日期，然後按一下「統計工作天數」按鈕，此時彈出「得到工作日」對話方塊，顯示該員工的實際工作天數，如圖 6-31 所示。

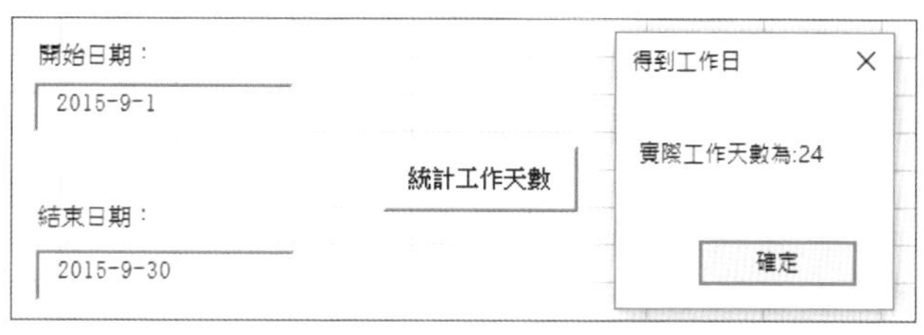

圖 6-31 統計結果 1

第 8 步，統計結果 2。如果有員工在月底就職，而又在第 3 個月發工資前離職，就會出現需要同時計算這 3 個月工作時間的情況，如圖 6-32 所示。

使用者還可以在 A 欄中增加更多可排除的日期，如員工休年假的日期，這樣就能一併計算。

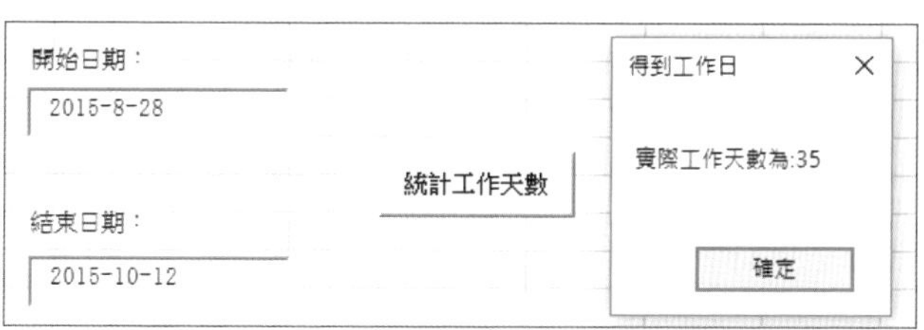

圖 6-32 統計結果 2

6.3.2 自動提醒會議時程

排程是時間管理的集中表現，例如，召開大型會議前，需要根據會議內容擬定會議流程、會議時間、與會者的休息時間等；而當會議安排妥當之後，又要時刻盯著排程，等待重要時刻的到來。這種漫長等待，不僅會讓行政人員與秘書無法安心地做其他事，還會浪費大把時間。因此，他們需要一個能自動提醒工作安排的「鬧鐘」。

範例應用 6-4 自動提醒會議時程

原始檔 範例檔>06>原始檔>6.3.2 提醒設定.xlsm

完成檔 範例檔>06>完成檔>6.3.2 自動提醒時程.xlsm

第 1 步，檢視會議安排表。開啟原始檔，該活頁簿中的工作表 1 記錄了公司最近一週的會議排程，如圖 6-33 所示。

會議排程表						
日期	星期	時間	會議內容	出席對象	召開部門	地點
104年10月26日	1	09:15 AM	總經理辦公會議	原定人員	總經理室	305室
104年10月26日	1	02:30 PM	車輛更新工作協調會	業務部（全體）、人保部、票務中心、修理廠、郊區公司負責人	總經理室	305室
104年10月27日	2	02:30 PM	84000維修系統展示	業務部（技術、仲裁）、投資部、結算中心負責人、各分公司正副經理、機務主管、修理廠、修理公司、物業中心負責人，公司電腦室	總經理室	公司俱樂部
104年10月28日	3	02:00 PM	服務工作會議	二分公司、三分公司、四分公司、五分公司、郊區公司、業務經理、各線線長	行政	公司俱樂部

圖 6-33 會議排程表

第 2 步，會議提醒設定表。切換至「提醒設定」工作表，可看到該工作表中已將會議日期、時間和內容顯示出來，如圖 6-34 所示。其中，「提醒時間」和「間隔時間」欄為空白，需要使用者填入。

	A	B	C	D	E
1	設定會議日程提醒				
2	會議日期	會議時間	會議內容	提醒時間	間隔時間
3	2015/10/26	09:15:00 AM	總經理辦公會議		
4	2015/10/26	02:30:00 PM	車輛更新工作協調會		
5	2015/10/27	02:30:00 PM	84000維修系統展示		
6	2015/10/28	02:00:00 PM	服務工作會議		
7	2015/10/29	08:00:00 AM	中心組學習		
8	2015/10/30	09:00:00 AM	安全例會		

圖 6-34 提醒設定

第 3 步，設定每個會議的提醒時間和間隔時間。按一下 A3 儲存格，此時會彈出「提醒設定」對話方塊，從中選擇提醒時間和間隔時間，如圖 6-35 所示。當按一下「確定」按鈕後，所設定的資料就會輸入對應的儲存格中，圖 6-36 是所有會議設定完成後的結果。此功能相關的自訂表單和程式碼請在完成檔中檢視。

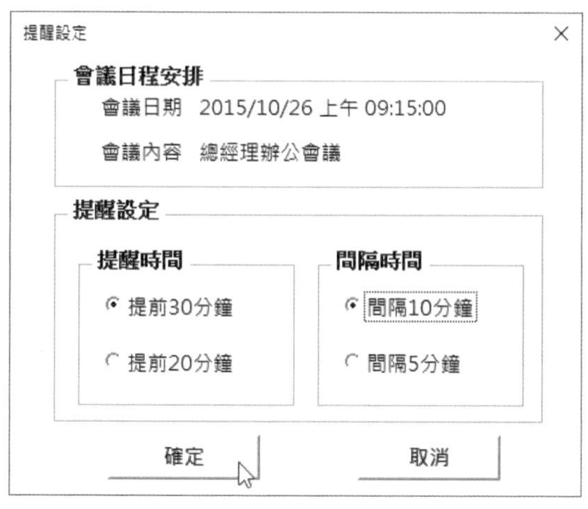

圖 6-35「提醒設定」對話方塊

提醒時間	間隔時間
2015/10/26 8:45 AM	0:10:00
2015/10/26 1:53 PM	0:05:00
2015/10/27 2:00 PM	0:10:00
2015/10/28 1:40 PM	0:10:00
2015/10/29 7:30 AM	0:05:00
2015/10/30 8:30 AM	0:10:00

圖 6-36 設定後的結果

第 4 步，設計「自動提醒」介面。進入 VBA 程式設計環境插入使用者表單，命名為 Remind，然後在其上增加控制項，設計出「自動提醒」介面，結果如圖 6-37 所示。表單上增加的控制項及其屬性如表 6-1 所示。

圖 6-37「自動提醒」介面

表 6-1 控制項屬性

序號	控制項類型	屬性	值
①	框架	Caption	會議排程
②	標籤	Caption	會議日期
③	標籤	Name（名稱）	Date2
④	標籤	Caption	會議內容
⑤	標籤	Name（名稱）	Context1
⑥	標籤	Caption	會議開始倒計時
⑦	標籤	Name（名稱）	Minute
⑧	標籤	Caption	分鐘
⑨	命令按鈕	Caption	確定
		Name（名稱）	OK

第 5 步，編寫程式碼。開啟 Remind 的程式碼視窗，然後輸入以下程式碼，該程序主要用來設定「自動提醒」對話方塊中的顯示資料。

行號	程式碼	程式碼註解
01	`Public Num As Integer`	
02	`Private Sub OK_Click()`	
03	`  Me.Hide`	第 3 行程式碼：隱藏對話方塊。
04	`End Sub`	
05	`Private Sub UserForm_Activate()`	
06	`  Dim Table As Worksheet`	
07	`  Set Table = Worksheets("提醒設定")`	
08	`  Dim MTime As Date`	
09	`  MTime = CDate(Table.Cells(Num, 1)) + _`	第 9、10 行程式碼：取得並
	`  CDate(Table.Cells(Num, 2))`	顯示會議日期和時間。
10	`  Date2.Caption = MTime`	第 11 行程式碼：取得並顯示
11	`  Context1.Caption = Table.Cells(Num, 3)`	會議內容。
12	`  Minute.Caption = CDate(MTime - Now())`	第 12 行程式碼：計算會議開
13	`End Sub`	始倒數計時的時間。

第 6 步，在模組中輸入程式碼。插入模組 1，然後輸入以下程式碼。該段程式碼用於檢查設定的提醒時間是否與目前時間相同，若相同則顯示「自動提醒」對話方塊進行提醒。

行號 程式碼 程式碼註解

```
01  Public Sub Warning1()
02    Dim Sht As Worksheet, Num As Integer
03    Set Sht = Worksheets("提醒設定")
04    Num = Sht.Range("A1").CurrentRegion.Rows.Count
05    Dim Warntime As Date, MTime As Date
06    For i = 3 To Num
07      MTime = CDate(Sht.Cells(i, 1)) + CDate(Sht.Cells(i, 2))
08      Warntime = CDate(Sht.Cells(i, 4))
09      Dim Datewarn As Date
10      Datewarn = DateSerial(Year(Warntime), Month(Warntime), _
        Day(Warntime))
11      If Datewarn <> Date Then GoTo nxt
12      If Sht.Cells(i, 4) = "" Then GoTo nxt
13      Dim STime As Date
14      STime = CDate(Sht.Cells(i, 5))
15      While Warntime < MTime
16        If Hour(Warntime) = Hour(Now) And Minute(Warntime) _
          = Minute(Now) Then
17          Dim myForm As Remind
18          Set myForm = New Remind
19          myForm.Num = i
20          myForm.Show
21          Set myForm = Nothing
22          Warntime = Warntime + STime
23        End If
24      Wend
25  nxt:
26    Next i
27  End Sub
```

第 7、8 行程式碼：取得會議日期與時間和提醒時間。

第 11 行程式碼：檢查是否需要提醒。

第 14 行程式碼：取得間隔時間。

第 15、16 行程式碼：迴圈判斷是否顯示提醒對話方塊。

第 7 步，會議自動提醒。設定完成後，關閉活頁簿，當重新開啟活頁簿時，程式會自動執行，當提醒時間與目前時間相同時，會彈出自動提醒對話方塊。

在上述範例中，程式必須在活頁簿被開啟時才可執行。為了避免由於工作繁忙而忘記開啟該活頁簿，導致所有的提醒無效，這裡再介紹一種自動開啟活頁簿的方法，那就是將該活頁簿放在電腦的「啟動」資料夾中。下面以 Windows 10 作業系統為例，講解具體方法。

首先，按下 WIN 鍵 + R 鍵，開啟電腦中的「執行」視窗，輸入「shell:startup」，開啟「啟動」資料夾，如圖 6-38 所示。

圖 6-38 利用「執行」視窗開啓「啓動」資料夾

最後，將活頁簿拖曳至開啟的「啟動」資料夾中，如圖 6-39 所示。當每天到辦公室開啟電腦後，該活頁簿就會自動開啟，那麼所編寫的程式也會自動執行，這樣才算是真正實現了自動化操作。

圖 6-39 拖放檔案

6.4 高效的檔案管理系統

哎！每天要處理的檔案太多，我的電腦桌面已經密密麻麻了。每次要使用某個表格時，眼睛看花了也不一定能找到，好頭痛啊！

原來你是遇到檔案管理上的麻煩了！雖然作業系統也可以搜尋檔案，但按自己的需求做一個檔案管理系統，用起來會更順手哦！

行政人員與秘書每天會建立、開啟各式各樣的表格，如果都存放在桌面上，可能會因為檔案名稱太相近而看花了眼；如果以資料夾的形式分門別類地存放，也難免會因為要尋找某個活頁簿，而得一個資料夾一個資料夾地瀏覽。本節就來介紹一個用 VBA 建立的簡易檔案管理系統，它不僅可以將大量檔案製作成一個目錄清單，還可以根據使用者輸入的關鍵字直接開啟檔案，真正實現了方便、快速的管理概念。

範例應用 6-5 建立檔案管理系統

原始檔 範例檔>06>原始檔>6.4 檔案管理.xlsx

完成檔 範例檔>06>完成檔>6.4 檔案管理系統.xlsm

第 1 步：檢視原始檔。開啟原始檔，該活頁簿中有兩個工作表，其中，工作表「主介面」中是管理系統的操作介面，如圖 6-40 所示；而工作表「檔案列表」為存放檔案清單的表格，如圖 6-41 所示。

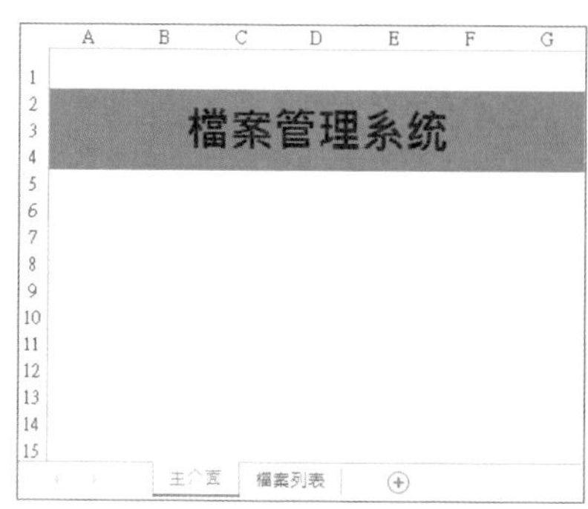

圖 6-40「主介面」工作表

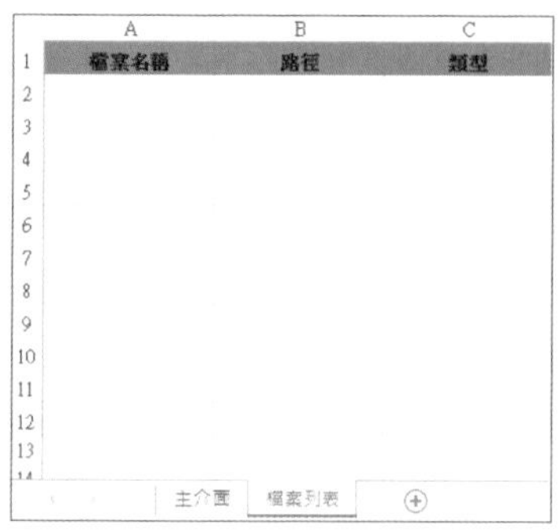

圖 6-41「檔案列表」工作表

第 2 步，設計自訂表單 1。進入 VBA 程式設計環境，插入自訂表單，命名為 AddFiles，並在表單中增加控制項，效果如圖 6-42 所示。控制項的屬性設定如表 6-2 所示。

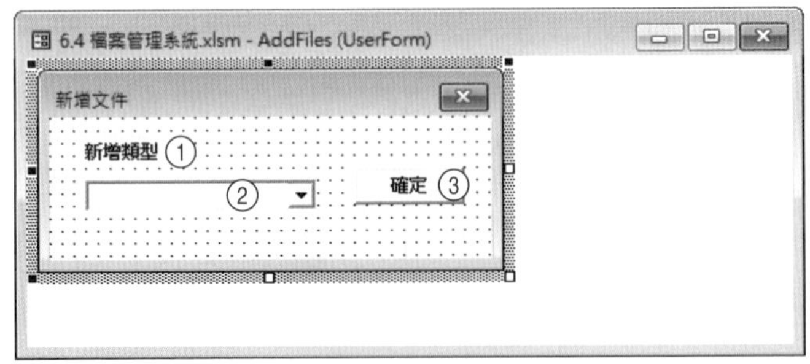

圖 6-42 自訂表單 1

表 6-2 控制項屬性清單

序號	控制項類型	屬性	值
①	標籤	Caption	增加類型
②	下拉式列示方塊	Name（名稱）	AddType
		Style	2-fmstyleDropDownList
③	命令按鈕	Name（名稱）	OK
		Caption	確定

第 3 步，編寫新增檔案的程式碼。右擊自訂表單 AddFiles，在彈出的快顯功能表中，執行【檢視程式碼】命令，然後在開啟的程式碼視窗中，輸入以下程式碼，此處省略了對表單的初始化過程。讀者可在完成檔中檢視完整的程式碼。

行號	程式碼	程式碼註解

```
01  Private Sub OK_Click()
02    Dim fs, folder, file
03    Set fs = CreateObject("Scripting.FileSystemObject")
04    If AddType.ListIndex = 0 Then
05      Dim dialog As FileDialog
06      Set dialog = _
        Application.FileDialog(msoFileDialogFilePicker)
07      dialog.Title = " 請選擇要新增的檔案 "
08      dialog.AllowMultiSelect = True
```

第 1 ～ 16 行程式碼：是 OK_Click() 子程序的第一部分，取得使用者要增加的檔案，並使用迴圈語法依序新增檔案。

行號	程式碼	程式碼註解

```
09      If dialog.Show = -1 Then
10        For Each one In dialog.SelectedItems
11          Set file = fs.GetFile(one)
12          MyAdd file
13        Next one
14        MsgBox "新增檔案成功"
15      End If
16    Else
17      Set dialog = _
        Application.FileDialog(msoFileDialogFolderPicker)
18      dialog.Title = "請選擇要新增的資料夾"
19      dialog.AllowMultiSelect = False
20      If dialog.Show = -1 Then
21        Set folder = fs.GetFolder(dialog.SelectedItems(1))
22        For Each one In folder.Files
23          MyAdd one
24        Next one
25        MsgBox "新增檔案成功"
26      End If
27    End If
28    Set dialog = Nothing
29    Set fs = Nothing
30    Me.Hide
31  End Sub
```

第 17 ~ 31 行程式碼：是 OK_Click() 子程序的第二部分，取得使用者要增加的資料夾，並使用迴圈語法增加該資料夾下的所有檔案。

```
32  Sub MyAdd(one)
33    Dim aimrow As Integer
34    Dim sht As Worksheet
35    Set sht = Worksheets("檔案列表")
36    aimrow = sht.Range("A1").CurrentRegion.Rows.count + 1
37    If Not Exist(one.path) Then
38      sht.Cells(aimrow, 1).Value = one.Name
39      sht.Cells(aimrow, 2).Value = one.path
40      sht.Cells(aimrow, 3).Value = one.Type
41    End If
42  End Sub
```

第 32 ~ 42 行程式碼：是 MyAdd() 子程序，將增加的所有檔案資料（包括名稱、路徑和類型）記錄到工作表中。

```
43  Function Exist(path As String) As Boolean
44    Dim aimrow As Integer
45    Dim sht As Worksheet
46    Set sht = Worksheets("檔案列表")
47    aimrow = sht.Range("A1").CurrentRegion.Rows.count + 1
48    Exist = False
49    Dim row As Integer
```

第 43 ~ 56 行程式碼：執行 Exist() 函數，用於判斷使用者要增加的檔案是否已經在檔案列表中。

行號　程式碼　程式碼註解

```
    For row = 2 To aimrow
      If sht.Cells(row, 2).Value = path Then
        Exist = True
        Exit Function
      End If
    Next row
  End Function
  ......
```

第 4 步，在模組中輸入程式碼。插入模組 1，並輸入「新增檔案」按鈕的對應程序程式碼，此處先省略，會在後面說明。

第 5 步，增加按鈕並指定巨集名稱。返回「主介面」工作表，然後插入表單控制項中的按鈕，指定巨集名稱為「新增檔案」，然後修改按鈕文字為「新增檔案」。使用者可右擊按鈕，執行【設定控制項格式】命令，修改文字的樣式。

第 6 步，新增檔案過程。按一下上一步的增加按鈕，在彈出的對話方塊中，選擇「新增檔案」選項，如圖 6-43 所示。然後根據提示，選擇需要增加的多個檔案，如圖 6-44 所示。

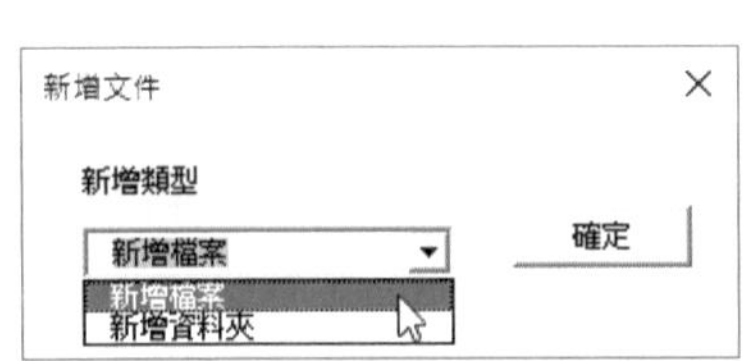

圖 6-43 選擇增加類型

圖 6-44 選擇多個檔案

第 7 步，檢視增加的文件。按一下「確定」按鈕後，程式還會彈出「新增檔案成功」對話方塊，使用者可切換至「檔案列表」工作表中檢視增加的檔案，如圖 6-45 所示。

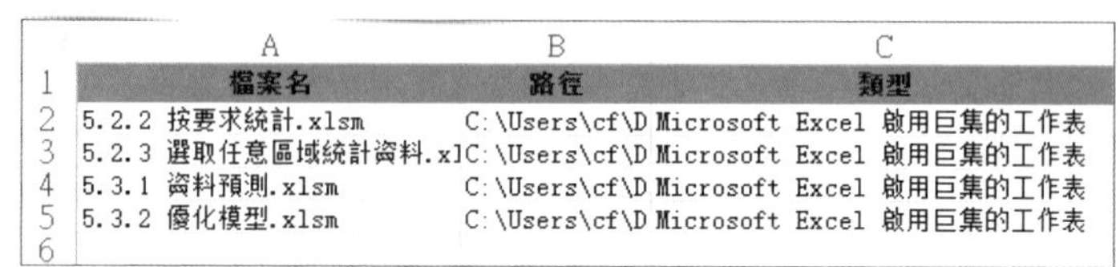

	A	B	C
1	檔案名	路徑	類型
2	5.2.2 按要求統計.xlsm	C:\Users\cf\D	Microsoft Excel 啟用巨集的工作表
3	5.2.3 選取任意區域統計資料.xl	C:\Users\cf\D	Microsoft Excel 啟用巨集的工作表
4	5.3.1 資料預測.xlsm	C:\Users\cf\D	Microsoft Excel 啟用巨集的工作表
5	5.3.2 優化模型.xlsm	C:\Users\cf\D	Microsoft Excel 啟用巨集的工作表
6			

圖 6-45 增加檔的結果

第 8 步，設計使用者表單 2。再次進入 VBA 程式設計環境插入自訂表單，命名為 SearchFile。該表單是用來查詢檔案的介面，設計效果如圖 6-46 所示，其中的控制項屬性如表 6-3 所示。

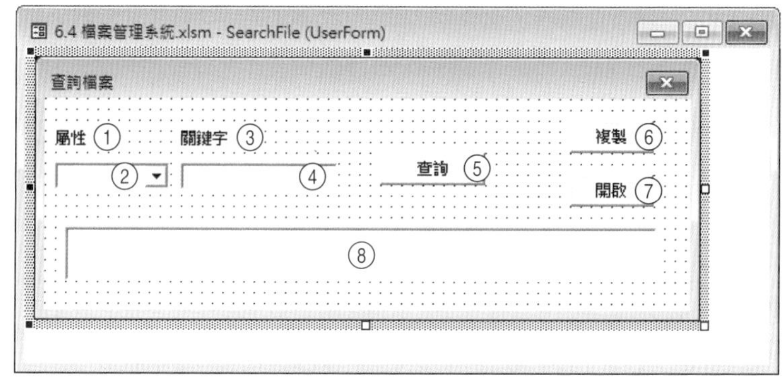

圖 6-46 使用者表單 2

表 6-3 控制項屬性清單

序號	控制項類型	屬性	值
①	標籤	Caption	屬性
②	下拉式列示方塊	Name（名稱）	ColName
		Style	2-fmstyleDropDownList
③	標籤	Caption	關鍵字
④	文字方塊	Name（名稱）	KeyWord

序號	控制項類型	屬性	值
⑤	命令按鈕	Caption	查詢
		Name（名稱）	Search
⑥	命令按鈕	Caption	複製
		Name（名稱）	MyCopy
⑦	命令按鈕	Caption	開啟
		Name（名稱）	MyOpen
⑧	清單方塊	Name（名稱）	Result
		MultiSelect	1-fmMultiSelectMulti

第 9 步，編寫查詢檔案的程式碼。在 SearchFile 表單的程式碼視窗中輸入查詢檔案的程式碼，由於程式碼較長，這裡省略，請檢視完成檔。

第 10 步，在模組 1 中繼續輸入程式碼。按兩下「模組 1」，開啟對應的程式碼視窗，然後在已有的程式碼後，繼續輸入查詢文件和關閉活頁簿的子程序程式碼。

行號	程式碼	程式碼註解
01	`Sub 新增檔案 ()`	第 1～6 行程式碼：「新增檔案」按鈕的對應程序。
02	`  Dim myForm As AddFiles`	
03	`  Set myForm = New AddFiles`	
04	`  myForm.Show`	
05	`  Set myForm = Nothing`	
06	`End Sub`	
07	`Sub 查詢檔案 ()`	第 7～12 行程式碼：「查詢檔案」按鈕的對應程序。
08	`  Dim myForm As SearchFile`	
09	`  Set myForm = New SearchFile`	
10	`  myForm.Show`	
11	`  Set myForm = Nothing`	
12	`End Sub`	
13	`Sub 關閉 ()`	第 13～16 行程式碼：「關閉」按鈕的對應程序。
14	`  ThisWorkbook.Saved = True`	
15	`  ThisWorkbook.Close`	
16	`End Sub`	

第 11 步，增加按鈕。返回「主介面」工作表，增加兩個按鈕，並分別指定巨集名稱為「查詢檔案」和「關閉」，然後修改按鈕文字。

第 12 步，查詢檔案的過程。按一下「查詢檔案」按鈕，然後在彈出的對話方塊中設定「屬性」為「檔案名」，輸入關鍵字「優化模型」，再按一下「查詢」按鈕，此時下方的清單方塊中會顯示找到的檔案資料，如圖 6-47 所示。

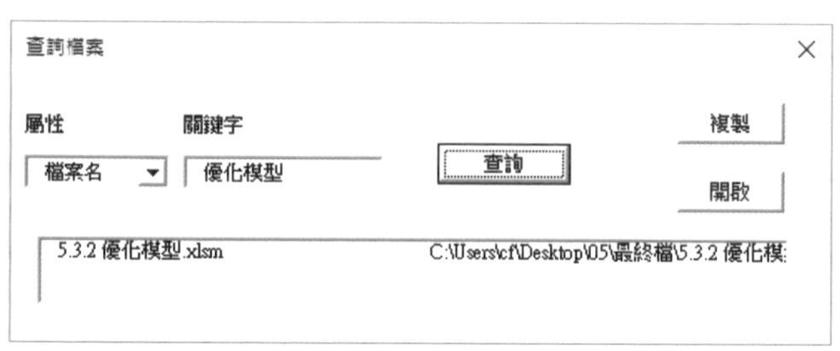

圖 6-47 查詢文件

第 13 步，開啟查詢到的文件。選取清單方塊中查詢到的文件，然後按一下「開啟」按鈕，即可開啟活頁簿檢視具體內容，如圖 6-48 所示。

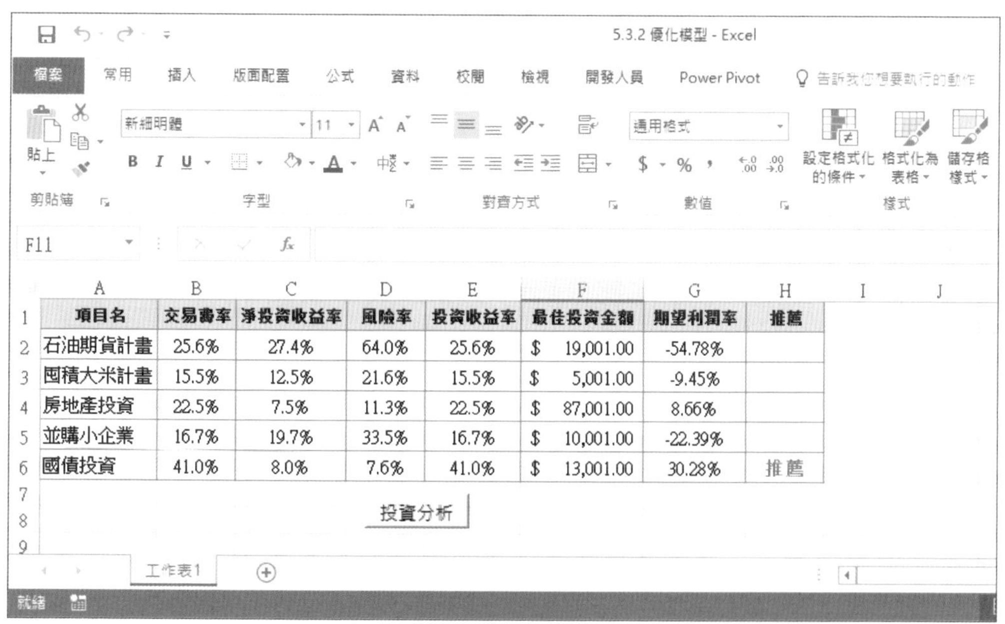

項目名	交易費率	淨投資收益率	風險率	投資收益率	最佳投資金額	期望利潤率	推薦
石油期貨計畫	25.6%	27.4%	64.0%	25.6%	$ 19,001.00	-54.78%	
囤積大米計畫	15.5%	12.5%	21.6%	15.5%	$ 5,001.00	-9.45%	
房地產投資	22.5%	7.5%	11.3%	22.5%	$ 87,001.00	8.66%	
並購小企業	16.7%	19.7%	33.5%	16.7%	$ 10,001.00	-22.39%	
國債投資	41.0%	8.0%	7.6%	41.0%	$ 13,001.00	30.28%	推薦

圖 6-48 開啟的活頁簿

人力資源管理

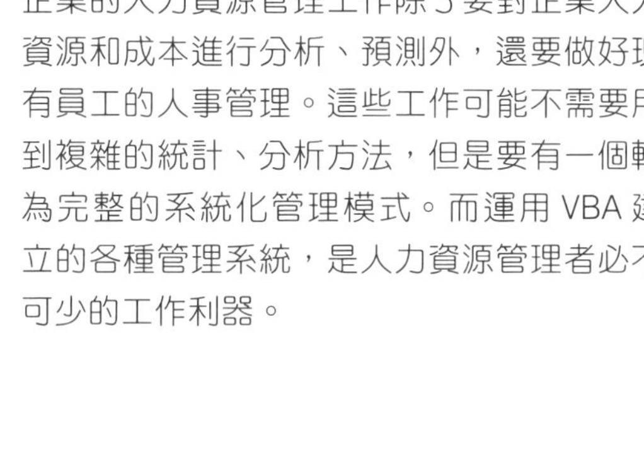

企業的人力資源管理工作除了要對企業人力資源和成本進行分析、預測外，還要做好現有員工的人事管理。這些工作可能不需要用到複雜的統計、分析方法，但是要有一個較為完整的系統化管理模式。而運用 VBA 建立的各種管理系統，是人力資源管理者必不可少的工作利器。

7.1 員工績效考核管理

績效考核是人力資源管理的重要工作，在企業經營管理中，得到了普遍的重視和廣泛的應用。但是在實際操作中，績效考核又曝露出許多問題，如對績效管理認識不足、溝通不順暢、績效管理與策略目標脫節、績效考核指標設定不科學等。這些常見問題使得績效考核在很多企業中流於形式，甚至半途夭折。

我知道績效考核的重要性，我也知道你說的問題！但我一個人心有餘而力不足，公司主管似乎也未重視過我們的工作！

看來不懂人力資源管理工作的人還真多。普通員工不明白也就罷了，對於管理者來說，怎能忽視自身的職責呢！

為了讓企業的績效考核制度能真正發揮作用，下面針對上述問題，提出以下建設性意見。無論是一般職員、人力資源專員，還是企業主管，都應該重視，因為共築企業夢想是每一位在職員工的責任。

- 加強對各部門人員的培訓，正確認識績效管理：透過理論培訓，保證全體員工的觀念與企業制度相符，確保工作技能都達到較高水準。
- 建立有效的績效管理溝通機制：積極對員工的行為表現進行引導、監測和評估。
- 科學設定績效考核指標：素質與業績二者不可偏廢，在提高業績的前提下，兼顧對素質的要求。

7.1.1 綜合能力考核系統

員工的工作能力和工作態度是績效考核中的重要指標，其考核結果與員工的基本工資漲幅有密切關係。本小節將以理論結合實際，運用 VBA 程式碼來建立工作能力與工作態度的綜合能力考核系統。

首先，分別說明工作能力和工作態度的考核內容，這些考核內容並非固定不變，讀者在應用時，要根據企業的實際情況進行調整。

工作能力評定八要素如下：

- 就某一專題內容進行調查；
- 需要求其他人員協助時，能圓滿地委託成功；
- 對某一項活動的經費規劃預算和決算；
- 策劃組織各種活動；
- 對自己的調查結果，能清楚且有條理地進行解說；
- 善於分析調查資料；
- 說服他人參加自己組織的活動；
- 是否準確地抓住了使用者的消費心理。

工作態度評定八要素如下：

- 是否嚴格遵守工作紀律，很少遲到、早退、缺勤；
- 對待主管、同事、外部人員是否有禮貌，注重禮儀；
- 是否樂於接受新觀點，並勇於嘗試；
- 是否積極地學習業務知識；
- 是否樂於接受非本職工作之外的任務；
- 是否敢於承擔責任，不推卸責任；
- 是否願意將自己的知識、技能和經驗同他人分享；
- 不搞部門本位主義，堅持事業部的整合觀點。

這些要點如何與所講內容聯繫起來呢？所謂的考核系統又該如何建立？完全沒有頭緒啊！

只看這些要素，當然不能建立考核系統了，還需要有評判選項、等級劃分、權重設定等。

假設某企業將對員工的工作能力和工作態度分別依據上述要素進行考核，每個考核要素的評等只有 3 個選項，分別為「能」「還可以」「不能」，對應的分數分別為 6、5、2；總分≤ 70 為「差」，總分在 71 ～ 85 之間為「良」，總分≥ 86 為「優」。下面就以此為基礎，詳細介紹如何用 VBA 製作工作能力與工作態度考核系統。

範例應用 7-1 工作能力與工作態度考核系統

原始檔 無

完成檔 範例檔>07>完成檔>7.1.1 績效考核.xlsm

第 1 步，新增工作表。啟動 Excel，新增工作表，並命名為「工作能力與工作態度評定」，然後將上文中的 16 個考核要素放入該工作表中，結果如圖 7-1 和圖 7-2 所示。

工作能力評定
1.就某一專題內容進行調查
2.需要求其他人員協助時，能圓滿地委託成功
3.對某一項活動的經費規劃預算和決算
4.策劃組織各種活動
5.對自己的調查結果，能清楚且有條理地進行解說
6.善於分析調查資料
7.說服他人參加自己組織的活動
8.是否準確地抓住了使用者的消費心理

圖 7-1 工作能力評定

工作態度評定
9.是否嚴格遵守工作紀律，很少遲到、早退、缺勤
10.對待主管、同事、外部人員是否有禮貌，注重禮儀
11.是否樂於接受新觀點，並勇於嘗試
12.是否積極地學習業務知識
13.是否樂於接受非本職工作之外的任務
14.是否敢於承擔責任，不推卸責任
15.是否願意將自己的知識、技能和經驗同他人分享
16.不搞部門本位主義，堅持事業部的整合觀點

圖 7-2 工作態度評定

第 2 步，新增群組方塊。在「開發人員」索引標籤下，按一下「插入」下三角按鈕，然後在「表單控制項」選項群組中，按一下「群組方塊」，並在 C 欄的第 2 列繪製出群組方塊，刪除其中的文字。

第 3 步，新增選項按鈕。在群組方塊上新增 3 個選項按鈕，並分別命名為「能」「還可以」「不能」。

第 4 步，完成所有表單控制項的新增。按照上述方法，在其他考核要素後，新增群組方塊和選項按鈕，完成結果如圖 7-3 所示。

10	工作態度評定			
11	9.是否嚴格遵守工作紀律，很少遲到、早退、缺勤	○能	○還可以	○不能
12	10.對待主管、同事、外部人員是否有禮貌，注重禮儀	○能	○還可以	○不能
13	11.是否樂於接受新觀點，並勇於嘗試	○能	○還可以	○不能
14	12.是否積極地學習業務知識	○能	○還可以	○不能
15	13.是否樂於接受非本職工作之外的任務	○能	○還可以	○不能
16	14.是否敢於承擔責任，不推卸責任	○能	○還可以	○不能
17	15.是否願意將自己的知識、技能和經驗同他人分享	○能	○還可以	○不能
18	16.不搞部門本位主義，堅持事業部的整合觀點	○能	○還可以	○不能

圖 7-3 新增的表單控制項

第 5 步，新增評定結果表。新增「工作能力與態度評定結果」表，表格結構如圖 7-4 所示。其中，B9:B24 中的值需要透過連結儲存格顯示，而 E8:E13 就是需要統計的結果。

	A	B	C	D	E	F
1	考核選項評分			評定等級劃分		
2	選項	分數		評定等級	分數	
3	能	6		優	86以上	
4	還可以	5		良	71～85	
5	不能	2		差	70以下	
6						
7	測評結果			工作能力與態度測評統計		
8	問題	選項值		“能”的個數		
9	1			“還可以”的個數		
10	2			“不能”的個數		
11	3			總和		
12	4			測試成績		
13	5			評定等級		
14	6					

圖 7-4 評定結果表

第 6 步，連結儲存格。右擊第一個考核要素後的第一個選項按鈕，然後在彈出的快顯功能表中，執行【控制項格式】命令，如圖 7-5 所示。在彈出的對話方塊中，按一下「控制」標籤，設定「儲存格連結」為「工作能力與態度評定結果」表中的 B9 儲存格，如圖 7-6 所示。

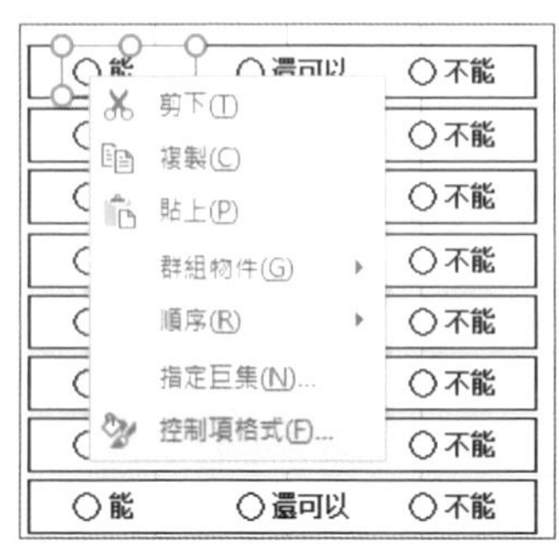

圖 7-5 右擊選項按鈕

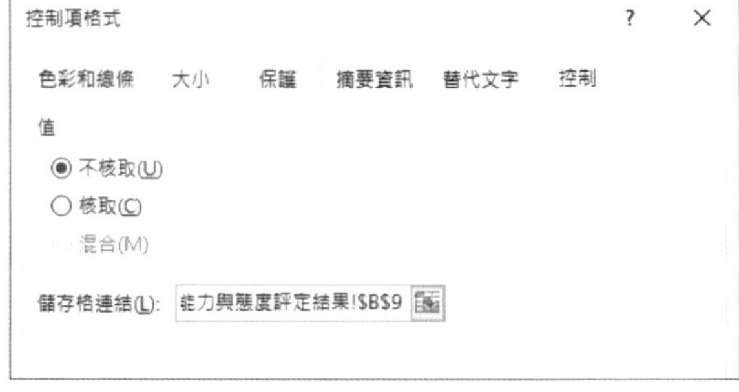

圖 7-6 設定控制項格式

第 7 步，連結其他儲存格。用上一步的方法，將其他考核要素的選項按鈕連結到對應的儲存格。同一群組方塊中的選項按鈕，連結的是相同的儲存格。

第 8 步，選擇答案。連結完儲存格後，就可以對「工作能力與工作態度評定」表的 16 個要素進行評定，前 8 個要素的評定結果如圖 7-7 所示。

第 9 步，顯示測評結果。對所有要素作出評定後，切換至「工作能力與態度評定結果」表，可看到「測評結果」中的「選項值」，其中的數位 1 代表「能」，數字 2 代表「還可以」，數字 3 代表「不能」，如圖 7-8 所示。

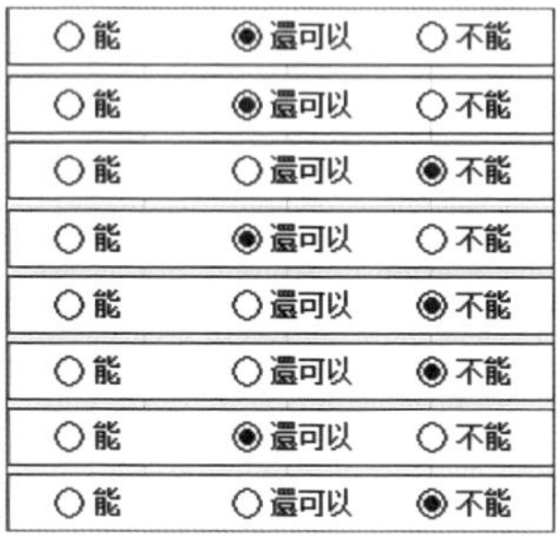

○能	◉還可以	○不能
○能	◉還可以	○不能
○能	○還可以	◉不能
○能	◉還可以	○不能
○能	○還可以	◉不能
○能	○還可以	◉不能
○能	◉還可以	○不能
○能	○還可以	◉不能

圖 7-7 選擇等級

7	測評結果	
8	問題	選項值
9	1	2
10	2	2
11	3	3
12	4	2
13	5	3
14	6	3
15	7	2
16	8	3
17	9	1
18	10	1
19	11	2

圖 7-8 測評結果

第 10 步，輸入程式碼。進入 VBA 程式設計環境，插入模組 1，然後在模組中輸入以下程式碼。該程式碼包含 3 個部分：統計各選項值、計算測評成績和隱藏儲存格。

行號 程式碼 程式碼註解

```
Sub 測試結果統計 ()
  Dim sht As Worksheet
  Set sht = Worksheets(" 工作能力與態度評定結果 ")
```

行號	程式碼	程式碼註解
04	`sht.Activate`	
05	`sht.Range("E8") = _` `WorksheetFunction.CountIf(Range("B9:B24"), 1)`	第 5 ～ 8 行程式碼：使用 WorksheetFunction 介面，呼叫工作表函數 CountIf() 和 Count()，計算同類選項值的個數。
06	`sht.Range("E9") = _` `WorksheetFunction.CountIf(Range("B9:B24"), 2)`	
07	`sht.Range("E10") = _` `WorksheetFunction.CountIf(Range("B9:B24"), 3)`	
08	`sht.Range("E11") = _` `WorksheetFunction.Count(Range("B9:B24"))`	

09	`sht.Range("E12") = _`
	`sht.Range("E8") * sht.Range("B3") + _`
	`sht.Range("E9") * sht.Range("B4") + _`
	`sht.Range("E10") * sht.Range("B5")`
		第 9 ～ 17 行程式碼：根據「工作能力與態度評定結果」表中的選項值和對應的各等級劃分標準，計算測評成績和對應的評定等級。

10	`Select Case sht.Range("E12")`	
11	`Case Is <= 70`	
12	`  sht.Range("E13") = "差"`	
13	`Case Is <= 85`	
14	`  sht.Range("E13") = "良"`	
15	`Case Is > 85`	
16	`  sht.Range("E13") = "優"`	
17	`End Select`	
18	`sht.Range("D1:E5").EntireRow.Hidden = True`	第 18、19 行程式碼：將評定結果表中的等級劃分、評測結果等內容隱藏。
19	`sht.Range("A:B").Columns.Hidden = True`	
20	`End Sub`	

第 11 步，新增巨集按鈕。在「工作能力與工作態度評定」表中新增按鈕，並設定巨集名稱「測試結果統計」，然後修改按鈕文字為「測試結果」。

第 12 步，執行程式。按一下「測試結果」按鈕後，程式會自動切換至「工作能力與態度評定結果」表，不但顯示了統計結果，而且把其他相關但不重要的資料隱藏了，如圖 7-9 所示。

	C	D	E	F	G	H
6						
7		工作能力與態度測評統計				
8		"能"的個數	4			
9		"還可以"的個數	8			
10		"不能"的個數	4			
11		總和	16			
12		測試成績	72			
13		評定等級	良			
14						

圖 7-9 統計結果

7.1.2 自動計算考核成績

績效考核是一個綜合能力的評定，可是我現在需要一個能快速統計員工業績的方法，當然還需要提出評定結果哦！

業績評定確實是一項重要工作。如果只是統計各員工業績並評定等級就簡單多了！

業績考核是銷售人員績效考核的重點項目。假設某公司對銷售人員每月的銷售額進行評分，評分標準為：達到 100,000 元得 9 分，達到 80,000 元得 7 分，達到 60,000 元得 5 分，不足 60,000 元得 4 分。年終對全年 12 個月的銷售額分別評分並計算總分，根據總分評定等級，評定標準為：總分≥ 86 為「優」，總分在 70 ～ 85 之間為「良」，總分在 60 ～ 69 之間為「中」，總分＜ 60 為「差」。現在需要根據員工全年 12 個月的銷售額，統計各員工的銷售業績考核分數並評定等級。

範例應用 7-2 員工業績統計與等級評定

原始檔 範例檔>07>原始檔>7.1.2 員工業績表.xlsx

完成檔 範例檔>07>完成檔>7.1.2 業績考核.xlsm

第 1 步，檢視原始表格。開啟原始檔，如圖 7-10 所示，表中記錄了員工每個月的銷售額，該表會在後面的程式中被引用。

	A	B	C	D	E	F	G	H
1								員工銷售額記錄
2	員工編號	員工姓名	1月	2月	3月	4月	5月	6月
3	MC080001	羅 勇	$53,500	$68,950	$89,745	$98,566	$63,252	$123,054
4	MC080002	陳浩宇	$59,930	$69,882	$55,784	$75,848	$125,479	$125,200
5	MC080003	劉依芸	$60,410	$110,410	$39,851	$120,532	$123,051	$125,540
6	MC080004	劉 揚	$89,620	$57,412	$102,445	$135,260	$96,854	$121,140

圖 7-10 員工業績表

第 2 步，建立「業績評定結果」表。新增活頁簿，將工作表 1 重命名為「業績評定結果」，將原始檔中的「員工編號」和「員工姓名」欄複製過來，並新增表格名稱「員工業績考核」、「考核成績」及「評定等級」欄位，如圖 7-11 所示。

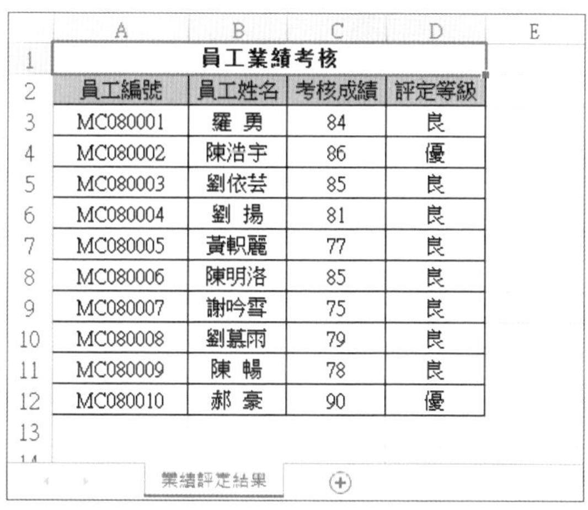

員工業績考核			
員工編號	員工姓名	考核成績	評定等級
MC080001	羅 勇	84	良
MC080002	陳浩宇	86	優
MC080003	劉依芸	85	良
MC080004	劉 揚	81	良
MC080005	黃帆麗	77	良
MC080006	陳明洛	85	良
MC080007	謝吟雪	75	良
MC080008	劉慕雨	79	良
MC080009	陳 暢	78	良
MC080010	郝 豪	90	優

業績評定結果

圖 7-11「業績評定結果」表

第 3 步，編寫程式碼。進入 VBA 程式設計環境，插入模組 1，然後輸入以下程式碼。程式一開始使用了 Open 方法來開啟指定的活頁簿，使用者需要根據員工業績表在自己電腦上的儲存位置，修改程式中的檔案路徑，否則程式執行時會出錯。

行號	程式碼	程式碼註解

```
01  Sub 業績考核 ()
02    Workbooks.Open "Z:\ 員工業績表 .xlsx"  → 可修改
03    Dim sht As Worksheet, RowN As Integer, Col As Integer
04    Dim Score As Integer, Result As Integer
05    Set sht = Worksheets(" 銷售額 ")
06    RowN = sht.Range("A1").CurrentRegion.Rows.Count
07    Col = sht.Range("A1").CurrentRegion.Columns.Count
08    For i = 3 To RowN
09      For j = 3 To Col
10        Select Case Cells(i, j)
11        Case Is >= 100000
12          Score = 9
13        Case Is >= 80000
14          Score = 7
15        Case Is >= 60000
16          Score = 5
17        Case Is < 60000
18          Score = 4.5
19        End Select
20        Result = Result + Score
```

第 2 行程式碼：在指定的檔案路徑下開啟員工業績表。

第 6、7 行程式碼：統計「銷售額」工作表的列數和欄數。

第 8 ～ 24 行程式碼：判斷並統計業績考核成績。

行號	程式碼	程式碼註解

```
21      Next j
22      Workbooks("7.1.2 業績考核 .xlsm").Worksheets(" 業績 _
        評定結果 ").Cells(i, 3) = Result
23      Result = 0
24    Next i
25    Workbooks("7.1.2 員工業績表 .xlsx").Close
26    Worksheets(" 業績評定結果 ").Activate
27    For i = 3 To RowN
28      If Cells(i, 3) >= 86 Then
29        Cells(i, 4) = " 優 "
30      ElseIf Cells(i, 3) >= 70 Then
31        Cells(i, 4) = " 良 "
32      ElseIf Cells(i, 3) >= 60 Then
33        Cells(i, 4) = " 中 "
34      Else
35        Cells(i, 4) = " 差 "
36      End If
37    Next i
38  End Sub
```

第 25 行程式碼：關閉員工業績表。

第 26 ～ 37 行程式碼：根據業績考核成績評定各員工的業績等級。

第 4 步，新增按鈕。在「業績評定結果」表中，新增「業績考核」按鈕，為該按鈕指定巨集名稱「業績考核」。

第 5 步，執行程式。按一下「業績考核」按鈕，程式執行後，會在「業績評定結果」表的相應儲存格中，輸入統計結果，如圖 7-12 所示。

	A	B	C	D	E	F
1		員工業績考核				
2	員工編號	員工姓名	考核成績	評定等級		
3	MC080001	羅 勇	84	良		業績考核
4	MC080002	陳浩宇	86	優		
5	MC080003	劉依芸	85	良		
6	MC080004	劉 揚	81	良		
7	MC080005	黃幟麗	77	良		
8	MC080006	陳明洛	85	良		
9	MC080007	謝吟雪	75	良		
10	MC080008	劉慕雨	79	良		
11	MC080009	陳 暢	78	良		
12	MC080010	郝 豪	90	優		

圖 7-12 統計結果

7.1.3 銷售人員業績管理

我們公司除了一個人力資源和一個財務，其他都是做業務的！而我的工作就是對他們的業績進行考核管理。

看來你不但要做人力資源的工作，恐怕行政工作也得歸你管吧！其實績效考核管理也不難，但要釐清企業的考核機制，這應該是績效管理中的重點！

在主要從事銷售業務的企業中，銷售人員的比例可達 90% 以上，如常見的房地產銷售公司。對於這類企業，銷售部門的業績考核主要是為了計算相應的獎金。同時，大部分企業是按月統計員工業績並核發獎金的，這種管理制度能有效激發員工的工作熱情，因為員工的努力能在短時間內，以獎金的形式兌現。但是每月的獎金不會全部發放，而是暫扣一定比例，留在年底統一發放。這樣做一方面是為了減少人員變動，另一方面是為了保證員工在工作中的責任心。因為很多銷售業務還包括售後追蹤，如果員工沒有妥善解決售後問題，可能會給企業造成損失，此時暫扣的獎金就對員工有一定的約束作用。

可以看出，實行這種獎金發放制度的一個重要原因是，銷售崗位的人員流動相對頻繁，這也給業績管理工作帶來了麻煩。隨著人員的進出，管理人員要在相關表格中增加或刪除員工記錄，還要調閱離職人員的獎金核發記錄，以便結算薪資。下面這個範例就是根據上述需求設計的銷售人員業績管理系統，也可應用在其他部門的管理工作中。

範例應用 7-3 銷售人員業績和獎金管理

原始檔 範例檔>07>原始檔>7.1.3 業績獎金表.xlsx

完成檔 範例檔>07>完成檔>7.1.3 業績獎金表.xlsm

第 1 步，檢視原始表格：開啟原始檔，如圖 7-13 所示。該活頁簿中有兩張工作表，其中，「銷售人員業績表」記錄了員工 2015 年 1 月至 7 月的業績情況，而「銷售人員獎金表」記錄了員工目前月份的工資、獎金等情況。

	A	B	C	D	E	F	G	H	I
1	員工資訊								2015年
2	編號	姓名	一月	二月	三月	四月	五月	六月	七月
3	1	尚雲路	34476	34488	34551	34527	34660	38819	38431
4	2	馬蘭	26624	26636	26699	26675	26808	30025	29725
5	3	鄭一木	33696	33708	33771	33747	33880	37946	37566
6	4	何守一	32708	32720	32783	32759	32892	36839	36471
7	5	龍諄	27950	27962	28025	28001	28134	31510	31195
8	6	元真	25506	25518	25581	25557	25690	28773	28485
9	7	趙華	26286	26298	26361	26337	26470	29646	29350
10	8	趙學誠	26338	26350	26413	26389	26522	29705	29408
11	9	王星星	21281	21293	21356	21332	21465	24041	23800
12	10	李萬利	64610	64622	64685	64661	64794	72569	71844
13	12	譚草	32006	32018	32081	32057	32190	36053	35692
14	13	馬馳	31642	31654	31717	31693	31826	35645	35289
15	14	夏白	65000	65012	65075	65051	65184	73006	72276
16	15	陳先月	36400	36412	36475	36451	36584	40974	40564

銷售人員業績表　銷售人員獎金表

圖 7-13 銷售人員業績表

第 2 步，設計管理介面。新增工作表「主表單」，在該工作表中設計銷售部門業績管理介面，除了基本的介面資訊外，還需要新增 3 個命令按鈕，並分別命名為「銷售人員業績表」、「銷售人員獎金表」、「退出」，如圖 7-14 所示。

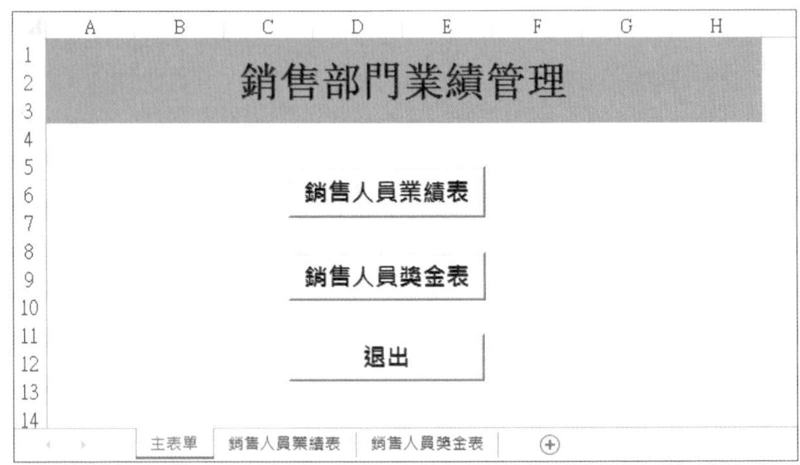

圖 7-14 主表單介面

第 3 步，為 3 個按鈕新增按一下回應程式碼。在「設計模式」下，按兩下其中任意一個按鈕，然後輸入以下程式碼。這段程式碼包含 3 個子程序，前兩個子程序表示在按一下按鈕後，跳轉到指定的工作表中，而最後一個子程序表示關閉活頁簿。

行號	程式碼	程式碼註解
01	`Private Sub CommandButton4_Click()`	第 1 ～ 3 行程式碼：開啟相應工作表。
02	`  Sheets("銷售人員業績表").Select`	
03	`End Sub`	
04	`Private Sub CommandButton5_Click()`	第 4 ～ 6 行程式碼：開啟相應工作表。
05	`  Sheets("銷售人員獎金表").Select`	
06	`End Sub`	
07	`Private Sub CommandButton6_Click()`	第 7 ～ 9 行程式碼：關閉活頁簿。
08	`  Workbooks.Close`	
09	`End Sub`	

第 4 步，調整銷售業績表。切換至「銷售人員業績表」，在該表的表頭插入 5 列，並在第 1 列中設定新的表格結構，包括「編號」「姓名」「個人總額」。

第 5 步，新增 3 個命令按鈕。在該工作表中間的空白區域新增 3 個命令按鈕，並分別命名為「查詢員工」、「統計總額」、「刪除員工」，效果如圖 7-15 所示。

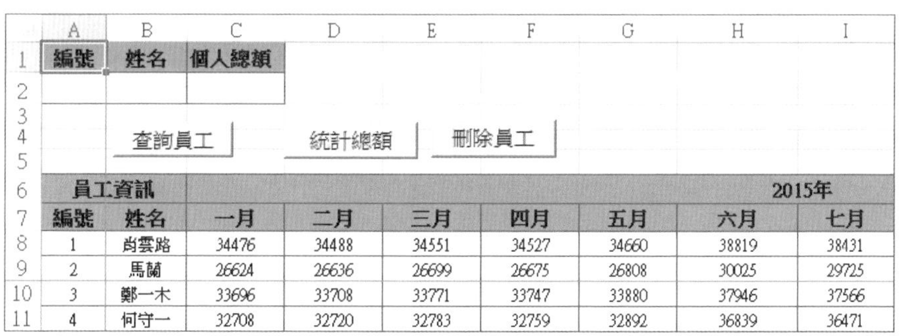

	A	B	C	D	E	F	G	H	I
1	編號	姓名	個人總額						
2									
3									
4		查詢員工		統計總額		刪除員工			
5									
6	員工資訊								2015年
7	編號	姓名	一月	二月	三月	四月	五月	六月	七月
8	1	肖雲路	34476	34488	34551	34527	34660	38819	38431
9	2	馬蘭	26624	26636	26699	26675	26808	30025	29725
10	3	鄭一木	33696	33708	33771	33747	33880	37946	37566
11	4	何守一	32708	32720	32783	32759	32892	36839	36471

圖 7-15 調整表格結構

第 6 步，為 3 個按鈕新增按一下回應程式碼。在「設計模式」下，按兩下「查詢員工」按鈕，進入 VBA 程式設計環境，然後輸入查詢員工的程式碼。輸入完畢後，在同一個視窗中，繼續輸入統計總額和刪除員工的程式碼。這 3 個程式碼的部分程式碼如下。

行號	程式碼	程式碼註解

```
01  Option Explicit
02  Private Sub CommandButton1_Click()
03    Dim TempY As Integer
04    Dim TempInt As Integer
05    Dim TempCount As Integer
06    For TempInt = 8 To 100 Step 1
07      If (IsEmpty(Cells(TempInt, 1).Value)) Then
08        MsgBox "沒有找到符合條件的資料", vbOKOnly, "提示"
    ......
09  Private Sub CommandButton2_Click()
10    Dim TempX As Integer
11    Dim TempY As Integer
12    Dim SumNumber As Double
13    TempX = 8
14    SumNumber = 0
15    While (Not IsEmpty(Cells(TempX, 1).Value))
16      TempY = 3
17      While (Not IsEmpty(Cells(TempX, TempY).Value))
18        SumNumber = SumNumber + Cells(TempX, TempY).Value
19        TempY = TempY + 1
20      Wend
21      TempX = TempX + 1
22    Wend
23    MsgBox "目前業績總額為：$" & SumNumber & "元新台幣",
    vbOKOnly, "業績總額"
24  End Sub
25  Private Sub CommandButton3_Click()
26    Dim TempNumber As String
27    Dim TempInt As Integer
28    Dim TempCount As Integer
29    Dim DelFlag As Boolean
30    DelFlag = False
31    For TempInt = 8 To 100 Step 1
32      If (IsEmpty(Cells(TempInt, 1).Value)) Then
33        MsgBox "沒有找到符合刪除條件的員工", vbOKOnly, "提示"
34        Exit For
    ......
```

第 2 ～ 8 行程式碼：查詢員工的初始化程式碼。該程序的完整程式碼可檢視完成檔。

第 9 ～ 24 行程式碼：統計總額的程序。

第 25 ～ 34 行程式碼：刪除員工的初始化程式碼。該程序的完整程式碼可檢視完成檔。

第 7 步，查詢員工的過程。在「編號」欄輸入「11」，然後按一下「查詢員工」按鈕，此時程式會自動顯示相應的員工姓名，並計算出員工的個人總額，結果如圖 7-16 所示。

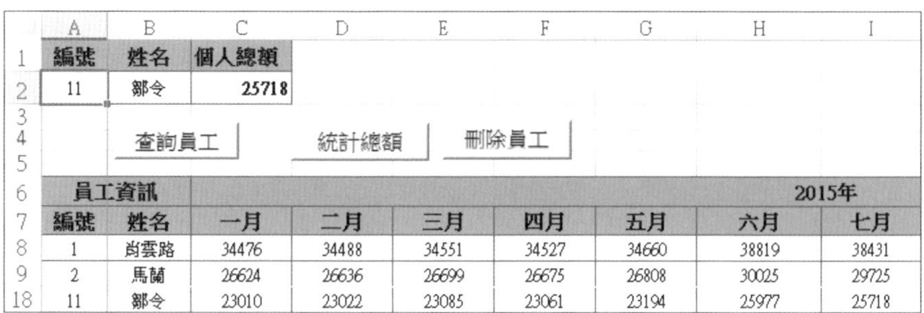

	A	B	C	D	E	F	G	H	I
1	編號	姓名	個人總額						
2	11	鄒令	25718						
3									
4		查詢員工		統計總額	刪除員工				
5									
6	員工資訊							2015年	
7	編號	姓名	一月	二月	三月	四月	五月	六月	七月
8	1	尚雲路	34476	34488	34551	34527	34660	38819	38431
9	2	馬蘭	26624	26636	26699	26675	26808	30025	29725
18	11	鄒令	23010	23022	23085	23061	23194	25977	25718

圖 7-16 查詢結果

第 8 步，刪除員工的過程。假設上一步查詢到的員工「鄒令」已辭職，則需要刪除該員工的記錄。此時可直接按一下「刪除員工」按鈕，且會彈出確認刪除提醒，如圖 7-17 所示。按一下「確定」按鈕後，可看到表中編號 11 的記錄被刪除，如圖 7-18 所示。

圖 7-17 確認刪除提醒

6	員工資訊			
7	編號	姓名	一月	二月
8	1	尚雲路	34476	34488
9	2	馬蘭	26624	26636
18	12	譚草	32006	32018
19	13	馬馳	31642	31654
20	14	夏白	65000	65012

圖 7-18 刪除結果

第 9 步，統計業績總額。若要統計整個時間段內所有員工的業績總額，則可按一下「統計總額」按鈕，結果將以對話方塊的形式顯示，如圖 7-19 所示。

編號	姓名	一月	二月	三月	四月	五月	六月	七月
1	尚雲路	34476	34488	34551	34527	34660	38819	38431
2	馬蘭	26624	26636				30025	29725
3	鄭一木	33696	33708				37946	37566
4	何守一	32708	32720				36839	36471
5	龍諄	27950	27962				31510	31195
6	元真	25506	25518				28773	28485
7	趙華	26286	26298				29646	29350
8	趙學誠	26338	26350				29705	29408
9	王星星	21281	21293				24041	23800
10	李萬利	64610	64622	64685	64661	64794	72569	71844

業績總額

目前業績總額為: $ 3947851元新台幣

確定

圖 7-19 統計結果

第 10 步，調整獎金表結構。切換至「銷售人員獎金表」，同樣在表頭前插入 5 列，然後將第 8 列中的欄標誌複製到第 1 列中，並空出第 2 列當作待輸入的區域。然後在中間的空白區域新增 3 個命令按鈕，分別命名為「加入新員工」、「刪除員工」、「查詢員工」，效果如圖 7-20 所示。

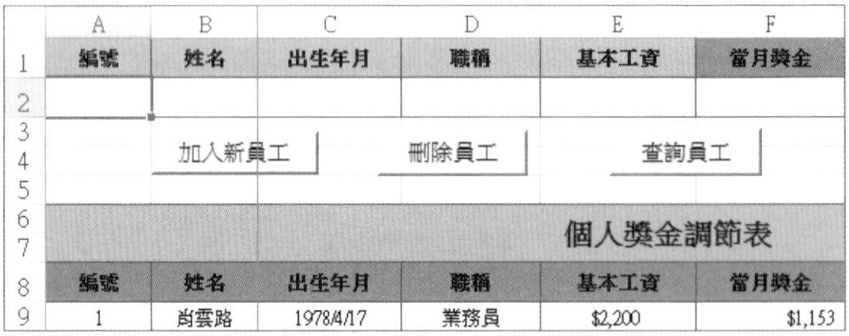

	A	B	C	D	E	F
1	編號	姓名	出生年月	職稱	基本工資	當月獎金
2						
3–5		加入新員工		刪除員工	查詢員工	
6–7					個人獎金調節表	
8	編號	姓名	出生年月	職稱	基本工資	當月獎金
9	1	肖雲路	1978/4/17	業務員	$2,200	$1,153

圖 7-20 調整後的效果

第 11 步，輸入新增新員工的程式碼。在「設計模式」下按兩下「加入新員工」按鈕，進入 VBA 程式設計環境，然後輸入以下程式碼。該段程式碼用於為公司新進員工建立檔案。

行號 程式碼 程式碼註解

```
01  Private Sub CommandButton1_Click()
02    Dim TempX As Integer
03    Dim TempY As Integer
04    If (IsEmpty(Cells(2, 1).Value)) Then
05      MsgBox "請輸入編號", vbOKOnly, "提示"
06      Cells(2, 1).Select
07    Else
08      TempX = 1
09      TempY = 9
10      While (Not IsEmpty(Cells(TempY, 1).Value))
11        TempY = TempY + 1
12      Wend
13      While (Not IsEmpty(Cells(8, TempX).Value))
14        Cells(TempY, TempX).Value = Cells(2, TempX).Value
15        TempX = TempX + 1
16      Wend
17      MsgBox "新員工" & Cells(2, 2).Value & "新增成功", _
        vbOKOnly, "提示"
18    End If
19  End Sub
```

第 4、5 行程式碼：首先要判斷「編號」這個屬性是否為空，因為它的值是唯一的。

第 14 行程式碼：將輸入列中的資料新增到「銷售人員獎金表」中。

第 17 行程式碼：新增成功提示。

第 12 步，新增新員工的過程。如果有新員工就職，可在獎金表中輸入新員工的基本資訊，然後按一下「新增新員工」按鈕，就可以看到該員工的資訊被新增到下方的列表中。由於下方列表中的「當月應領」和「獎金暫扣額」項是透過 Excel 公式計算出的，因此新增資料後 Excel 會自動進行計算，如圖 7-21 所示。

	A	B	C	D	E	F	G	H
1	編號	姓名	出生年月	職稱	基本工資	當月獎金	累積獎金	當月應領
2	19	朱海	1988/4/20	業務員	$2,200	$1,423	$50,450	
3								
4		加入新員工		刪除員工		查詢員工		
5								
6								
7				個人獎金調節表				
8	編號	姓名	出生年月	職稱	基本工資	當月獎金	累積獎金	當月應領
9	1	肖雲路	1978/4/17	業務員	$2,200	$1,153	$7,499	$3,353
27	19	朱海	1988/4/20	業務員	$2,200	$1,423	$50,450	$3,623

圖 7-21 新增新員工的資訊

第 13 步，輸入刪除員工的程式碼。同樣在「設計模式」下按兩下「刪除員工」按鈕，然後在彈出的程式碼視窗中，輸入刪除員工資訊的程式碼。由於程式碼較長，這裡省略。當有員工離職時，可透過輸入員工編號或姓名來刪除該員工的資訊。

第 14 步，輸入查詢員工的程式碼。按兩下「查詢員工」按鈕，同樣在程式碼視窗中繼續輸入該程序的程式碼，具體如下。

行號	程式碼	程式碼註解

```
01 Private Sub CommandButton3_Click()
02   Dim TempX As Integer
03   Dim TempY As Integer
04   TempX = 1
05   While (IsEmpty(Cells(2, TempX).Value) And (TempX < 10))
06     TempX = TempX + 1
07   Wend
08   If (TempX < 10) Then
09     For TempY = 9 To 100 Step 1
10       If (Cells(2, TempX).Value = Cells(TempY, TempX)_
         .Value) Then
11         Range("A" & CStr(TempY) & ":I" & CStr(TempY)).Select
12         If (vbOK = MsgBox("是這個員工嗎", vbOKCancel, _
           "確認員工")) Then
13           End
```

第 5 行程式碼：搜尋查詢條件是否具備。

第 9 行程式碼：查詢整個「銷售人員獎金表」。

第 10 行程式碼：比對查詢條件。

第 11 行程式碼：找到員工後，選取該列。

行號	程式碼	程式碼註解
14	`            End If`	
15	`          End If`	
16	`        Next TempY`	
17	`      End If`	
18	`      MsgBox "沒有找到該員工", vbOKOnly, "查詢失敗"`	第 18 行程式碼：沒有找到員工時的提示。
19	`    End Sub`	

第 15 步，查詢員工的過程。清空第 2 列儲存格中的內容，隨意輸入一個員工的編號或姓名，然後按一下「查詢員工」按鈕。如果找到符合條件的員工，程式就會彈出「確認員工」對話方塊，並在清單中以選取的方式進行確認，如圖 7-22 所示。

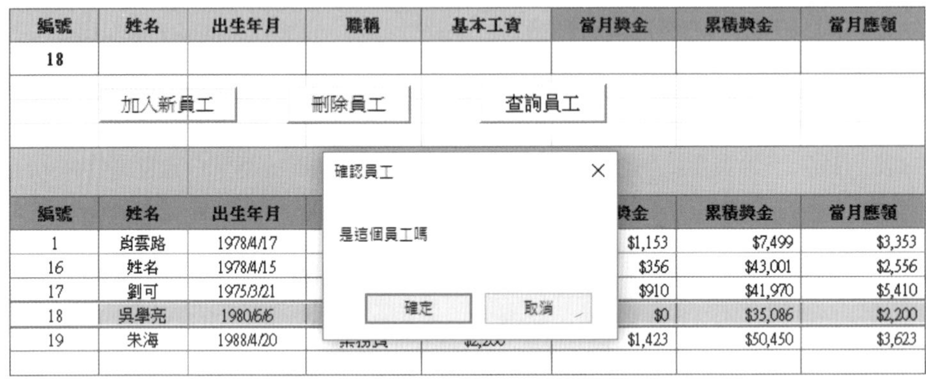

圖 7-22 查詢員工

7.2 員工薪資查詢管理

公司這一群人真難伺候，發完工資，就給他們列印了工資條，第二天上班又來問他上個月業績工資是多少！

別埋怨了，為了你，我這不也是馬不停蹄地跑來了嗎！怎麼又遇到管理上的問題啦？你說你官不大，管的事還挺多的嘛！

員工的薪資管理一直是人力資源管理中的重要環節，不但要隨時提供方便的查詢服務，還要做好保密工作，因為在一些企業中，薪資是不公開的，以免員工相互比較。但是使用 Excel 的查詢功能，難免會洩露其他員工的薪資情況。為了解決這個難題，需要單獨建立一個員工薪資管理系統，只有具備許可權的操作人員才能使用，而且員工薪資查詢結果要用單獨的表單顯示。

範例應用 7-4 建立薪資管理系統

原始檔 範例檔>07>原始檔>7.2 工資明細表.xlsx

完成檔 範例檔>07>完成檔>7.2 工資明細表.xlsm

第 1 步，檢視原始表格。開啟原始檔，如圖 7-23 所示。該活頁簿中，有一張員工工資表，記錄了每一位員工當月的所有工資明細。

	A	B	C	D	E	F	G	H	I	J	K	L	M
1	員工編號	員工姓名	員工性別	所屬部門	員工類別	基本工資	事假天數	病假天數	崗位工資	住房補貼	獎金	應發金額合計	事假扣款
11	C002	景和	女	財務部	會計人員	2200	2	0	600	200	200	3200	200
12	C003	馮靜	女	財務部	會計人員	2200	0	0	600	200	200	3200	0
13	C004	陳吉	男	財務部	會計人員	2200	0	1	600	200	200	3200	0
14	D001	周微	女	客戶部	客戶專員	2000	0	0	500	200	200	2900	0
15	D002	姚和	女	客戶部	客戶專員	2000	0	0	500	200	200	2900	0
16	D003	吳憂	女	客戶部	客戶專員	2000	1	0	500	200	200	2900	90.91
17	D004	郭定	男	客戶部	客戶專員	2000	0	0	500	200	200	2900	0
18	E001	向果	男	銷售部	銷售人員	1800	0	2	800	300	500	3400	0
19	E002	穆東	男	銷售部	銷售人員	1800	0	0	800	300	500	3400	0
20	E003	張鳳	女	銷售部	銷售人員	1800	0	0	800	300	500	3400	0
21	E004	黃旭	男	銷售部	銷售人員	1800	0	0	800	300	500	3400	0
22	E005	許靜	女	銷售部	銷售人員	1800	1	0	800	300	500	3400	81.82

圖 7-23 員工工資表

第 2 步，製作查詢系統介面。新增新工作表，命名為「員工薪資查詢系統」，然後設計一個如圖 7-24 所示的管理介面。在插入按鈕時，需要為它們新增巨集名稱，新增的巨集名稱分別為「按鈕 1_ 按一下」、「按鈕 2_ 按一下」、「按鈕 3_ 按一下」。

圖 7-24 員工薪資查詢系統介面

第 3 步，輸入按鈕的回應程式碼。進入 VBA 程式設計環境，插入模組 1，然後輸入以下程式碼。該程式碼包含 3 個程序，分別為 3 個按鈕的回應程式碼。

行號	程式碼	程式碼註解
01	`Sub 按鈕 1_ 按一下 ()`	第 1 ～ 4 行程式碼：按一下該按鈕時跳轉至「員工工資表」。
02	`  Sheets(" 員工工資表 ").Visible = True`	
03	`  Sheets(" 員工工資表 ").Activate`	
04	`End Sub`	
05	`Sub 按鈕 2_ 按一下 ()`	第 5 ～ 7 行程式碼：顯示自訂表單。
06	`  UserForm1.Show`	
07	`End Sub`	
08	`Sub 按鈕 3_ 按一下 ()`	第 8 ～ 11 行程式碼：退出本系統。
09	`  MsgBox " 謝謝使用本系統 "`	
10	`  Workbooks.Close`	
11	`End Sub`	

第 4 步，設計自訂表單。在 VBA 程式設計環境中插入自訂表單，新增標籤、文字方塊和命令按鈕等控制項，效果如圖 7-25 所示。各控制項屬性如表 7-1 所示。

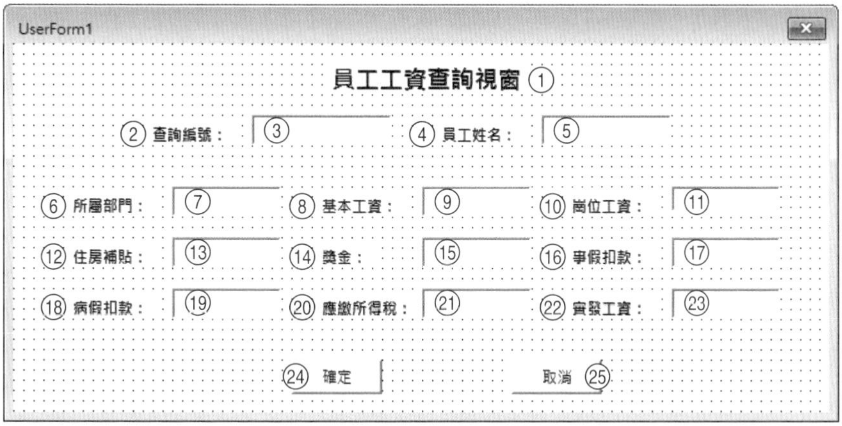

圖 7-25 設計的自訂表單

表 7-1 控制項及屬性

序號	控制項類型	屬性	值
①	標籤	Caption	員工工資查詢表單
②	標籤	Caption	查詢編號：
③	文字方塊	Name（名稱）	TextBox1
④	標籤	Caption	員工姓名：
⑤	文字方塊	Name（名稱）	TextBox2
⑥	標籤	Caption	所屬部門：
⑦	文字方塊	Name（名稱）	TextBox3
⑧	標籤	Caption	基本工資：
⑨	文字方塊	Name（名稱）	TextBox4
⑩	標籤	Caption	崗位工資：
⑪	文字方塊	Name（名稱）	TextBox5
⑫	標籤	Caption	住房補貼：

序號	控制項類型	屬性	值
⑬	文字方塊	Name（名稱）	TextBox6
⑭	標籤	Caption	獎金：
⑮	文字方塊	Name（名稱）	TextBox7
⑯	標籤	Caption	事假扣款：
⑰	文字方塊	Name（名稱）	TextBox8
⑱	標籤	Caption	病假扣款：
⑲	文字方塊	Name（名稱）	TextBox9
⑳	標籤	Caption	應繳所得稅：
㉑	文字方塊	Name（名稱）	TextBox10
㉒	標籤	Caption	實發工資：
㉓	文字方塊	Name（名稱）	TextBox11
㉔	命令按鈕	Caption	確定
㉕	命令按鈕	Caption	取消

第 5 步，為表單編寫程式碼。右擊專案資源管理器中的 UserForm1 表單，以檢視程式碼的方式開啟程式碼視窗，然後輸入 VBA 程式碼。下面列舉了其中的主要程式碼，省略了一些計算過程相似的程式碼。

行號	程式碼	程式碼註解

```
01  Private Sub CommandButton1_Click()
02    Dim i As Integer, j As Integer
03    Dim mynum As String
04    Sheets("員工工資表").Select
05    j = Sheets("員工工資表").Range("a1")_
      .CurrentRegion.Rows.Count
06    mynum = TextBox1.Text
07    For i = 1 To j
08      If Cells(i, 1) = mynum Then
09        TextBox2.Enabled = True
10        TextBox2.Text = Cells(i, 2)
```

第 5 行程式碼：計算員工工資表中，資料區域的列數。

第 6 行程式碼：在文字方塊 1 中，輸入編號。

第 8 行程式碼：當輸入的編號與員工工資表第 1 欄中的某個編號相同時，執行下面的程式碼。

第 9、10 行程式碼：將第 2 欄的姓名顯示在文字方塊 2 中。

行號	程式碼	程式碼註解

```
11          TextBox3.Enabled = True
12          TextBox3.Text = Cells(i, 4)
13          TextBox4.Enabled = True
14          TextBox4.Text = Format(Cells(i, 6), "￥0.00")
    ......
15          TextBox11.Enabled = True
16          TextBox11.Text = Format(Cells(i, 19), "￥0.00")
17        End If
18      Next i
19    End Sub
20    Private Sub CommandButton2_Click()
21      Unload Me
22    End Sub
    ......
```

第 11、12 行程式碼：將第 4 欄的部門資訊顯示在文字方塊 3 中。

第 13、14 行程式碼：在文字方塊 4 中，顯示基本工資。

第 15、16 行程式碼：在文字方塊 11 中，顯示實發工資。

第 20 ～ 22 行程式碼：退出表單。

第 6 步，查詢員工工資。切換至「員工薪資查詢系統」工作表，按一下「查詢員工工資」按鈕，此時就會彈出第 4 步中設計的自訂表單。在「查詢編號」文字方塊中，輸入任意員工編碼，如「D001」，然後按一下「確定」按鈕，就會顯示該員工的工資明細，如圖 7-26 所示。

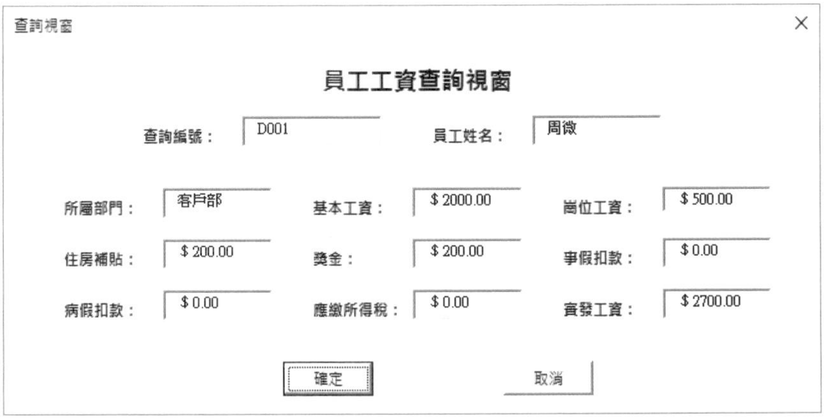

圖 7-26 查詢視窗

第 7 步，新增「操作員」工作表。新增「操作員」工作表，將可以使用本系統的操作員姓名及密碼，輸入該工作表中，如圖 7-27 所示。

	A	B	C	D	E	F
1	操作員表					
2	操作員姓名	密碼				
3	何俊	HJ123				
4	王林	wanglin				
5	譚怡君	tanyijun				
6	朱凱	zhukai				

圖 7-27 操作員姓名及密碼

第 8 步，輸入許可權驗證程式碼。在 VBA 程式設計環境中插入模組 2，然後輸入以下程式碼。該段程式碼用來驗證是否可以使用該系統。

行號 程式碼 程式碼註解

```
01  Dim namestr As String
02  Dim tempcount As Integer
03  Sub auto_open()
04    Dim tempint As String
05    Dim codestr As String
06    Dim foundnameflag As Boolean
07    namestr = InputBox("請輸入您的姓名", "輸入")
08    tempint = 3
09    foundnameflag = fasle
10    Do While Not (IsEmpty(Sheets("操作員")._
      Cells(tempint, 1).Value))
11      tempint = tempint + 1
12    Loop
13    For tempcount = 3 To (tempint - 1)
14      If (namestr = Sheets("操作員").Cells(tempcount, 1)) Then
15        foundnameflag = True
16        Exit For
17      End If
18    Next tempcount
19    If (foundnameflag = fasle) Then
20      MsgBox "對不起，您無權使用該系統", vbOKOnly, "登入錯誤"
21      Workbooks.Close
22    End If
23    codestr = InputBox("請輸入您的密碼")
24    If (codestr = Sheets("操作員").Cells(tempcount, 2)) Then
```

第 10 行程式碼：統計操作員表中的操作員人數。

第 14 行程式碼：在操作員清單中搜索輸入的姓名。

第 20 行程式碼：未找到時，彈出錯誤提示。

第 23 行程式碼：找到操作員後，彈出輸入密碼對話方塊。

行號 程式碼 程式碼註解

```
      MsgBox "" & namestr & ",歡迎您使用本系統", _
      vbOKOnly, "歡迎"
      ActiveWorkbook.Protect Password:="vba", structure:=True, _
      Windows:=False
      Sheets("員工薪資查詢系統").Select
    Else
      MsgBox "登入錯誤", vbOKOnly, "登入錯誤"
      Workbooks.Close
    End If
End Sub
```

第 9 步，檢視系統登錄的效果。儲存活頁簿後，關閉活頁簿。重新開啟該活頁簿，可看到彈出對話方塊，要求輸入姓名及密碼；當使用者輸入正確的姓名和密碼後，才可對該活頁簿進行操作，如圖 7-28 所示。否則，會自動關閉該活頁簿。

圖 7-28 系統登錄

7.3 員工福利統計管理

員工福利管理也是人力資源管理工作的一個重心。相信很多公司在面試階段，都會介紹公司的福利情況，以吸引應聘者。和薪資管理一樣，福利管理也必然會涉及一些統計核算工作，尤其是那些以現金當作福利的公司，更需要有一套完善的福利管理體系。

一看標題我就知道，這又是針對福利建立的管理系統！看來好多工作都需要系統化處理啦！

悟性很高哦！現在有很多企業開始專門研發各種管理系統了，說明我們的工作確實需要系統化處理！

7.3.1 計算員工福利金額

從廣義上來說，員工的福利包括很多內容，如基本的保險、津貼、年終獎金等；此外還有一些物質形式的福利，如過節時發放的購物卡或生活用品等。隨著人們物質生活水準的提高，企業的管理也變得更加人性化。例如，很多企業對員工福利也模仿社保的方式進行管理，即員工的福利與其薪資和年資相關。這種管理方式符合公正、公平的管理概念，即讓那些為企業創造更多價值的員工能獲得更好的福利待遇。

本小節就以這種管理方式為前提，建立一套福利管理系統。假設某公司將員工福利構成分為 3 個部分：公司部分、個人部分和年資部分。這 3 個部分都是以薪資為基準計算的，但是所占比例有所不同，如表 7-2 所示。現在需要根據這些條件，在已知月薪資的情況下計算出各員工每月可得的福利。

表 7-2 員工福利的構成

福利構成		所占百分比
公司部分		1.5%
個人部分		1%
年資部分	5 年及以下	0.6%
	6 ～ 10 年	1.2%
	11 ～ 15 年	2.4%
	16 ～ 20 年	4.6%
	21 年及以上	4.8%

範例應用 7-5 自訂公司福利統計

原始檔 範例檔>07>原始檔>7.3.1 員工資料表.xlsx

完成檔 範例檔>07>完成檔>7.3.1 員工福利統計.xlsm

第 1 步，檢視原始表格。開啟原始檔，如圖 7-29 所示。該工作表記錄了員工在集團和分公司的一些資料，其中的「從業人員月均工資」是計算福利的基準，「參加工作時間」則是計算年資部分福利的關鍵資料。

	A	B	C	D	E	F	G	H	I	J	K	L	M	N
1			集團員工資料											
2	序號	單位名稱	單位位址	分公司代碼	區功能變	部門編碼	個人編號	身份證號碼（後10位）	姓名	性別	出生日期	參加工作時間	所屬部門	從業人員月均工資
3	1	華夏金融集團總公司	上海浦東	52010410015	410015	1100	11001	8410230124	劉哲宇	男	1984/10/23	98/6/1	銷售部	$3,560.00
4	2	華夏金融集團總公司	上海浦東	52010410015	410015	1100	11002	8503040369	洛鳳怡	女	1985/3/4	99/7/1	銷售部	$3,565.00
5	3	華夏金融集團總公司	上海浦東	52010410015	410015	1200	12001	8210230158	陳海東	男	1982/10/23	97/4/1	市場部	$2,680.00
6	4	華夏金融集團總公司	上海浦東	52010410015	410015	1200	12002	8104250357	劉敏敏	女	1981/4/25	93/6/1	市場部	$2,584.00
7	5	華夏金融集團總公司	上海浦東	52010410015	410015	1300	13001	8010060149	孫函煊	女	1980/10/6	93/8/1	公關部	$2,522.00
8	6	華夏金融集團總公司	上海浦東	52010410015	410015	1300	13002	7910260135	陳秋雨	女	1979/10/26	91/7/1	公關部	$2,624.00
9	7	華夏金融集團總公司	上海浦東	52010410015	410015	1400	14001	6502160458	劉通雲	男	1965/2/16	75/1/1	生產部	$1,982.00

圖 7-29 集團員工資料

第 2 步，建立「福利統計」表。新增「福利統計」表，並設計如圖 7-30 所示的表格結構。其中的空白儲存格需要由程式計算和填寫，而「福利登記編號」由區功能變數程式碼與身分證號碼後 4 位組成。

	A	B	C	D	E	F
1		2016年員工福利統計情況				
2	個人編號	福利登記編號	姓名	公司月交福利額	個人月交福利額	年資福利額
3	11001					
4	11002					
5	12001					
6	12002					
7	13001					

圖 7-30 建立的「福利統計」表

第 3 步，編寫程式碼。進入 VBA 程式設計環境，插入模組，然後在模組中，輸入以下程式碼。該程序完成了福利登記編號的自動產生和輸入、姓名的讀取、月福利費用的計算等。

行號 程式碼 程式碼註解

```
01 Sub 計算福利金額 ()
02   Dim Sht As Worksheet, Mytab As Worksheet
03   Set Sht = Worksheets(" 集團員工資料 ")
04   Set Mytab = Worksheets(" 福利統計 ")
05   Dim Num As Integer, myNum As Integer
06   Num = Sht.Range("A1").CurrentRegion.Rows.Count
07   myNum = Mytab.Range("A1").CurrentRegion.Rows.Count
08   Dim Card As String, Age As Integer, HRFY As Integer
09   For i = 3 To myNum
10     For j = 3 To Num
11       If Mytab.Cells(i, 1) = Sht.Cells(j, 7) Then
12         Card = Right(Sht.Cells(j, 8), 4)
13         Mytab.Cells(i, 2) = Sht.Cells(j, 5) & Card
14         Mytab.Cells(i, 3) = Sht.Cells(j, 9)
15         Mytab.Cells(i, 4) = Sht.Cells(j, 14) * 0.015
16         Mytab.Cells(i, 5) = Sht.Cells(j, 14) * 0.001
17         Age = Year(Date) - Year(Sht.Cells(j, 12))
18         Select Case Age
19         Case Is <= 5
20           HRFY = Sht.Cells(j, 14) * 0.006
21         Case Is <= 10
22           HRFY = Sht.Cells(j, 14) * 0.012
23         Case Is <= 15
24           HRFY = Sht.Cells(j, 14) * 0.024
25         Case Is <= 20
26           HRFY = Sht.Cells(j, 14) * 0.046
27         Case Else
28           HRFY = Sht.Cells(j, 14) * 0.048
```

第 12 行程式碼：使用 Right 函數取得身分證號碼後 4 位。

第 13 行程式碼：輸入福利登記編號。

第 14 行程式碼：輸入相應姓名。

第 15 行程式碼：計算企業月交福利金額。

第 16 行程式碼：計算個人月交福利金額。

第 17 行程式碼：計算員工年資。

第 18 ～ 30 行程式碼：計算年資福利金額。

行號	程式碼	程式碼註解

```
29            End Select
30            Mytab.Cells(i, 6) = HRFY
31          End If
32        Next j
33      Next i
34      Mytab.Activate
35      Mytab.Cells(myNum + 1, 1) = "合計"
36      Mytab.Cells(myNum + 1, 4) = WorksheetFunction.Sum_
        (Mytab.Range(Cells(3, 4), Cells(myNum, 4)))
37      Mytab.Cells(myNum + 1, 5) = WorksheetFunction.Sum_
        (Mytab.Range(Cells(3, 5), Cells(myNum, 5)))
38      Mytab.Cells(myNum + 1, 6) = WorksheetFunction.Sum_
        (Mytab.Range(Cells(3, 6), Cells(myNum, 6)))
39    End Sub
```

第 35 ～ 39 行程式碼：計算福利金額合計值。

第 4 步，新增按鈕。返回「福利統計」表，新增表單按鈕，並指定巨集名為「計算福利金額」，然後將按鈕命名為「計算福利金額」。

第 5 步，計算福利金額。按一下上一步新增的「計算福利金額」按鈕，此時該工作表中，資料區域的空白儲存格會自動輸入對應的資料，且在最後自動新增了「合計」項和對應的合計金額，結果如圖 7-31 所示。

	A	C	D	E	F	G	H
1		2016年員工福利統計情況					
2	個人編號	姓名	公司月交福利額	個人月交福利額	年資福利額		
3	11001	劉哲宇	$53.40	$35.60	$43.00	計算福利金額	
4	11002	洛凰怡	$53.48	$35.65	$43.00		
23	17003	吳小月	$38.81	$25.87	$31.00		
24	17004	吳施哲	$40.17	$26.78	$129.00		
25	15005	謝欣怡	$40.02	$26.68	$128.00		
26	15006	劉杈芳	$39.98	$26.65	$128.00		
27	15007	陳國英	$39.98	$26.65	$128.00		
28	15008	賀清陽	$53.67	$35.78	$172.00		
29	15009	向 陽	$53.52	$35.68	$164.00		
30	15010	洛雪貢	$53.54	$35.69	$164.00		
31	合計		$1,229.46	$819.64	$2,622.00		

圖 7-31 計算結果

7.3.2 福利統計查詢系統

學習了各種各樣的管理系統，直接說明如何建立福利查詢系統吧，系統化管理太有必要了！

這麼直接，那我也不拐彎抹角了！這裡就以上一個範例的完成檔為例吧，用福利登記編號或身分證號碼建立查詢系統。

在計算出員工的福利金額後，如果需要檢視某個員工的基本資料和每月企業、個人所交的福利費，以及每月根據年資計算出的福利情況，則可以按照個人福利登記編號或身分證號碼在下面這個系統中查詢。

範例應用 7-6 員工福利查詢系統

原始檔 範例檔>07>原始檔>7.3.1 員工福利統計.xls

完成檔 範例檔>07>完成檔>7.3.2 福利統計查詢.xlsm

第 1 步，新增主介面。開啟原始文件，然後在活頁簿中新增「主介面」工作表，主介面設計效果如圖 7-32 所示。為其中的按鈕指定「呼叫 MegSearch 自訂表單」巨集，該巨集會在程式中定義。

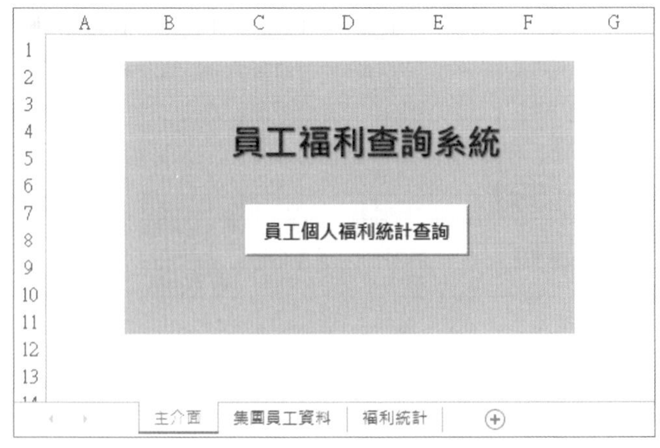

圖 7-32 建立的主介面

第 2 步，設計自訂表單 1。進入 VBA 程式設計環境，插入自訂表單，在表單的屬性視窗中，修改「名稱」值為 MegSearch，Caption 值為「福利資訊查詢」，然後在該表單上新增兩個標籤、兩個文字方塊和兩個命令按鈕，具體的屬性設定請檢視完成檔。設計出的表單效果如圖 7-33 所示。

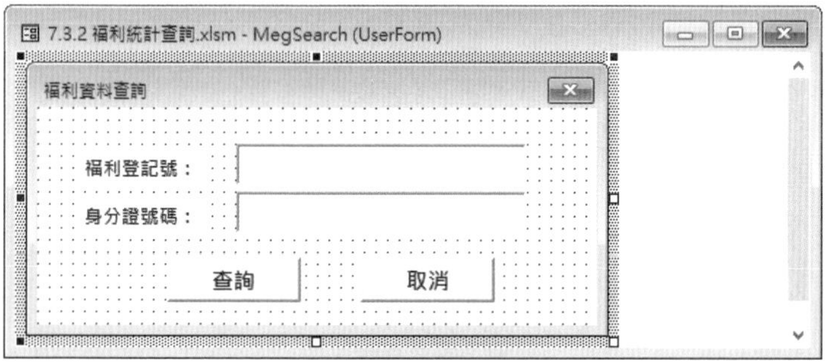

圖 7-33 福利資訊查詢表單

第 3 步，為自訂表單 1 編寫程式碼。右擊專案資源管理器中的 MegSearch 表單，然後以檢視程式碼的方式，開啟對應的程式碼視窗，並在其中輸入自訂表單 1 的回應事件，此處省略對該程序的講解，具體的程式碼請檢視完成檔。

第 4 步，設計自訂表單 2。插入自訂表單 2，設計後的效果如圖 7-34 所示。為了方便編寫程式碼，需要修改表單上文字方塊控制項的「名稱」屬性，如表 7-3 所示。

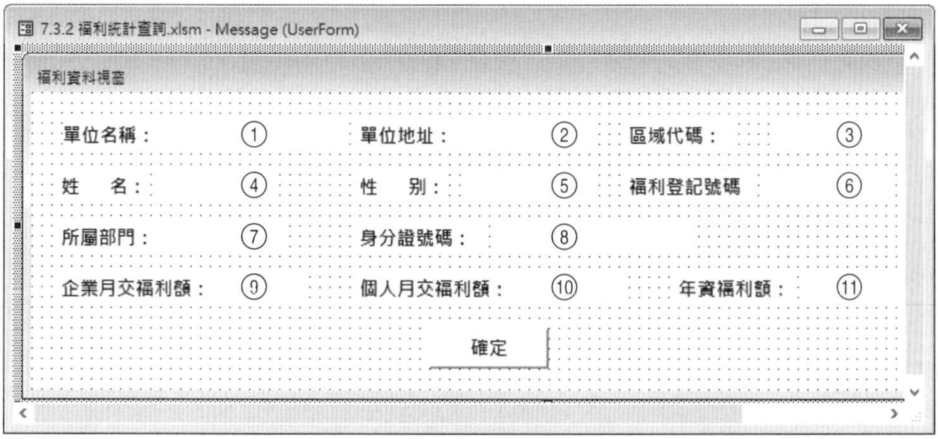

圖 7-34 查詢表單

表 7-3 文字方塊的「名稱」屬性值

序號	控制項類型	屬性	值
①	文字方塊	Name（名稱）	DName
②	文字方塊	Name（名稱）	DAddress
③	文字方塊	Name（名稱）	ZNUM
④	文字方塊	Name（名稱）	MyName
⑤	文字方塊	Name（名稱）	SEX
⑥	文字方塊	Name（名稱）	FLNUMBER
⑦	文字方塊	Name（名稱）	BM
⑧	文字方塊	Name（名稱）	SNUMBER
⑨	文字方塊	Name（名稱）	QYJE
⑩	文字方塊	Name（名稱）	GRJG
⑪	文字方塊	Name（名稱）	HRJG

第 5 步，為自訂表單 2 編寫程式碼。按照前面介紹的方法，為上一步插入的自訂表單 2 編寫程式碼，具體如下。該程序主要是根據從 MegSearch 程序中得到的 Num 和 myNum 變數值，取得並顯示指定欄位對應的資料，如符合條件的單位名稱、單位位址、姓名等資料。

行號	程式碼	程式碼註解

```
01  Public Num As Integer, myNum As Integer
02  Private Sub UserForm_Activate()
03    Dim Sht As Worksheet, Mytab As Worksheet
04    Set Sht = Worksheets("集團員工資料")
05    Set Mytab = Worksheets("福利統計")
06    DName.Caption = Sht.Cells(Num, 2)
07    DAddress.Caption = Sht.Cells(Num, 3)
08    ZNUM.Caption = Sht.Cells(Num, 5)
09    SDATE.Caption = Sht.Cells(Num, 1)
10    FLNUMBER.Caption = Mytab.Cells(myNum, 2)
11    MyName.Caption = Sht.Cells(Num, 9)
12    SEX.Caption = Sht.Cells(Num, 10)
```

第 6～13 行程式碼：把指定欄中儲存格的內容，輸入到不同的文字方塊中。

行號	程式碼	程式碼註解
13	`    BM.Caption = Sht.Cells(Num, 12)`	
14	`    If Trim(MegSearch.SFZNUM.Value) = "" Then`	第 14～18 行程式碼：取得身分證號碼，如果沒有輸入身分證號碼，只顯示該員工身分證號碼的後 10 位。
15	`      SNUMBER.Caption = Sht.Cells(Num, 8)`	
16	`    Else`	
17	`      SNUMBER.Caption = MegSearch.SFZNUM.Value`	
18	`    End If`	
19	`    QYJE.Caption = "$" & CStr(Mytab.Cells(myNum, 4))`	
20	`    GRJG.Caption = "$" & CStr(Mytab.Cells(myNum, 5))`	
21	`    YHRJG.Caption = "$" & CStr(Mytab.Cells(myNum, 6))`	
22	`  End Sub`	
23	`  Private Sub OK_Click()`	第 23～25 行程式碼：隱藏自訂表單。
24	`    Me.Hide`	
25	`  End Sub`	

第 6 步，插入模組，輸入程式碼。插入模組 2，並輸入呼叫自訂表單的程序，具體程式碼如下。

行號	程式碼	程式碼註解
01	`Sub 呼叫 MegSearch 自訂表單 ()`	
02	`  Dim myForm As MegSearch`	
03	`  Set myForm = New MegSearch`	
04	`    myForm.Show`	
05	`  Set myForm = Nothing`	
06	`End Sub`	

第 7 步，輸入號碼進行查詢。返回「主介面」工作表，按一下「員工個人福利統計查詢」按鈕，然後在彈出的表單中，輸入福利登記號「3100470256」，如圖 7-35 所示。除了輸入福利登記號外，使用者還可以只輸入身分證號碼查詢，也可兩者都輸入。

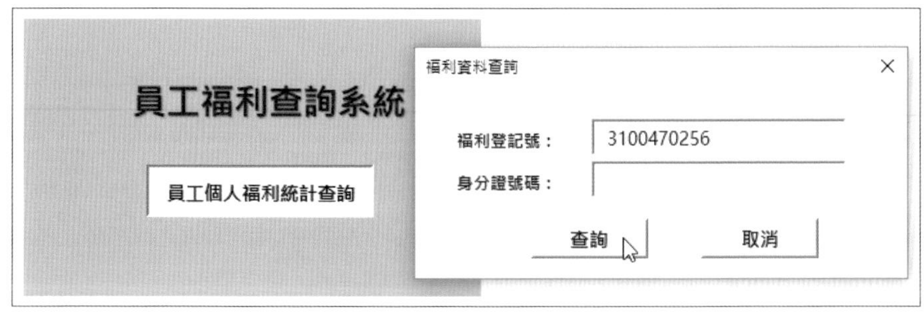

圖 7-35 用福利登記號查詢

第 8 步，查詢結果。按一下「查詢」按鈕，彈出「福利資訊表單」，如圖 7-36 所示。表單中顯示了查詢到的員工福利資訊，按一下「確定」按鈕可隱藏該表單。

福利資料視窗

單位名稱：華夏金融集團分公司4　單位地址：湖北武漢　區域代碼：310047

姓　名：陳灃毅　性　別：男　福利登記號碼 3100470256

所屬部門：調研部　身分證號碼：8501240256

企業月交福利額：$38.19　個人月交福利額：$25.46　年資福利額：$31

確定

圖 7-36 查詢結果

會計與財務管理

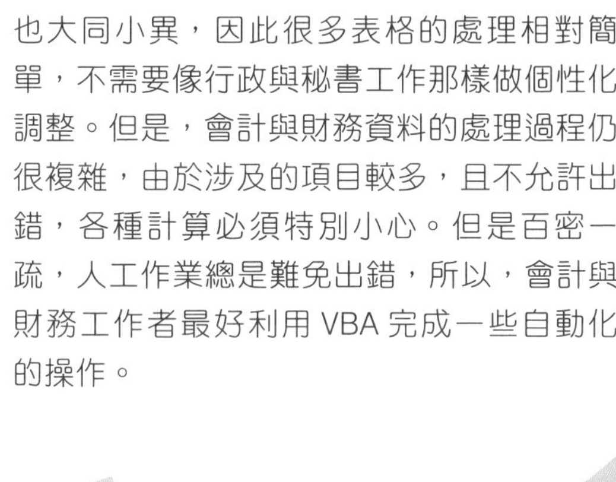

會計與財務工作的內容比較固定，報表樣式也大同小異，因此很多表格的處理相對簡單，不需要像行政與秘書工作那樣做個性化調整。但是，會計與財務資料的處理過程仍很複雜，由於涉及的項目較多，且不允許出錯，各種計算必須特別小心。但是百密一疏，人工作業總是難免出錯，所以，會計與財務工作者最好利用 VBA 完成一些自動化的操作。

8.1 日記帳的分類管理

從財務角度來講，日記帳是按照業務的發生或完成時間的先後順序，逐日逐筆登記的帳簿，它記錄在紙上，有固定的結構。然而紙本會因時間過長或受環境影響而損壞，有些企業為了保障日記帳的完整性和安全性，在記錄紙本日記帳時，會同時保存一份電子檔。因此，在很多企業的財務工作中，廣泛運用了 Excel 來記錄日記帳。

日記帳每天至少要記錄一次，如果沒有自動化操作當作輔助，財務人員的工作負擔必然會很繁重。使用 VBA 程式碼編寫日記帳的管理介面，是一種切實可行的方法。本節就為大家介紹如何用 VBA 快速記錄日記帳。

在建立日記帳管理介面時，能分別處理現金日記帳和銀行存款日記帳嗎？這樣記錄和查詢時，都會簡化我平時的工作！

下面這個管理系統不僅能分開處理現金日記帳和銀行存款日記帳，還能自動設定資料有效性序列以方便輸入哦！

企業每天都會發生現金收支業務和庫存量的變化，呈現出現金的增加、減少和餘額，可由出納人員根據審核過的現金收款憑證和現金付款憑證，逐日逐筆順序登記。但從銀行提取現金的業務只填寫存款付款憑證，不填寫現金收款憑證，因而從銀行提取現金的現金收入數額，應根據有關的銀行存款付款憑證登記，自動計算、登記當日現金收入合計數、現金支出合計數及帳面結餘額等。

範例應用 8-1 建立日記帳的輸入表單

原始檔 範例檔>08>原始檔>8.1 日記帳的記錄.xlsx

完成檔 範例檔>08>完成檔>8.1 日記帳的記錄.xlsm

第 1 步，檢視原始檔。開啟原始文件，其中有「記帳」工作表和「記錄」工作表，且製作好了表格結構。圖 8-1 是「記錄」工作表的表格結構。

	A	B	C	D	E	F	G	H	I	J
1	日期	憑證編號	編號	種類	摘　要	公司/部門	帳戶	借　方	貸　方	餘　額
2										
3										
4										
5										
6										
7										
8										

圖 8-1「記錄」工作表

第 2 步，新增切換按鈕控制項。在「記帳」工作表中，切換至「開發人員」索引標籤，在「控制項」群組中，按一下「插入」下三角按鈕，然後在展開的清單中，按一下「切換按鈕（ActiveX 控制項）」，如圖 8-2 所示。

第 3 步，修改控制項屬性。在「記帳」工作表的「日期：」上方繪製切換按鈕，然後右擊該按鈕，在彈出的快顯功能表中，執行【內容】命令，開啟屬性視窗，修改「名稱」值為「Swap」，修改「Caption」為「現金帳」，如圖 8-3 所示。

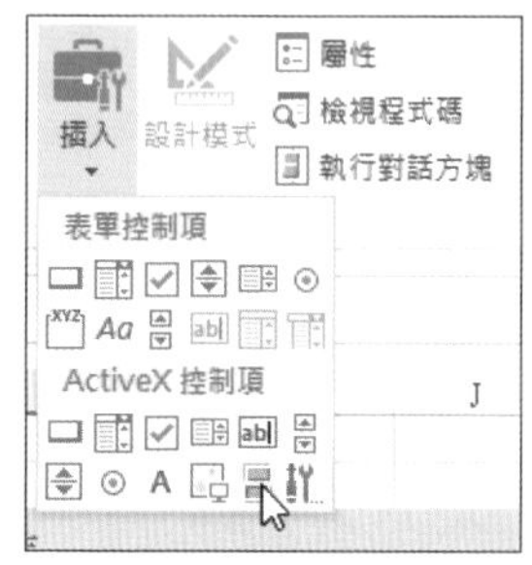

圖 8-2 新增切換按鈕

圖 8-3 修改按鈕屬性

第 4 步，開啟程式碼視窗。修改切換按鈕的屬性後，按鈕文字立即變為「現金帳」。右擊「現金帳」按鈕，在彈出的快顯功能表中，執行【檢視程式碼】命令，如圖 8-4 所示。此操作是用來開啟按鈕的程式碼視窗。

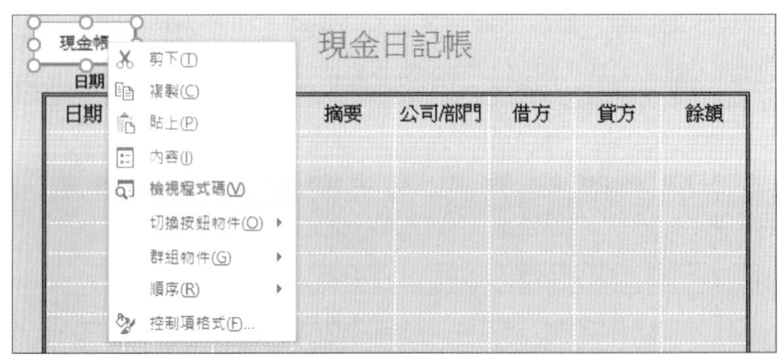

圖 8-4 右擊「現金帳」按鈕

第 5 步，輸入按鈕回應事件的程式碼。上一步操作後，會立即彈出工作表 1 的程式碼視窗，並在視窗中顯示了 Swap_Click 事件的開始和結束語法。在程式碼視窗中，輸入以下程式碼，該段程式碼用來設定當按鈕控制項的 Value 屬性分別為 True 和 False 時（分別對應按鈕的按下狀態和彈起狀態），按鈕的 Caption 屬性值和工作表中顯示的帳簿名稱，並定義 D 欄的儲存格格式。其中省略了設定儲存格數字顯示格式的程式碼。

行號	程式碼	程式碼註解
01	`Private Sub Swap_Click()`	
02	`  Public myTitle As String`	
03	`  myTitle = "ABC 有限公司 "`	第 3 行程式碼：帳簿所屬的企業或公司名稱。
04	`  Dim Sht As Worksheet`	
05	`  Set Sht = Worksheets(" 記帳 ")`	
06	`    If Swap.Value = True Then`	
07	`      Swap.Caption = " 現金帳 "`	
08	`      Sht.Range("C3") = myTitle & " 銀行日記帳 "`	
09	`      Sht.Range("G5") = " 帳戶 "`	
10	`      Sht.Range("H5") = " 借方 "`	
11	`      Sht.Range("I5") = " 貸方 "`	
12	`      Sht.Range("D6:D18").NumberFormatLocal = """ 銀 ""-000"`	第 12 ～ 19 行程式碼：設定現金帳的儲存格格式。
13	`      ZL = " 銀行帳 "`	
14	`    Else`	
15	`      Swap.Caption = " 銀行帳 "`	
16	`      Sht.Range("C3") = myTitle & " 現金日記帳 "`	
17	`      Sht.Range("G5") = " 部門 "`	
18	`      Sht.Range("H5") = " 收入 "`	
19	`      Sht.Range("I5") = " 支出 "`	第 20 ～ 22 行程式碼：設定銀行帳的儲存格格式。
20	`      Sht.Range("D6:D18").NumberFormatLocal = """ 現 ""-000"`	
21	`      ZL = " 現金帳 "`	

行號	程式碼	程式碼註解

```
    End If
  ......
  End Sub
```

第 6 步，編寫設定資料有效性數列的程式碼。在上述程式碼視窗中，繼續輸入設定資料有效性的程式碼，具體如下。該段程式碼用來執行當變更 C 欄第 5 列以下的儲存格時，自動根據部門或帳戶，將變更儲存格中的資料，新增到資料有效性數列中，其中省略了計算餘額的程式碼。完整程式碼請檢視完成檔。

行號	程式碼	程式碼註解

```
01 Private Sub Worksheet_Change(ByVal Target As Range)
02   If Target.Column = 7 And Target.Row > 5 Then
03     ab = Cells(Target.Row, Target.Column).Value
04     a = MsgBox("是否將" & ab & "新增到系統中", vbYesNo)
05     If a = 6 Then
06       BM = BM & "," & ab
07       Application.EnableEvents = False
08       With Range("G6:G18").Validation
09         .Delete
10         .Add Type:=xlValidateList, _
11         AlertStyle:=xlValidAlertInformation, Operator:= _
12         xlBetween, Formula1:=BM
13         .IgnoreBlank = True
14         .InCellDropdown = True
15         .IMEMode = xlIMEModeNoControl
16         .ShowInput = True
17         .ShowError = False
18       End With
19       Application.EnableEvents = True
20       Exit Sub
21     End If
   ......
```

第 7 行程式碼：暫時停止對 Worksheet_Change 事件的回應，以防止事件的「連鎖反應」導致的無限遞迴錯誤。

第 10 行程式碼：使用 Validation.Add 方法對指定區域新增資料有效性數列。

第 17 行程式碼：恢復對 Worksheet_Change 事件的回應。

第 7 步，檢視銀行帳。返回「記帳」工作表，按一下「現金帳」按鈕，此時「現金日記帳」標題自動換成「ABC 有限公司銀行日記帳」，且「餘額」欄顯示為空，如圖 8-5 所示。如果使用者不停地按切換按鈕，則工作表內容就會在現金日記帳與銀行日記帳之間切換，可看到兩種日記帳的表內容是有區別的。

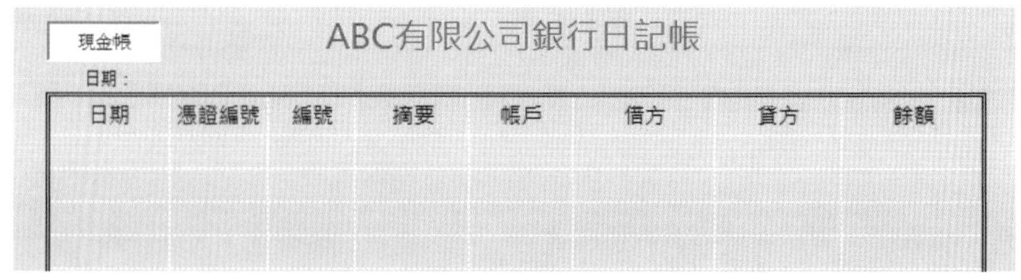

圖 8-5 銀行日記帳

第 8 步，輸入銀行日記帳帳戶資訊。在銀行日記帳介面中，輸入票據資料。憑證編號可以直接輸入數字，如「1」，系統會自動將其顯示為「銀 -001」。當輸入完帳戶資訊後，按 Tab 鍵，切換到下一個儲存格時，會彈出提示框，提示是否將輸入的資訊寫入系統中，如圖 8-6 所示。此時按 Enter 鍵即可寫入。當寫入帳戶資訊後，G6:G15 儲存格區域會自動新增資料有效性數列，後面若要輸入相同帳戶，就可以直接在下拉清單中選取，既提高了輸入速度，又確保了輸入內容的準確。

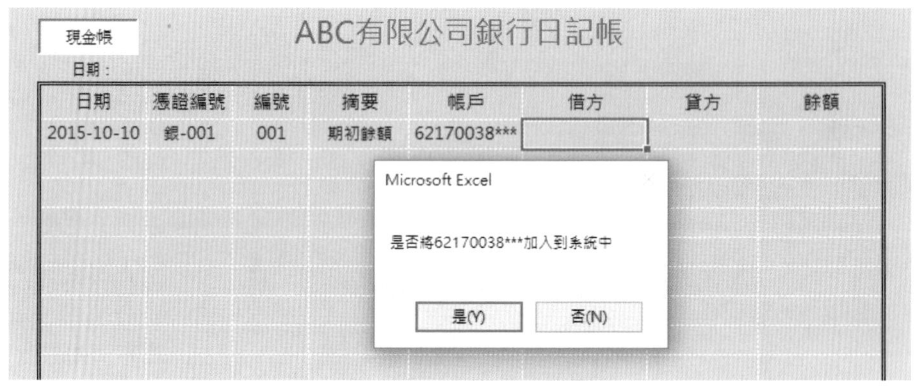

圖 8-6 輸入帳戶資訊

第 9 步，自動計算餘額。在「借方」欄輸入發生額「425000」，按 Tab 鍵切換時，「餘額」欄會自動計算出餘額數，並且日記帳末尾的「小計」項中也會顯示相應的金額，如圖 8-7 所示（為便於展示效果，該圖中隱藏了部分列）。

日期：

日期	憑證編號	編號	摘要	帳戶	借方	貸方	餘額
2015-10-10	銀-001	001	期初餘額	62170038***	$42,500.00		$42,500.00
			小計		$42,500.00		

圖 8-7 自動計算餘額

第 10 步，新增「儲存」按鈕。在「餘額」欄上方按照第 2 步的方法新增一個切換按鈕控制項，修改其「名稱」值為「MySave」，「Caption」為「儲存」。

第 11 步，編寫「儲存」按鈕的事件程式碼。右擊「儲存」按鈕，以檢視程式碼的方式開啟 Sheet1 程式碼視窗，接續上面的程式碼，繼續輸入以下程式碼。

行號	程式碼	程式碼註解

```
01 Private Sub MySave_Click()
02   Dim Sht As Worksheet, myTab As Worksheet
03   Set Sht = Worksheets("記帳")
04   Set myTab = Worksheets("記錄")
05   Dim Num As Integer, MyNum As Integer
06   Num = Sht.Range("C3").CurrentRegion.Rows.Count + 2
07   MyNum = myTab.Range("A1").CurrentRegion.Rows.Count
08   For i = 6 To Num
09     myTab.Cells(MyNum + 1, 1) = Sht.Cells(i, 3)
10     myTab.Cells(MyNum + 1, 2) = Sht.Cells(i, 4)
11     myTab.Cells(MyNum + 1, 3) = Sht.Cells(i, 5)
12     myTab.Cells(MyNum + 1, 4) = ZL
13     myTab.Cells(MyNum + 1, 5) = Sht.Cells(i, 6)
14     myTab.Cells(MyNum + 1, 8) = Sht.Cells(i, 8)
15     myTab.Cells(MyNum + 1, 9) = Sht.Cells(i, 9)
16     myTab.Cells(MyNum + 1, 10) = Sht.Cells(i, 10)
17     If Sht.Range("G5") = "帳戶" Then
18       myTab.Cells(MyNum + 1, 7) = Sht.Cells(i, 7)
19       myTab.Cells(MyNum + 1, 2).NumberFormatLocal = _
         """銀""-000"
20     Else
21       myTab.Cells(MyNum + 1, 6) = Sht.Cells(i, 7)
22       myTab.Cells(MyNum + 1, 2).NumberFormatLocal = _
         """現""-000"
```

第 1 ～ 16 行程式碼：將「記帳」工作表中輸入的資料寫入「記錄」工作表的對應儲存格中，並根據切換按鈕的狀態自動寫入日記帳的種類。

第 17 ～ 35 行程式碼：根據「記帳」工作表中 G5 儲存格的值將帳戶或部門寫入對應儲存格中，並據此設定憑證編號的數字顯示格式，再根據需要設定資料的數字顯示格式。

行號	程式碼	程式碼註解

```
        End If
        myTab.Cells(MyNum + 1, 1).NumberFormat = "YYYY-MM-DD"
        myTab.Cells(MyNum + 1, 3).NumberFormat = "000"
        myTab.Range("H:J").NumberFormatLocal = _
        "￥#,##0.00;￥-#,##0.00"
        MyNum = MyNum + 1
        Sht.Rows(i).ClearContents
      Next i
      With myTab.Range("A:L").Font
        .Name = "微軟正黑體"
        .Size = 10
      End With
      ActiveWindow.DisplayZeros = False
    End Sub
```

第 12 步，保存銀行帳資料。在「記帳」工作表中，輸入銀行日記帳，然後按一下「儲存」按鈕。此時，「記帳」工作表中，輸入的資料就會被自動寫入「記錄」工作表中，結果如圖 8-8 所示。同時，「記帳」工作表中的資料會被自動清空。

	A	B	C	D	E	F	G	H	I	J
1	日期	憑證編號	編號	種類	摘　要	公司/部門	帳戶	借　方	貸　方	餘　額
2	2015-10-10	銀-001	001		期初餘額		62170038***	$425,000.00		$425,000.00
3	2015-10-12	銀-002	002		銀行存款		62170038***	$5,000,000.00	$100,000.00	$4,900,000.00
4	2015-10-15	銀-003	003		發放工資		62170038***		$220,000.00	$-220,000.00
5										

圖 8-8 儲存的日記帳

第 13 步，儲存現金帳資料。按一下「現金帳」按鈕，切換至現金帳介面，在表格中輸入需要的資料，然後按一下「儲存」按鈕，儲存後的結果如圖 8-9 所示。程式會將現金帳的資料自動儲存在已寫入的銀行帳資料之後。

日期	憑證編號	編號	種類	摘　要	公司/部門	帳戶	借　方	貸　方	餘　額
2015-10-10	銀-001	001		期初餘額		62170038***	$425,000.00		$425,000.00
2015-10-12	銀-002	002		銀行存款		62170038***	$5,000,000.00	$100,000.00	$4,900,000.00
2015-10-15	銀-003	003		發放工資		62170038***		$220,000.00	$-220,000.00
2015-10-10	現-001	001		期初餘額	銷售部		$452,000.00		$452,000.00
2015-10-12	現-002	002		銀行存款	行政部		$5,000,000.00	$100,000.00	$4,900,000.00
2015-10-15	現-003	003		發放工資	銷售部		$5,222.00	$220,000.00	$-214,778.00
2015-10-15	現-004	004		銀行存款	行政部		$4,000.00	$555.00	$3,445.00
									$0.00

圖 8-9 儲存的現金帳

8.2 企業應收帳款分析

應收帳款是企業擁有的、經過一定時期才收回的債權。在收回之前的持有時段內，它不但不會增值，反而會隨著時間的推移，讓企業付出代價。如果企業的應收帳款不能及時收回，企業資金就無法繼續周轉，正常的營運活動就會受阻。而一旦企業的應收帳款形成呆帳，就會使這部分資金滯死，讓企業遭受嚴重的財務損失，甚至會危及企業的生存和發展。因此，對應收帳款的分析成了財務人員不得不面對的工作。

儘管 Excel 中的樞紐分析表能妥善地分析應收帳款的情況，分析出欄項目的不同值，但是若要進行一些個性化的操作，恐怕就不能勝任了。例如，分別統計不同帳齡情況下的未收帳款金額，當使用樞紐分析表選擇欄位時，會出現你不想看到的結果，此時就該輪到 VBA 出場了。

8.2.1 未收帳款額分析

在分析企業的應收帳款資料時，瞭解未收帳款情況是最終的分析目的，只有知道哪些客戶到期還拖欠帳款，才能尋找解決方案。一般會統計不同客戶的應收帳款所占比例，對於那些信譽較差、未收款比例大的客戶給予重點關注，加強催收頻率。

顯示不同客戶的應收帳款比例，樞紐分析表就能做到吧！不過我好奇的是，VBA 怎麼建立樞紐分析表？

樞紐分析表這麼強大的功能，對它的操控 VBA 自然不能缺席，本書也少不了有關它的 VBA 程式碼！

使用 VBA 程式碼建立樞紐分析表前，需要先學習與樞紐分析表相關的物件方法和屬性，下面分別簡單介紹 PivotCaches.Create、PivotTable.AddDataField 方法及 PivotField.Orientation、PivotField.Calculation 屬性。

1. PivotCaches.Create 方法

PivotCaches.Create 方法用於建立樞紐分析表緩存，其語法格式為：Object.Create(SourceType,SourceData,Version)，各參數的意義如表 8-1 所示。

表 8-1 PivotCaches.Create 方法的參數

參數	必要性	說明
Object	必要	一個代表 PivotCaches 物件的變數
SourceType	必要	XlPivotTableSourceType，報表資料的來源類型
SourceData	可選	Variant，新樞紐分析表緩存的數據
Version	可選	Variant，樞紐分析表的版本

2. PivotTable.AddDataField 方法

PivotTable.AddDataField 方法用於將資料欄位新增到樞紐分析表中，傳回一個 PivotField 物件，該物件表示新的資料欄位。該方法的語法格式為：Object.AddDataField(Field,Caption,Function)，各參數的意義如表 8-2 所示。

表 8-2 PivotTable.AddDataField 的參數

參數	必要性	說明
Object	必要	一個代表 PivotTable 物件的變數
Field	必要	Object，伺服器上的唯一欄位，如果來源資料不是 OLAP，則唯一欄位是樞紐分析表欄位
Caption	可選	Variant，樞紐分析表中使用的標籤，用於識別該資料欄位
Function	可選	Variant，在已新增的資料欄位中執行的函數

3. PivotField.Orientation 屬性

PivotField.Orientation 屬性用於傳回或設定一個 XlPivotTableOrientation 值，它代表欄位在指定的樞紐分析表中的位置。

該屬性的語法格式為：Object.Orientation[=XlPivotFieldOrientation]。其中，XlPivotFieldOrientation 參數用於指定欄位在樞紐分析表中的位置，其常量值如表 8-3 所示。

表 8-3 PivotField.Orientation 屬性的常量值

名稱	值	說明
xlColumnField	2	欄
xlDataField	4	數據
xlHidden	0	隱藏
xlPageField	3	頁
xlRowField	1	列

4. PivotField.Calculation 屬性

PivotField.Calculation 屬性用於傳回或設定一個 XlPivotFieldCalculation 值，它代表指定欄位執行的計算類型，此屬性僅對資料欄位有效。

該屬性的語法格式為：Object.Calculation[=XlPivotFieldCalculation]。其中，XlPivotFieldCalculation 參數用於指定在使用自訂計算時，由樞紐分析表欄位執行的計算類型，其常量值如表 8-4 所示。

表 8-4 PivotField.Calculation 屬性的常量值

名稱	值	說明
xlDifferenceFrom	2	與基本欄位中基本項目的差
xlIndex	9	按「((儲存格中的值)*(總計))/((列總計)*(欄總計))」計算資料
xlNoAdditionalCalculation	-4143	無計算
xlPercentDifferenceFrom	4	與基本欄位中基本項目的值的差異化百分比
xlPercentOf	3	占基本欄位中基本項目的值的百分比
xlPercentOfColumn	7	占欄或數列總計的百分比

名稱	值	說明
xlPercentOfRow	6	占列或類別總計的百分比
xlPercentOfTotal	8	占報表中所有資料或資料點總計的百分比
xlRunningTotal	5	以執行總和形式表示的基本欄位中連續項的資料

範例應用 8-2 同時顯示未收帳款數和百分比

原始檔 範例檔>08>原始檔>8.2.1 應收帳款記錄表.xlsx

完成檔 範例檔>08>完成檔>8.2.1 應收帳款樞紐分析表.xlsm

第 1 步，檢視原始表格。開啟原始檔，如圖 8-10 所示（部分資料透過凍結窗格功能隱藏了）。P、Q、R 欄資料是用公式計算出的不同帳齡區間的未收帳款數，具體公式可檢視原始檔。

	D	K	L	M	N	O	P	Q	R
1	開單日期	期末未收金額	收款期	到期日期	是否到期	未到期金額	0~30	30~60	60~90
2	2015/8/1	$30,000	30天	2015/8/31	是	$0	$0	$0	$0
3	2015/8/1	$40,000	30天	2015/8/31	是	$0	$0	$0	$0
4	2015/8/1	$0	30天	2015/8/31	是	$0	$0	$0	$0
5	2015/8/8	$30,000	30天	2015/9/7	是	$0	$0	$0	$0
6	2015/8/8	$20,000	30天	2015/9/7	是	$0	$0	$0	$0
7	2015/8/8	$2,000	30天	2015/9/7	是	$0	$0	$0	$0
8	2015/8/8	$40,000	30天	2015/9/7	是	$0	$0	$0	$0
9	2015/8/11	$10	30天	2015/9/10	是	$0	$0	$0	$0
10	2015/8/11	$22,000	30天	2015/9/10	是	$0	$0	$0	$0
11	2015/8/15	$0	30天	2015/9/14	是	$0	$0	$0	$0
12	2015/8/15	$0	30天	2015/9/14	是	$0	$0	$0	$0
13	2015/8/15	$2,000	30天	2015/9/14	是	$0	$0	$0	$0
14	2015/8/15	$30,000	30天	2015/9/14	是	$0	$0	$0	$0
15	2015/9/15	$0	30天	2015/10/15	是	$0	$0	$0	$0
16	2015/9/11	$54,000	30天	2015/10/11	是	$0	$0	$0	$0
17	2015/9/11	$3,400	30天	2015/10/11	是	$0	$0	$0	$0

記錄

圖 8-10 應收帳款記錄表

第 2 步，在模組中輸入程式碼。進入 VBA 程式設計環境，插入模組 1，然後輸入以下程式碼。這裡顯示的是程式碼的開頭部分，作用是從「記錄」工作表中，提取建立樞紐分析表需要的欄位，省略了對樞紐分析表字型進行格式設定的相關程式碼。讀者可到完成檔中檢視完整的程式碼。

行號	程式碼	程式碼註解

```
01 Sub 應收帳款的樞紐分析 ()
02   Dim Temp As Worksheet, RNum As Integer
03   RNum = 2
04   Set Temp = Worksheets.Add
05   Temp.Range("A1") = "月份"
06   Temp.Range("B1") = "客戶名稱"
07   Temp.Range("C1") = "應收帳款"
08   Temp.Range("D1") = "已收帳款"
09   Temp.Range("E1") = "餘額"
10   Dim Sht As Worksheet, Num As Integer
11   Set Sht = Worksheets("記錄")
12   Num = Sht.Range("A1").CurrentRegion.Rows.Count
13   For i = 2 To Num
14     Temp.Cells(RNum, 1) = Sht.Cells(i, 9)
15     Temp.Cells(RNum, 2) = Sht.Cells(i, 2)
16     Temp.Cells(RNum, 3) = Sht.Cells(i, 7) + Sht.Cells(i, 8)
17     Temp.Cells(RNum, 4) = Sht.Cells(i, 10)
18     Temp.Cells(RNum, 5) = Sht.Cells(i, 11)
19     RNum = RNum + 1
20   Next i
21   Temp.Range(Cells(1, 1), Cells(RNum - 1, 5)).Select
22   Dim myRange As Range, myTab As Worksheet
23   Set myRange = Selection
24   Set myTab = Sheets.Add
25   myTab.Name = "應收帳款樞紐分析"
26   ActiveWorkbook.PivotCaches.Create(SourceType:= _
     xlDatabase, SourceData:= myRange, _
     Version:=xlPivotTableVersion12).CreatePivotTable _
     tabledestination:=Range("B2"), TableName:="未收回帳款額", _
     DefaultVersion:= xlPivotTableVersion12
27   myTab.Activate
28   myTab.Range("B2").Select
29   With ActiveSheet.PivotTables("未收回帳款額")._
     PivotFields("客戶名稱")
30     .Orientation = xlRowField
31     .Position = 1
32   End With
  ……
```

第 2～20 行程式碼：新增臨時工作表，將「記錄」工作表中的款項收回月份、客戶名稱、期初應收款與本期產生的應收款之和、款項收回金額、期末未收金額等寫入新表中的適當位置。

第 21～25 行程式碼：選定新增臨時工作表 Temp 中的資料區域，並將其指定給對應的變數，然後根據選取的資料建立樞紐分析表，並為樞紐分析表重命名。

第 26～32 行程式碼：將「客戶名稱」欄位指定到列欄位區域，將「餘額」欄位分兩次新增到數值欄位區域，並設定欄位顯示標題。

第 3 步，執行巨集。返回「記錄」工作表，在「檢視」索引標籤下按一下「巨集」下三角按鈕，然後選擇「檢視巨集」選項，如圖 8-11 所示。此時彈出「巨集」對話方塊，選取「應收帳款的樞紐分析」，並按一下「執行」按鈕，如圖 8-12 所示。這一步操作就是執行程式，與在 VBA 程式設計環境中按 F5 鍵的功能一樣。

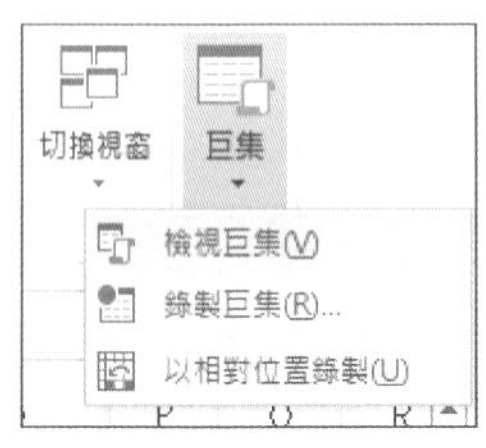

圖 8-11 檢視巨集

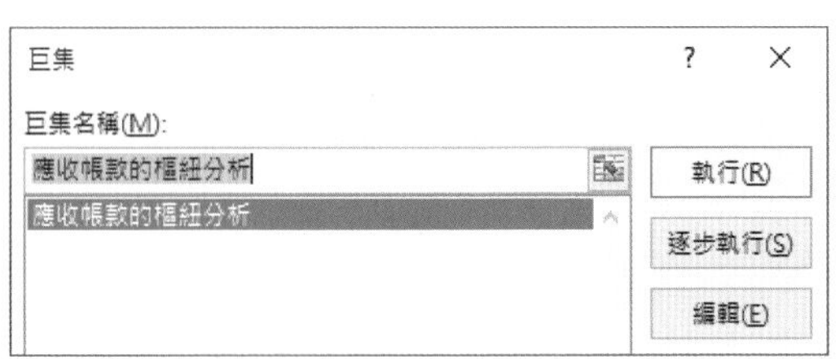

圖 8-12 執行巨集

第 4 步，檢視結果。按一下「執行」按鈕後，活頁簿中會新增「應收帳款樞紐分析」工作表，其中顯示了未收回帳款的樞紐分析表和樞紐分析圖，如圖 8-13 所示。

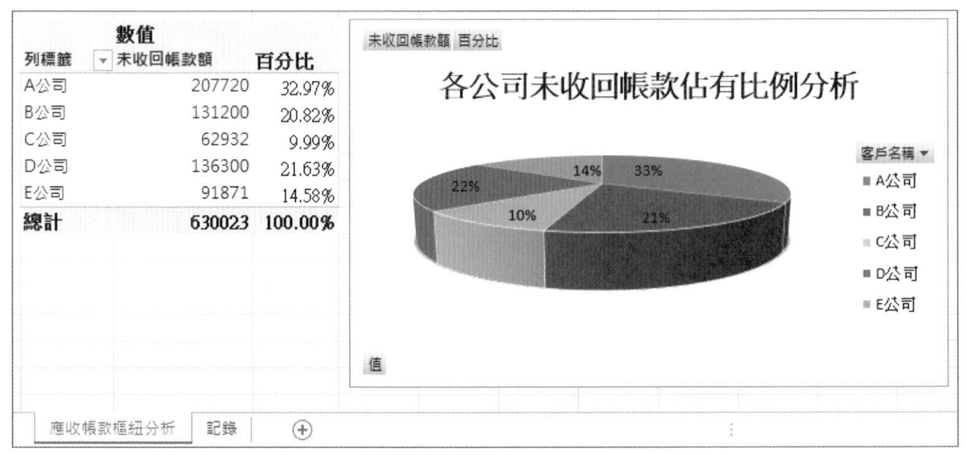

列標籤	數值 未收回帳款額	百分比
A公司	207720	32.97%
B公司	131200	20.82%
C公司	62932	9.99%
D公司	136300	21.63%
E公司	91871	14.58%
總計	**630023**	**100.00%**

圖 8-13 執行結果

透過此種方法建立的樞紐分析表不需要單獨對欄位進行設定，也不用重複顯示未收回帳款額的百分數，更不需要單獨插入資料樞紐分析圖。總之，這個程式為那些不熟悉樞紐分析表功能的辦公人員簡化了很多複雜的操作。

8.2.2 應收帳款帳齡分析

為什麼我在你建立的樞紐分析表中，不能直接分析出帳齡資料呢？我要看不同時間段的帳齡情況，怎麼辦啊，好急！

那個樞紐分析表沒有加入有關帳齡資料的欄位，當然不能分析了。如果要分析帳齡情況，那還真有必要用到 VBA 呢！

如果用一般插入樞紐分析表的方法來分析不同帳齡的未收款金額，則需要將表中的帳齡欄位放置在列欄位區域中，然後將未收款金額欄位放在值欄位區域中，如圖 8-14 所示。但是這樣統計出的結果並沒有像預期那樣，將帳齡區間顯示為列標籤，而是以金額來顯示，如圖 8-15 所示。這樣的結果不便於資料分析，因此需要用 VBA 程式碼來執行樞紐分析表一般功能不能完成的操作。

列	Σ 值
0～30	加總 - 期末未...
30～60	
60～90	
90天以上	

圖 8-14 新增欄位

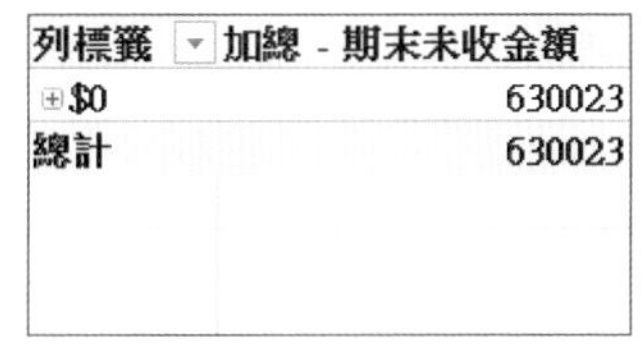

列標籤	加總 - 期末未收金額
⊞$0	630023
總計	630023

圖 8-15 匯總結果

範例應用 8-3 建立更人性化的樞紐分析表

原始檔 範例檔>08>完成檔>8.2.1 應收帳款樞紐分析表.xlsm

完成檔 範例檔>08>完成檔>8.2.2 應收帳款帳齡分析.xlsm

第 1 步，開啟原始檔並插入模組。開啟原始檔，然後直接進入 VBA 程式設計環境，插入模組 2。

第 2 步，輸入程式碼。在模組 2 的程式碼視窗中輸入程式碼，由於程式碼較長，這裡省略了前面已經介紹過的提取「記錄」工作表中，未收帳款資料的部分，中間也省略了新增一些欄位和設定圖表標題等簡單過程。

行號	程式碼	程式碼註解
01	`Sub 應收帳款帳齡分析 ()`	
02	`  Dim Sht As Worksheet, Temp As Worksheet, myTab As Worksheet`	
	`……`	
03	`  Dim myPivot As PivotCache, myRange As Range`	第 3 ～ 8 行程式碼：根據前面取得的資料建立樞紐分析表。
04	`  Set myRange = Temp.Range(Cells(1, 1), Cells(RNum, 4))`	
05	`  Set myTab = Worksheets.Add`	
06	`  myTab.Name = "應收帳款帳齡分析"`	
07	`  Set myPivot = ThisWorkbook.PivotCaches.Create_` `  (SourceType:=xlDatabase, SourceData:=myRange)`	

08	`  myPivot.CreatePivotTable tabledestination:=_`
	`  myTab.Range("A1"), tablename:="各公司未收回帳款帳齡分析", _`
	`  defaultversion:=xlPivotTableVersion12`	

	`……`	
09	`  myTab.Range("A4").Select`	第 9、10 行程式碼：組合行欄位。
10	`  Selection.Group Start:=True, End:=3, By:=0.6`	
11	`  Dim x As Integer, y As Integer`	第 11 ～ 19 行程式碼：根據樞紐分析表中的資料建立直條圖。
12	`  x = myTab.Range("A1").CurrentRegion.Rows.Count`	
13	`  y = myTab.Range("A1").CurrentRegion.Columns.Count`	
14	`  Dim TRange As Range`	
15	`  Set TRange = myTab.Range(Cells(2, 1), Cells(x - 1, y - 1))`	
16	`  TRange.Select`	
17	`  ActiveSheet.Shapes.AddChart.Select`	
18	`  ActiveChart.SetSourceData Source:=TRange`	
19	`  ActiveChart.ChartType = xlColumnClustered`	
20	`  With ActiveSheet.PivotTables("各公司未收回帳款帳齡分析")._` `  PivotFields("客戶名稱")`	第 20 ～ 26 行程式碼：將各公司的帳款帳齡分析圖顯示在圖表中，隱藏空白欄位的資料數列。
21	`    .PivotItems("B公司").Visible = True`	
22	`    .PivotItems("C公司").Visible = True`	
23	`    .PivotItems("D公司").Visible = True`	
24	`    .PivotItems("E公司").Visible = True`	
25	`    .PivotItems("(blank)").Visible = False`	
26	`  End With`	
	`……`	
27	`End Sub`	

第 3 步，執行程式。在「檢視」索引標籤下按一下「巨集」下三角按鈕，然後選擇「檢視巨集」選項，開啟「巨集」對話方塊。在該對話方塊中，選取「應收帳款帳齡分析」，並按一下「執行」按鈕，執行程式。

第 4 步，檢視新增的工作表。上一步操作後，當前活頁簿中會新增工作表 2，其中顯示了未收回金額不為零的客戶資料，包括未收回金額、到期日期和計算後的帳齡，作為建立樞紐分析表的來源資料，如圖 8-16 所示。

	A	B	C	D	E	F
1	客戶名稱	未收回金額	到期日期	帳齡		
2	A公司	30000	8月31日	13.40		
3	B公司	40000	8月31日	13.40		
4	A公司	30000	9月7日	13.17		
5	D公司	20000	9月7日	13.17		
6	E公司	2000	9月7日	13.17		
7	C公司	40000	9月7日	13.17		
8	A公司	10	9月10日	13.07		
9	B公司	22000	9月10日	13.07		
10	B公司	2000	9月14日	12.93		
11	D公司	30000	9月14日	12.93		
12	A公司	54000	10月11日	12.03		
13	B公司	3400	10月11日	12.03		
14	C公司	8000	10月11日	12.03		
15	E公司	15800	10月11日	12.03		
16	A公司	14400	10月12日	12.00		

應收帳款樞紐分析 ｜ 應收帳款帳齡分析 ｜ 工作表2 ｜ 記錄

圖 8-16 取得的來源資料

第 5 步，檢視建立的樞紐分析表。工作表 2 的來源資料取得完畢後，程式會立即根據這些資料建立樞紐分析表，並存放在「應收帳款帳齡分析」工作表中，如圖 8-17 所示。

	A	B	C	D	E	F	G
1	**求和項:未收回金額**	**欄標籤**					
2	**列標籤**	**A公司**	**B公司**	**C公司**	**D公司**	**E公司**	**總計**
3	-0.6-0	71460	2800	9752	32320	43201	159533
4	0-0.6	7850	61000	5180	53980	30870	158880
5	1.2-1.8	68400	3400	8000		15800	95600
6	2.4-3	60010	64000	40000	50000	2000	216010
7	**總計**	**207720**	**131200**	**62932**	**136300**	**91871**	**630023**

圖 8-17 建立的樞紐分析表

第 6 步，檢視建立的資料樞紐分析圖。圖 8-18 所示是同時建立的資料樞紐分析圖。從樞紐分析表和資料樞紐分析圖可看出，程式自動統計了到期未還款的應收帳款資訊。

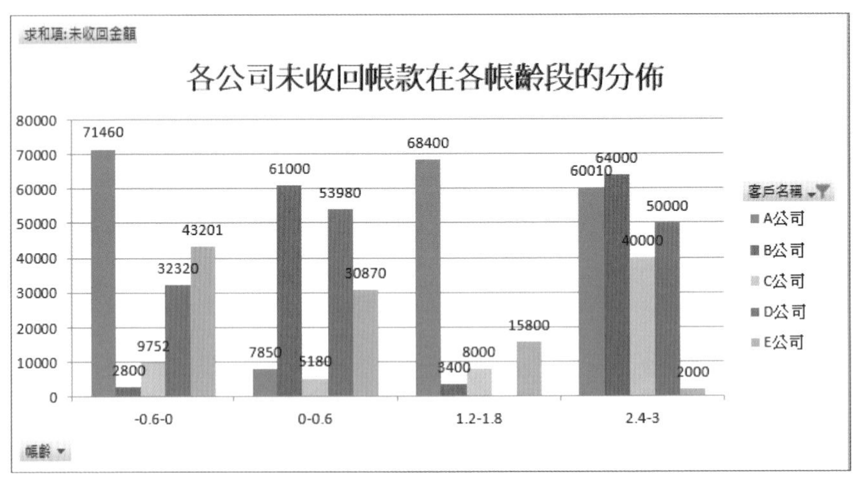

圖 8-18 建立的資料樞紐分析圖

用此方法建立的樞紐分析表和資料樞紐分析圖，可以讓財務人員輕鬆掌握哪些客戶未還款、逾期了多久、未償還款項有多少，且能分析出可能形成的呆帳情況。

8.2.3 批次建立催款單

統計出應收帳款餘額和帳齡後，接下來應根據企業設定的帳齡底線進行催款。催款方式有多種，如電話催款、郵件催款、傳真催款或上門催款等，但無論採用哪一種催款方式，都有必要為欠款單位製作一份催款單，以清楚記錄欠款金額和其他資訊。

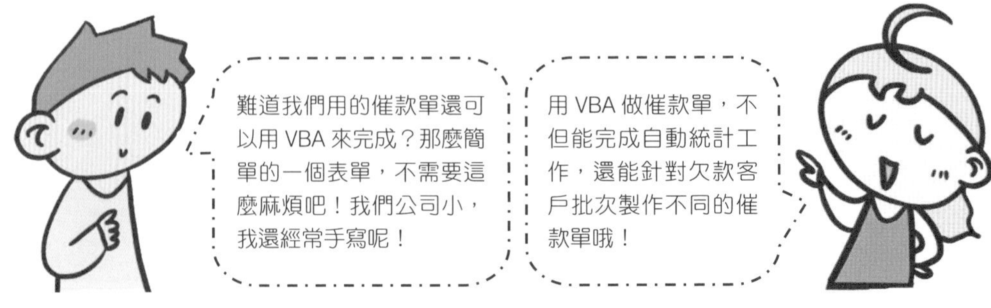

難道我們用的催款單還可以用 VBA 來完成？那麼簡單的一個表單，不需要這麼麻煩吧！我們公司小，我還經常手寫呢！
用 VBA 做催款單，不但能完成自動統計工作，還能針對欠款客戶批次製作不同的催款單哦！

範例應用 8-4 自動統計未還金額並建立多個催款單

原始檔 範例檔>08>完成檔>8.2.2 應收帳款帳齡分析.xlsm

完成檔 範例檔>08>完成檔>8.2.3 催款單.xlsm

第 1 步，建立範本。開啟原始檔，隱藏除「記錄」工作表之外的其他表格，然後新增「催款單範本」工作表，並設計範本，效果如圖 8-19 所示。

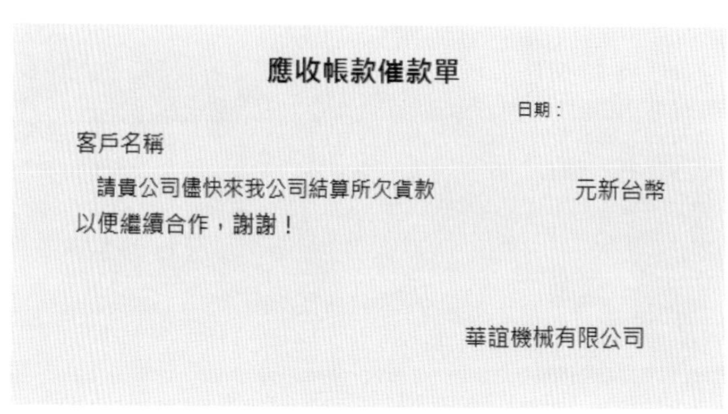

應收帳款催款單
日期：
客戶名稱
請貴公司儘快來我公司結算所欠貨款
元新台幣
以便繼續合作，謝謝！
華誼機械有限公司

圖 8-19 催款單範本

第 2 步，輸入程式碼。進入 VBA 程式設計環境，插入模組 3，然後輸入以下程式碼。此處同樣省略了前半部分提取資料的程序。

行號	程式碼	程式碼註解

```
01  Sub 催款單()
    ......
02    ActiveWorkbook.Names.Add Name:="MyRange", RefersTo:=_
      Temp.Range(Cells(1, 1), Cells(RNum - 1, 3))
03    ActiveWorkbook.Names.Add Name:="DataRange", RefersTo:=_
      Temp.Range(Cells(1, 2), Cells(RNum - 1, 2))
04    Dim mySht As Worksheet
05    Set mySht = Worksheets.Add
06    Temp.Range("A:A").Copy mySht.Range("A1")
07    mySht.Range("A:A").RemoveDuplicates _
      Columns:=1, Header:=xlYes
08    Dim a As Integer
09    a = mySht.Range("A1").CurrentRegion.Rows.Count
10    mySht.Range("B1") = "各公司拖欠貨款額"
```

第 2、3 行程式碼：自訂名稱 MyRange 和 DataRange，以便在後續進行計算時，可直接使用名稱來參照資料區域。

第 4～13 行程式碼：將 Temp 工作表中的客戶名稱複製到新工作表中，並刪除重複項目，然後利用 SUMIF() 工作表函數計算各公司的應收帳款金額。

行號 程式碼 程式碼註解

```
11    mySht.Range("B2").FormulaR1C1 = _
      "=SUMIF(MyRange,RC[-1],DataRange)"
12    Range("B2").Select
13    Selection.AutoFill Destination:=mySht.Range(Cells(2, 2), _
      Cells(a, 2)), Type:=xlFillDefault
14    For i = 2 To a
15      Worksheets("催款單範本").Copy after:=Sht
16      ActiveSheet.Name = mySht.Cells(i, 1) & "應收帳款催款單"
17      ActiveSheet.Range("C4") = mySht.Cells(i, 1)
18      ActiveSheet.Range("F3") = Date
19      ActiveSheet.Range("F3").NumberFormat = "YYYY-MM-DD"
20      With ActiveSheet.Range("C4").Font
21        .Name = "微軟正黑體"
22        .Size = 13
23        .Bold = True
24      End With
25      ActiveSheet.Range("E5") = mySht.Cells(i, 2)
26      With ActiveSheet.Range("E5").Font
27        .Name = "微軟正黑體"
28        .Size = 13
29        .Bold = True
30        .Italic = True
31      End With
32    Next i
33    Temp.Visible = xlSheetVeryHidden
34    mySht.Visible = xlSheetVeryHidden
35  End Sub
```

第 14～36 行程式碼：複製催款單範本，並將計算出的各公司應收帳款寫入新工作表的指定位置，然後設定儲存格格式，在填寫完催款單後，隱藏 Temp 和 mySht 兩個臨時工作表。

第 3 步，新增按鈕。返回「催款單範本」工作表，新增「填寫催款單」按鈕，並指定巨集名為「催款單」。

第 4 步，執行程式，檢視結果。按一下上一步新增的按鈕，待程式執行後，活頁簿中會自動建立 5 個工作表，分別為各公司的應收帳款催款單，且催款單中自動填寫了日期、客戶名稱及所欠金額數，如圖 8-20 所示。

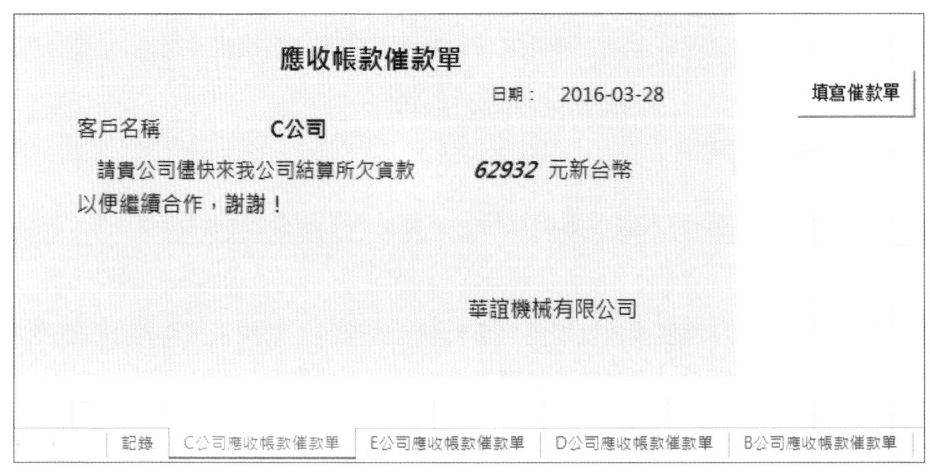

應收帳款催款單
日期： 2016-03-28
填寫催款單
客戶名稱 C公司
請貴公司儘快來我公司結算所欠貨款 62932 元新台幣
以便繼續合作，謝謝！
華誼機械有限公司
記錄
C公司應收帳款催款單
E公司應收帳款催款單
D公司應收帳款催款單
B公司應收帳款催款單

圖 8-20 建立的多個催款單

8.3 企業壞帳一鍵提取

壞帳是指企業無法收回或收回可能性很小的應收帳款。企業發生壞帳是一種正常現象，一項應收帳款在什麼時候才能被確認為壞帳，都是透過會計準則或制度確定的。一般來說，企業的應收帳款只要符合以下條件之一，就可以被確認為壞帳：

- 因債務人死亡，以其遺產清償後仍無法收回；
- 因債務人破產，以其破產財產清償後仍無法收回；
- 債務人較長時期內未履行償債義務，並有足夠的證據表明無法收回或收回的可能性很小。

應收帳款一旦被確認為壞帳後，就需要對壞帳進行處理，通常用直接轉銷法或備抵法來處理壞帳損失。直接轉銷法就是在壞帳實際發生時，直接借記「管理費用」科目，貸記「應收帳款」科目，這種方法核算起來最直接、簡單，不需要設定壞帳準備科目；而備抵法相對複雜些，它需要在壞帳實際發生前，預估出壞帳損失，並借記「管理費用」科目，貸記「壞帳準備」科目，且在壞帳實際發生時，還需要借記「壞帳準備」科目，貸記「應收帳款」科目才能抵銷。

下面將以備抵法作為切入點，使用 VBA 程式碼進行對壞帳準備金的提取。以範例應用 8-2 中的原始檔為例，假設企業規定貨款逾期天數不超過 30 天時，按應收帳款的 2% 來提取壞帳準備金；當逾期天數不超過 60 天時，按應收帳款的 3% 提取；當逾期天數不超過 90 天時，按應收帳款的 5% 提取；當逾期天數超過 90 天時，按應收帳款的 7% 提取。下面就用 VBA 程式碼來提取各公司的壞帳準備金。

範例應用 8-5 自動提取壞帳準備金

原始檔 範例檔>08>原始檔>8.2.1 應收帳款記錄表.xlsx

完成檔 範例檔>08>完成檔>8.3 壞帳提取處理.xlsm

第 1 步，檢視原始檔並新增工作表。開啟原始檔，新增「壞帳提取比例」工作表，然後將上文中設定的比例資料輸入表格中，如圖 8-21 所示。

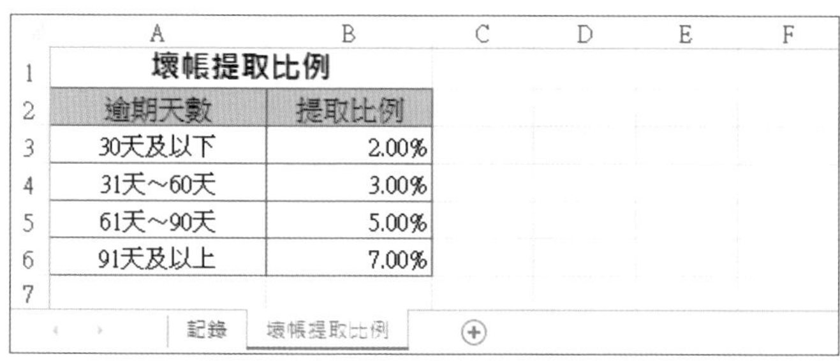

	A	B	C	D	E	F
1	壞帳提取比例					
2	逾期天數	提取比例				
3	30天及以下	2.00%				
4	31天~60天	3.00%				
5	61天~90天	5.00%				
6	91天及以上	7.00%				
7						

圖 8-21 壞帳提取比例

第 2 步，輸入程式碼。進入 VBA 程式設計環境插入模組 1，透過屬性視窗修改模組的名稱為「提取壞帳準備金」，然後在其程式碼視窗中，輸入程式碼。下面的程式碼省略了前半部分提取資料和建立樞紐分析表的程式碼，以及最後設定儲存格格式的程式碼。

行號	程式碼	程式碼註解

```
01  Sub 提取各公司的壞帳準備金 ()
    ......
02    myTab.Range("C3").Select
03    Selection.Group Start:=1, End:=90, By:=30
04    Dim mySht As Worksheet
05    Set mySht = Worksheets.Add
06    mySht.Name = "各公司壞帳提取準備金"
07    mySht.Range("A1") = "客戶名稱"
08    mySht.Range("B1") = "提取壞帳金額"
09    With mySht.Range("A1:B1")
10      .Font.Name = "微軟正黑體"
11      .Font.Size = 15
12      .Font.Bold = True
13    End With
14    Dim x As Integer, y As Integer, z As Integer
15    y = 2
16    x = myTab.Range("B2").CurrentRegion.Rows.Count
17    z = myTab.Range("B2").CurrentRegion.Columns.Count
18    Dim BL As Worksheet
19    Set BL = Worksheets("壞帳提取比例")
20    For i = 4 To x + 1
21      mySht.Cells(y, 1) = myTab.Cells(i, 2)
22      If z <= 5 Then
23        mySht.Cells(y, 2) = myTab.Cells(i, 3) * BL.Range("B3") _
          + myTab.Cells(i, 4) * BL.Range("B4") + _
          myTab.Cells(i, 5) * BL.Range("B5")
```

第 2 ～ 13 行程式碼：按照設定的條件組合逾期天數欄位，然後新增工作表並填寫標題列。

第 14 ～ 28 行程式碼：根據壞帳提取比例，計算各公司在不同逾期天數內的提取金額總和，並寫入新工作表。

行號	程式碼	程式碼註解

```
      Else
        mySht.Cells(y, 2) = myTab.Cells(i, 3) * BL.Range("B3") _
        + myTab.Cells(i, 4) * BL.Range("B4") + _
        myTab.Cells(i, 5) * BL.Range("B5") + _
        myTab.Cells(i, 6) * BL.Range("B6")
      End If
      y = y + 1
    Next i
  ……
  End Sub
```

第 3 步，新增按鈕。切換至「壞帳提取比例」工作表，新增「提取壞帳比例」按鈕，並指定巨集名「提取各公司的壞帳準備金」。

第 4 步，檢視提取結果。按一下上一步新增的按鈕後，活頁簿中會新增「各公司壞帳提取準備金」工作表，表中顯示了 5 家客戶的提取壞帳金額，如圖 8-22 所示。

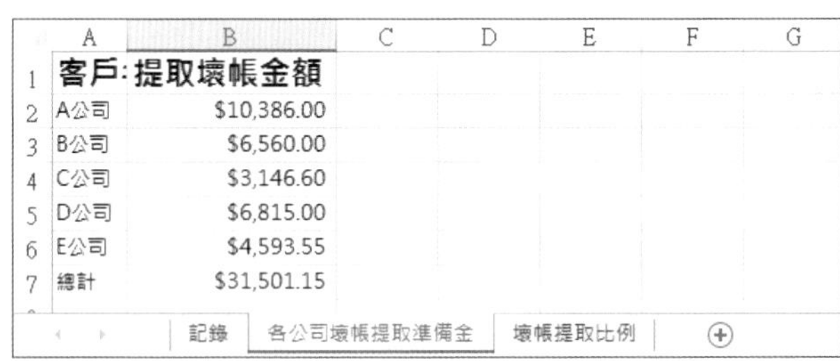

	A	B
1	客戶:	提取壞帳金額
2	A公司	$10,386.00
3	B公司	$6,560.00
4	C公司	$3,146.60
5	D公司	$6,815.00
6	E公司	$4,593.55
7	總計	$31,501.15

圖 8-22 提取結果

市場與銷售管理

市場與銷售管理工作的主要內容是對市場價格和銷售資料的分析。本章主要透過 VBA 程式碼，完成與銷售有關的資料分析，如動態顯示不同時段內的銷售資料、互動式顯示需要的資料，以及有關企業營收的個性化圖表製作。

9.1 動態分析市場銷售資料

企業的經營活動離不開對市場的分析和對銷售的管理。市場是產品或服務產生價值的地方，而銷售管理是提高銷售額的直接方法。在產品市場分析與銷售管理環節中，同樣可以使用 VBA 來完成一些自動化操作，如價格敏感度分析、銷售動態曲線分析、盈虧狀況分析等。VBA 在其中發揮的作用，主要是自動建立靈活多變的圖表來直覺呈現資料的變動，以更完善地分析市場資料，從而採取符合市場變動的策略。

用 VBA 來解決日常辦公問題還能理解，但是要用它來分析價格敏感度，我實在是無法想像！

這說明你學得太少了，你在網上搜尋，還是有很多用 VBA 分析價格的實例。這足以說明它有絕對的優勢！

價格是影響廠商、經銷商、顧客和產品市場前途的重要因素，因此，制定正確的價格策略是維護廠商利益、調動經銷商積極性、吸引顧客購買、戰勝競爭對手、開發和鞏固市場的關鍵。企業透過對產品價格進行敏感度分析，有助於瞭解自身產品在消費市場中，適當的價格區間內，最終找到產品最合適的價格，及時完成價格調整，取得更多利潤。

在價格敏感度調查研究中，通常將消費者對產品價格的態度分為 5 個層次：很便宜、便宜、一般、有點貴、很貴。這裡假設在 100 ～ 200 元的範圍內，以 10 元為一個遞增點，對消費者進行價格敏感度測試。

範例應用 9-1 建立價格敏感度圖表並新增滑桿

原始檔 範例檔>09>原始檔>9.1 價格敏感度.xlsx

完成檔 範例檔>09>完成檔>9.1 價格敏感度分析.xlsm

第 1 步，檢視原始表格。開啟原始檔，如圖 9-1 所示。該表記錄了價格在 100 ～ 200 元之間變動時，消費者態度的 5 個層次百分比情況。

	A	B	C	D	E	F	G	H	I	J	K	L
1	價格敏感度分析											
2		$100	$110	$120	$130	$140	$150	$160	$170	$180	$190	$200
3	很便宜	38%	32%	25%	20%	19%	16%	14%	10%	8%	6%	5%
4	便宜	28%	25%	21%	18%	18%	16%	16%	17%	12%	10%	8%
5	一般	22%	20%	23%	21%	20%	19%	20%	19%	15%	12%	10%
6	有點貴	8%	15%	18%	20%	22%	24%	25%	31%	35%	40%	44%
7	很貴	4%	8%	13%	21%	21%	25%	25%	23%	30%	32%	33%
8												

圖 9-1 價格敏感度表

第 2 步，在模組中輸入程式碼。進入 VBA 程式設計環境插入模組 1，然後輸入建立圖表程序的程式碼。其中省略了刪除目前活頁簿中，已存在名稱的程式碼。

行號	程式碼	程式碼註解

```
01  Sub 價格敏感度分析 ()
02    Dim Sht As Worksheet, myCell As Range
    ......
03    Dim Num As Integer
04    Num = Sht.Range("A1").CurrentRegion.Rows.Count
05    For i = 2 To Num
06      ActiveWorkbook.Names.Add Name:="MyRange" & CStr(i), _
        RefersTo:="=OFFSET(" & Sht.Cells(i, 2).Address() & _
        ",0,0,1," & myCell.Address() & ")"
07    Next i
08    ActiveSheet.Shapes.AddChart.Select
09    ActiveChart.ChartType = xlLineMarkers
10    For i = 3 To Num
11      ActiveChart.SeriesCollection.NewSeries
12      ActiveChart.SeriesCollection(i - 2).Name = Sht.Cells(i, 1)
13      ActiveChart.SeriesCollection(i - 2).Values = _
        "= 價格敏感度分析 .xlsm!MyRange" & CStr(i)
14    Next i
15    ActiveChart.SeriesCollection(Num - 2).XValues = _
      "= 價格敏感度分析 .xlsm!MyRange2"
16    ActiveChart.HasTitle = True
17    With ActiveChart.ChartTitle
18      .Text = " 價格敏感度分析 "
19      .Font.Name = " 標楷體 "
20      .Font.Size = 14
21    End With
22    ActiveChart.HasLegend = True
23    ActiveChart.Legend.Select
```

第 3 ～ 7 行程式碼：統計目前資料區域的列數，然後用迴圈語法定義多個新名稱，以便在接下來建立圖表時參照。

第 8 ～ 15 行程式碼：建立空白圖表，並利用 NewSeries 方法，新增新數列，該數列使用之前定義的名稱來參照資料區域。

第 16 ～ 21 行程式碼：新增圖表標題。

第 22 ～ 24 行程式碼：設定圖例位置。

行號	程式碼	程式碼註解

```
24    ActiveChart.SetElement (msoElementLegendBottom)
25    ActiveChart.PlotArea.Interior.Color = RGB(237, 197, 255)
26    ActiveChart.ChartArea.Interior.Color = RGB(255, 227, 197)
27    ActiveChart.ChartArea.Height = 200
28    ActiveChart.ChartArea.Width = 480
29    ActiveSheet.ScrollBars.Add(515.25, 97.5, 164.25, 21).Select
30    Selection.ShapeRange.ScaleHeight 0.8, msoFalse, _
      msoScaleFromTopLeft
31    With Selection
32      .Value = 11
33      .Min = 1
34      .Max = 11
35      .SmallChange = 1
36      .LargeChange = 3
37      .LinkedCell = myCell.Address()
38      .Display3DShading = True
39    End With
40  End Sub
```

第 25 ～ 28 行程式碼：設定圖表區和繪圖區格式。

第 29 ～ 39 行程式碼：繪製滑桿並設定滑桿控制資訊。

第 3 步，新增按鈕。返回工作表，新增表單按鈕，並指定巨集名稱為「價格敏感度分析」，然後修改按鈕文字為「價格敏感度分析」。

第 4 步，建立圖表。按一下上一步新增的「價格敏感度分析」按鈕，此時工作表中會自動建立價格敏感度分析折線圖，效果如圖 9-2 所示。由於建立的預設圖表中，顯示的資料標記影響了圖表的可讀性，所以在圖中取消了資料標記的顯示。

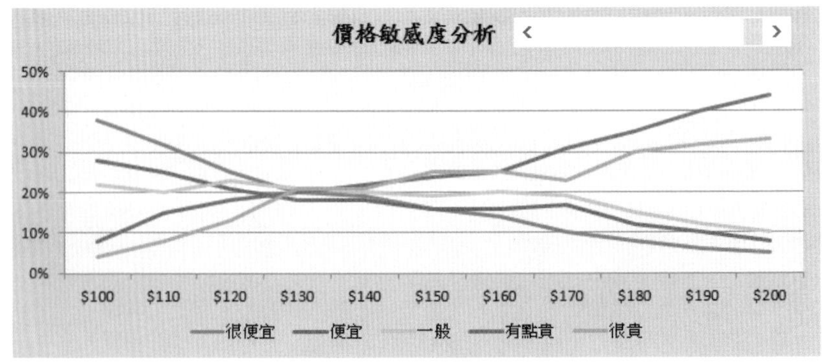

圖 9-2 自動建立的折線圖

第 5 步，調整圖表顯示的價格範圍。按一下圖表中的滑桿，縮小價格範圍至 100 ～ 170 元，圖表中的折線和水平座標刻度也相對產生變化，如圖 9-3 所示。新增滑桿的作用就是方便檢視變動的價格範圍對定價的影響。結合圖 9-2 和圖 9-3 可看出，130 ～ 145 元是比較合理的價格區間。為了實現利潤最大化，可考慮將價格定為 145 元。

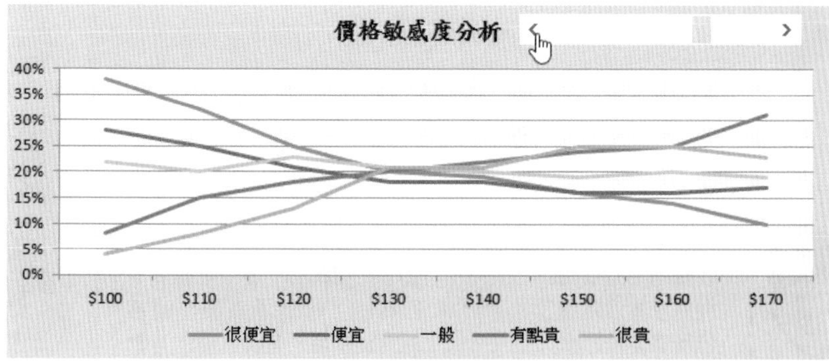

圖 9-3 變化的圖表

9.2 互動式分析銷售資料趨勢

在資料的分析過程中，常用互動方式完成按照使用者的需求來動態顯示資料，而圖表的製作同樣可以用互動方式來完成。例如，只需指定要在圖表中呈現的關鍵字，VBA 程式碼就可以完成圖表的建立，減少了按不同關鍵字頻繁建立同類型圖表的麻煩，這也是 VBA 智慧化、自動化特長的絕佳展現。

9.2.1 促銷方式受歡迎度分析

我覺得我分析資料的能力基本沒問題了，但是要製作動態互動式圖表，我就不知怎麼辦了！

這個不用擔心，運用前面 8 章的基礎，相信圖表製作很容易就能學會。其實所謂的互動式，也就是新增對話方塊或表單而已，還是很簡單的！

透過前面的學習可以看出，利用 VBA 程式碼建立圖表的過程並不複雜，還能實現互動功能，因此，使用 VBA 來建立圖表，也是不少業內人士的選擇。下面就以表單互動方式為例，說明如何使用 VBA 製作動態的銷售圖表。

範例應用 9-2 促銷活動受歡迎度分析

原始檔 範例檔>09>原始檔>9.2.1 促銷活動記錄.xlsx

完成檔 範例檔>09>完成檔>9.2.1 促銷分析.xlsm

第 1 步，檢視原始表格。開啟原始檔，如圖 9-4 所示。該工作表記錄了幾款產品在不同促銷活動中的銷量情況。

第 2 步，新增命令按鈕。在目前工作表中新增命令按鈕，然後開啟屬性視窗，設定按鈕的名稱和 Caption 值，如圖 9-5 所示。

促銷商品銷量報表					
產品類型	降價折扣	抽獎	買一送一	贈優惠券	送小禮品
A產品	1245	998	1356	863	1025
B產品	1120	1011	1420	763	1001
C產品	986	878	1263	698	963
D產品	869	945	1348	799	846
E產品	1020	1023	1420	896	969
F產品	990	963	1211	936	820

圖 9-4 銷量報表

分析 CommandButton

字母順序 性質分類

(Name)	分析
Accelerator	
AutoLoad	False
AutoSize	False
BackColor	&H8000000F&
BackStyle	1 - fmBackStyleOpaque
Caption	促銷活動分析
Enabled	True
Font	微軟正黑體

圖 9-5 屬性設定

第 3 步，新增資料區域。將工作表表頭的 A2:F2 區域複製貼上到 A10:F10 區域。其下方的 A11:F11 區域，將用來存放根據使用者的選擇，篩選出來的資料，當作建立圖表的來源資料。

第 4 步，設計自訂表單。進入 VBA 程式設計環境，插入自訂表單，開啟屬性視窗，設定自訂表單的名稱為 MyForm，Caption 值為「促銷方式受歡迎度分析」。然後在表單上新增各種控制項，效果如圖 9-6 所示。由於後面的程式碼需要用到表單上的選項按鈕和核取方塊控制項，因此這裡只針對選項按鈕和核取方塊控制項的屬性進行註解，如表 9-1 所示。

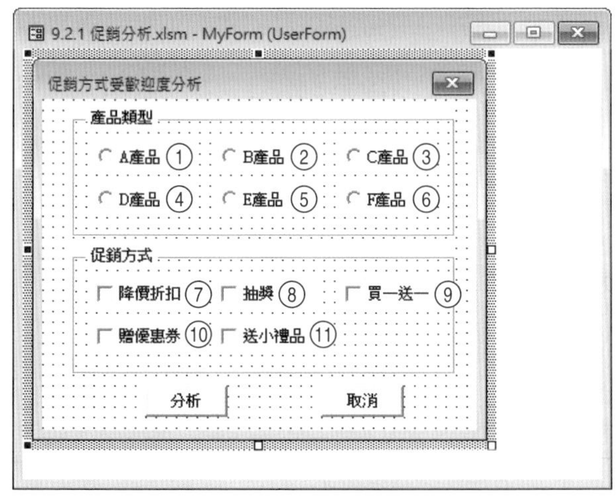

圖 9-6 設計好的自訂表單

表 9-1 控制項屬性

序號	控制項類型	屬性	值
①	選項按鈕	Caption	A 產品
		Name（名稱）	AA
②	選項按鈕	Caption	B 產品
		Name（名稱）	BB
③	選項按鈕	Caption	C 產品
		Name（名稱）	CC
④	選項按鈕	Caption	D 產品
		Name（名稱）	DD
⑤	選項按鈕	Caption	E 產品
		Name（名稱）	EE
⑥	選項按鈕	Caption	F 產品
		Name（名稱）	FF
⑦	核取方塊	Caption	降價折扣
		Name（名稱）	JJ
⑧	核取方塊	Caption	抽獎
		Name（名稱）	CJ
⑨	核取方塊	Caption	買一送一
		Name（名稱）	MS
⑩	核取方塊	Caption	贈優惠券
		Name（名稱）	ZQ
⑪	核取方塊	Caption	送小禮品
		Name（名稱）	SL

第 5 步，為自訂表單編寫程式碼。在專案資源管理器中右擊 MyForm，然後以檢視程式碼的方式，開啟表單的程式碼視窗，並輸入以下程式碼。這裡只顯示了前半部分程式碼，省略了後半部分的圖表製作程式碼，讀者可到完成檔中檢視。

行號 | 程式碼 | 程式碼註解

```
01 Private Sub OK_Click()
02   Dim Sht As Worksheet
03   Set Sht = Worksheets("各促銷方式的銷量統計")
04   Sht.Range("A11:F11").ClearContents
05   If AA.Value = True Then
06     Sht.Range("A11") = "A 產品"
07   End If
08   If BB.Value = True Then
09     Sht.Range("A11") = "B 產品"
10   End If
11   If CC.Value = True Then
12     Sht.Range("A11") = "C 產品"
13   End If
14   If DD.Value = True Then
15     Sht.Range("A11") = "D 產品"
16   End If
17   If EE.Value = True Then
18     Sht.Range("A11") = "E 產品"
19   End If
20   If FF.Value = True Then
21     Sht.Range("A11") = "F 產品"
22   End If
23   If JJ.Value = True Then
24     Sht.Range("B11") = WorksheetFunction.VLookup_
        (Sht.Range("A11"), Sht.Range("A2:F8"), 2, 0)
25   End If
26   If CJ.Value = True Then
27     Sht.Range("C11") = WorksheetFunction.VLookup_
        (Sht.Range("A11"), Sht.Range("A2:F8"), 3, 0)
28   End If
29   If MS.Value = True Then
30     Sht.Range("D11") = WorksheetFunction.VLookup_
        (Sht.Range("A11"), Sht.Range("A2:F8"), 4, 0)
31   End If
32   If ZQ.Value = True Then
33     Sht.Range("E11") = WorksheetFunction.VLookup_
        (Sht.Range("A11"), Sht.Range("A2:F8"), 5, 0)
```

第 2～22 行程式碼：將使用者選擇的產品類型寫入指定的儲存格。

第 23～37 行程式碼：根據使用者選擇的產品類型，將該產品採用不同促銷方式時的銷量寫入指定的儲存格。

```
    End If
    If SL.Value = True Then
      Sht.Range("F11") = WorksheetFunction.VLookup_
      (Sht.Range("A11"), Sht.Range("A2:F8"), 6, 0)
    End If
  ......
```

第 6 步，執行程式碼。返回工作表，按一下「促銷活動分析」按鈕，將彈出「促銷方式受歡迎度分析」表單，在「產品類型」選項群組中，選取「B 產品」，然後在「促銷方式」選項群組中，勾選除「抽獎」外的其他 4 個核取方塊，最後按一下「分析」按鈕，如圖 9-7 所示。

第 7 步，檢視結果。上一步操作後，程式將根據使用者的選擇，建立群組橫條圖，且在 A11:F11 區域顯示相應的資料，如圖 9-8 所示。

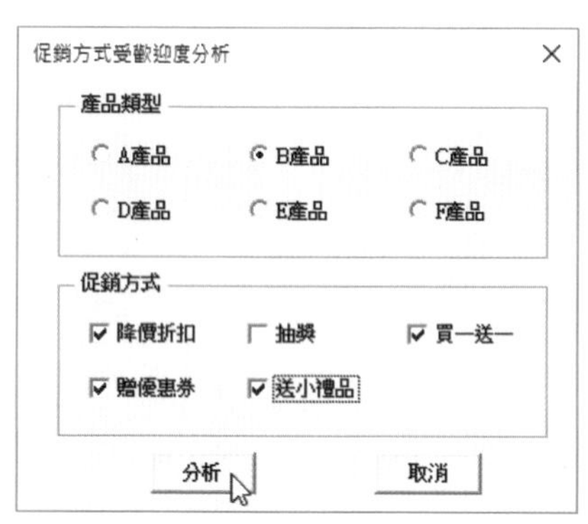

圖 9-7 互動式表單

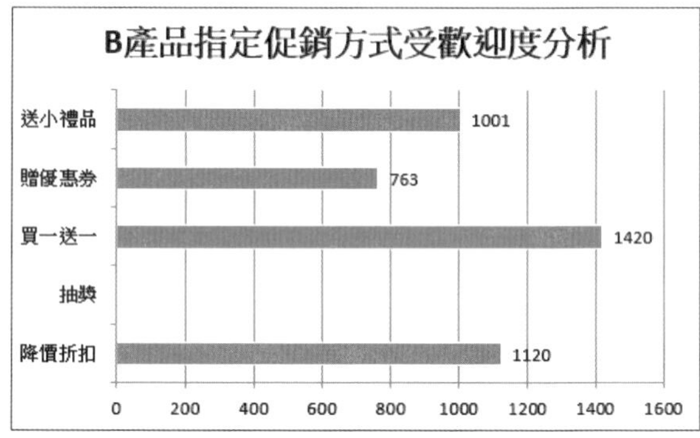

圖 9-8 製作的圖表

9.2.2 根據月份建立圖表

銷售資料常會依照時間、空間來進行分析，因而也就需要根據時間或空間建立圖表。在 VBA 的輔助下，使用者在需要時，可靈活指定月份或地區，建立多個圖表進行比對分析，不需要時也可隨意刪除。

我好像發現了新大陸！可能之前瞭解得太少，不知道還可以利用「對話」方式建立自己需要的圖表！

還是那句話，只要你懂VBA，它就能為你排憂解難！話不多說，直接看範例吧！相信沒有什麼比它更有說服力了！

範例應用 9-3 自動建立指定月份的銷售資料圖表

原始檔 範例檔>09>原始檔>9.2.2 銷量統計.xlsx

完成檔 範例檔>09>完成檔>9.2.2 銷量分佈圖.xlsm

第 1 步，檢視原始表格。開啟原始檔，如圖 9-9 所示。該表記錄了某產品在 2014 年各月各地區的銷售情況，現在要根據表格中的資料，建立不同月份的圖表進行逐月分析。

各地區銷量統計													
城市	代碼	1月	2月	3月	4月	5月	6月	7月	8月	9月	10月	11月	12月
北京	1	140	130	120	150	178	125	174	163	140	136	178	136
上海	2	156	172	169	120	140	136	120	128	152	147	124	147
天津	3	136	120	152	147	132	178	102	147	101	128	165	125
長沙	4	126	180	104	168	125	150	165	198	126	159	157	120
武漢	5	157	190	152	120	158	123	122	141	100	138	168	136
太原	6	120	120	162	157	120	100	147	102	157	178	135	169
西安	7	163	100	179	120	135	134	102	154	185	154	147	137
遼寧	8	120	140	120	197	122	127	157	120	145	126	185	158
吉林	9	170	120	158	100	100	168	168	135	125	158	123	168
成都	10	150	150	136	157	182	147	100	124	168	168	159	157
重慶	11	100	120	147	140	145	158	147	156	127	147	136	179
廣州	12	174	144	125	100	136	132	158	170	138	120	187	168
深圳	13	135	163	145	135	170	100	102	120	168	169	125	149

圖 9-9「銷量統計」工作表

第 2 步，在模組中輸入程式碼。進入 VBA 程式設計環境，插入模組 1，然後輸入以下程式碼。該段程式碼的作用是，根據使用者輸入的月份建立銷量資料的散佈圖，其中有很多關於圖表樣式的設定，如圖表區的大小、資料標記的填滿色彩等。讀者可根據需要修改這些參數值，如第 38 行程式碼，就是對資料標記填滿色彩的設定，修改括弧內的 RGB 值，就可以更改顏色。

行號 | 程式碼 | 程式碼註解

```
01 Sub 建立指定月份銷量分佈圖 ()
02   Dim Sht As Worksheet, Num As Integer, Col As Integer
03   Set Sht = Worksheets("銷量統計")
04   Num = Sht.Range("A1").CurrentRegion.Rows.Count
05   Col = Sht.Range("A1").CurrentRegion.Columns.Count
06   Dim myRange1 As Range, myRange2 As Range
07   Set myRange1 = Sht.Range("A2:A15")
08   Dim myStr As String
09   myStr = InputBox("請輸入需要建立分佈圖表的月份", "月份")
10   For i = 2 To Col
11     If Sht.Cells(2, i) = Trim(myStr) Then
12       Set myRange2 = Sht.Range(Cells(2, i), Cells(Num, i))
13     End If
14   Next i
15   Dim myRange3 As Range
16   Set myRange3 = Application.Union(myRange1, myRange2)
17   myRange3.Select
18   ActiveSheet.Shapes.AddChart.Select
19   ActiveChart.SetSourceData Source:=myRange3
20   ActiveChart.ChartType = xlXYScatter
21   ActiveChart.HasLegend = False
22   ActiveChart.HasTitle = True
23   ActiveChart.ChartTitle.Text = myStr & "銷量分佈圖"
24   ActiveChart.Axes(xlValue).Select
25   ActiveChart.Axes(xlValue).MinimumScale = 90
26   ActiveChart.Axes(xlValue).MaximumScale = 200
27   ActiveChart.Axes(xlValue).MajorUnit = 10
28   ActiveChart.Axes(xlValue).MinorUnit = 4
29   ActiveChart.Axes(xlCategory).Select
30   ActiveChart.Axes(xlCategory).MinimumScale = 0
31   ActiveChart.Axes(xlCategory).MaximumScale = 14
32   ActiveChart.Axes(xlCategory).MajorUnit = 1
33   ActiveChart.Axes(xlCategory).MinorUnit = 0.5
34   ActiveChart.SeriesCollection(1).Select
35   With Selection
36     .MarkerStyle = xlMarkerStyleCircle
37     .MarkerSize = 10
38     .MarkerBackgroundColor = RGB(54, 54, 54)
39   End With
40   ActiveChart.ChartArea.Height = 180
41   ActiveChart.ChartArea.Width = 450
42 End Sub
```

第 2～14 行程式碼：利用 InputBox() 函數，取得使用者輸入需要建立圖表的月份，再利用 For…Next 和 If 語法，取得對應月份的各地區銷量資料。

第 15～23 行程式碼：利用 Application.Union 方法合併兩個資料區域，然後根據合併後的資料區域建立散佈圖，並新增圖表標題和隱藏圖例。

第 24～33 行程式碼：設定數值座標 X 軸和 Y 軸的刻度值。

第 34～41 行程式碼：將資料數列 1 的資料標記設定為圓形，並設定其填滿色彩和大小，然後根據需要設定圖表區的大小。

第 3 步，新增按鈕。返回工作表，新增表單按鈕，並指定巨集名稱為「建立指定月份銷量分佈圖」，然後修改按鈕文字為「建立指定月份銷量分佈圖」。

第 4 步，輸入月份值。按一下上一步新增的「建立指定月份銷量分佈圖」按鈕，會彈出「月份」對話方塊，然後在文字方塊中輸入月份值，如此處輸入的是「6 月」，如圖 9-10 所示。

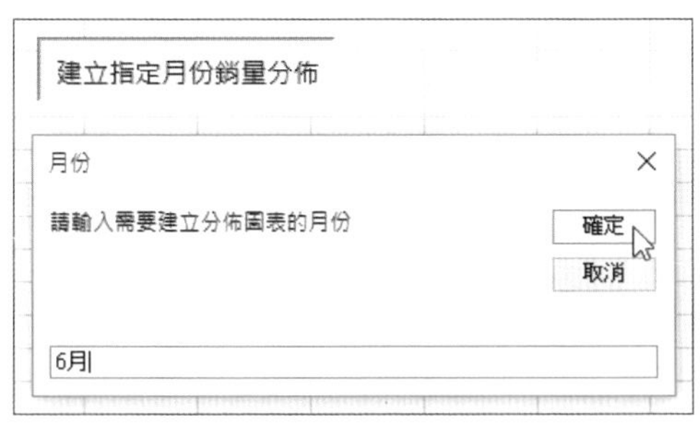

圖 9-10 輸入月份

第 5 步，檢視建立的圖表。輸入月份後，按 Enter 鍵，即可建立散佈圖，效果如圖 9-11 所示。如果使用者覺得散佈圖不便於分析，可修改上述程式第 20 行程式碼的「xlXYScatter」為「xlColumnClustered」，即可將圖表類型修改為直條圖。

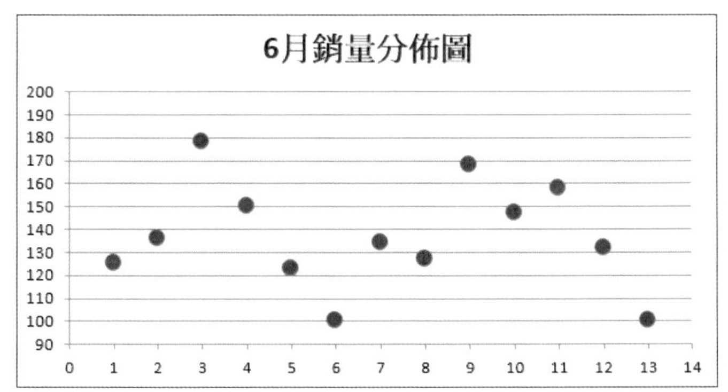

圖 9-11 自動建立的 6 月銷量分佈圖

第 6 步，建立多個圖表。使用者可繼續透過「建立指定月份銷量分佈圖」按鈕，建立任意多個圖表，如圖 9-12 所示是輸入「7 月」後，建立的 7 月銷量分佈圖。

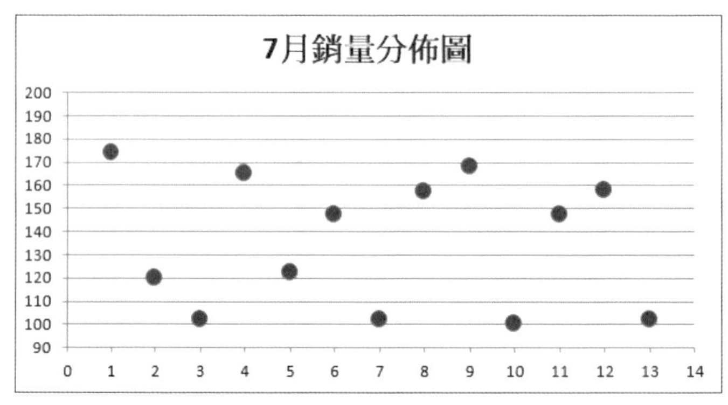

圖 9-12 7 月銷量分佈圖

9.2.3 根據指定日期建立圖表

學習了互動式圖表，我對 9.1 節的內容有了新發現！使用滑桿雖然能動態顯示資料，但是不能精確指定價格區間，只有估計後再微調。

悟性不錯嘛，這點都被你看出來了！接著來解決你提出的問題吧！製作具體時段的統計圖表。

假設有一份 2015 年上半年的銷售資料，現在需要透過圖表分析 2 月中旬至 3 月中旬的銷售額趨勢，然後分析 5 月至 6 月的銷售額趨勢。也就是說，使用者想檢視的任意時段內的資料，都可以透過圖表來顯示。這種互動式圖表當然得靠 VBA 來完成了。

範例應用 9-4 建立指定日期內的圖表

原始檔 範例檔>09>原始檔>9.2.3 上半年銷售統計.xlsx

完成檔 範例檔>09>完成檔>9.2.3 銷售曲線圖.xlsm

第 1 步，檢視原始表格。開啟原始檔，如圖 9-13 所示。該表記錄了 2015 年上半年的銷售情況。

	A	B	C	D	E
1		2015年上半年銷售記錄			
2	日期	成本單價	零售價	銷量	
3	1月1日	$ 1,200.00	$ 2,489.00	40	
4	1月2日	$ 1,200.00	$ 2,489.00	45	
5	1月3日	$ 1,200.00	$ 2,489.00	50	
168	6月14日	$ 1,400.00	$ 2,489.00	44	
169	6月15日	$ 1,400.00	$ 2,489.00	58	
170	6月16日	$ 1,400.00	$ 2,489.00	56	
171	6月17日	$ 1,400.00	$ 2,489.00	57	
172	6月18日	$ 1,400.00	$ 2,489.00	44	
173	6月19日	$ 1,400.00	$ 2,489.00	56	
174	6月20日	$ 1,400.00	$ 2,489.00	59	
175	6月21日	$ 1,400.00	$ 2,489.00	57	
176	6月22日	$ 1,400.00	$ 2,489.00	88	
177	6月23日	$ 1,400.00	$ 2,489.00	59	
178	6月24日	$ 1,400.00	$ 2,489.00	53	
179	6月25日	$ 1,400.00	$ 2,489.00	54	
180	6月26日	$ 1,400.00	$ 2,489.00	15	
181	6月27日	$ 1,400.00	$ 2,489.00	26	
182	6月28日	$ 1,400.00	$ 2,489.00	53	
183	6月29日	$ 1,400.00	$ 2,489.00	56	
184	6月30日	$ 1,400.00	$ 2,489.00	52	

圖 9-13 銷售記錄表

第 2 步，增加「銷售額」欄。本範例要製作的是銷售額的圖表，因此需要在 E 欄新增「銷售額」欄位。使用者可在此欄輸入 Excel 公式，統計出銷售額，也可將這項工作留給 VBA 程式碼去完成。為了溫習前面章節的內容，這裡將統計銷售額的過程，用 VBA 程式碼來完成。

第 3 步，提前新增按鈕。在編寫程式碼前，使用者可先新增好巨集按鈕，其中的巨集名稱為「製作銷售曲線」，然後修改按鈕文字，如圖 9-14 所示。

	A	B	C	D	E	F	G
1		2015年上半年銷售記錄					
2	日期	成本單價	零售價	銷量	銷售額		
3	1月1日	$ 1,200.00	$ 2,489.00	40			
4	1月2日	$ 1,200.00	$ 2,489.00	45		建立指定日期的銷售額圖表	
5	1月3日	$ 1,200.00	$ 2,489.00	50			
6	1月4日	$ 1,200.00	$ 2,789.00	44			
7	1月5日	$ 1,200.00	$ 2,789.00	40			
8	1月6日	$ 1,200.00	$ 2,789.00	43			
9	1月7日	$ 1,200.00	$ 2,789.00	45			
10	1月8日	$ 1,200.00	$ 2,789.00	50			
11	1月9日	$ 1,200.00	$ 2,789.00	53			

圖 9-14 新增的欄位和按鈕

第 4 步，在模組中輸入程式碼。進入 VBA 程式設計環境插入模組 1，並輸入以下完整程式碼。程式碼的開始部分便是對銷售額進行統計。

行號	程式碼	程式碼註解

```
01 Sub 製作銷售曲線 ()
02   Dim Sht As Worksheet, Num As Integer
03   Set Sht = Worksheets("銷售日記錄")
04   Dim mySht As Worksheet
05   Set mySht = Worksheets.Add
06   Num = Sht.Range("A1").CurrentRegion.Rows.Count
07   For i = 3 To Num
08     Sht.Cells(i, 5) = Sht.Cells(i, 3) * Sht.Cells(i, 4)
09   Next i
10   Dim StartDate As String, EndDate As String
11   StartDate = InputBox("請輸入要建立銷售曲線的開始月份 _
     與日期：", "開始日期")
12   EndDate = InputBox("請輸入要建立銷售曲線的結束月份 _
     與日期：", "結束日期")
13   mySht.Cells(1, 1) = "日期"
14   mySht.Cells(1, 2) = "銷售額"
15   x = 2
16   For i = 3 To Num
17     If Sht.Cells(i, 1) > CDate(StartDate) And _
       Sht.Cells(i, 1) < CDate(EndDate) Then
18       mySht.Cells(x, 1) = Sht.Cells(i, 1)
19       mySht.Cells(x, 1).NumberFormat = "MM""月""DD""日"""
20       mySht.Cells(x, 2) = Sht.Cells(i, 5)
21       x = x + 1
22     End If
23   Next i
24   Dim myRange As Range
25   mySht.Activate
26   Set myRange = mySht.Range(Cells(1, 1), Cells(x - 1, 2))
27   myRange.Select
28   ActiveSheet.Shapes.AddChart.Select
29   ActiveChart.SetSourceData Source:=myRange
30   ActiveChart.ChartType = xlLineMarkers
31   ActiveChart.HasTitle = True
32   ActiveChart.ChartTitle.Text = StartDate & "至" & _
     EndDate & "期間的日銷售額曲線圖"
33   With ActiveChart.ChartTitle
34     .Font.Name = "標楷體"
35     .Font.Size = 15
36     .Font.Bold = True
37     .Interior.Color = RGB(232, 232, 232)
38     .Shadow = True
39   End With
```

程式碼註解：

第 2 ～ 9 行程式碼：根據日銷量及零售價計算日銷售額。

第 10 ～ 23 行程式碼：取得指定的開始日期和結束日期，並取得這期間的日銷售額，將其寫入新增的臨時工作表。

第 24 ～ 30 行程式碼：選取取得的日期及銷售額，建立折線圖。

第 31 ～ 39 行程式碼：新增圖表標題，設定標題的字型樣式。

行號	程式碼	程式碼註解
40	`ActiveChart.SeriesCollection(1).Smooth = True`	第 40 ～ 46 行程式碼：設定資料數列標記樣式為平滑線，隱藏圖例，並設定圖表填滿色彩和圖表大小。
41	`ActiveChart.HasLegend = False`	
42	`ActiveChart.ChartArea.Interior.Color = RGB(207, 207, 207)`	
	`ActiveChart.ChartArea.Height = 200`	
43	`ActiveChart.ChartArea.Width = 600`	
44	`ActiveChart.Location Where:=xlLocationAsObject, _`	
45	`Name:="銷售日記錄"`	
	`mySht.Visible = xlSheetVeryHidden`	
46	`End Sub`	

第 5 步，輸入開始日期和結束日期。按一下「建立指定日期的銷售額圖表」按鈕，會彈出「開始日期」對話方塊，在文字方塊中輸入開始日期，如此處輸入「2 月 15 日」，如圖 9-15 所示。按 Enter 鍵後，會彈出「結束日期」對話方塊，在文字方塊中輸入結束日期，如此處輸入「3 月 14 日」，如圖 9-16 所示。

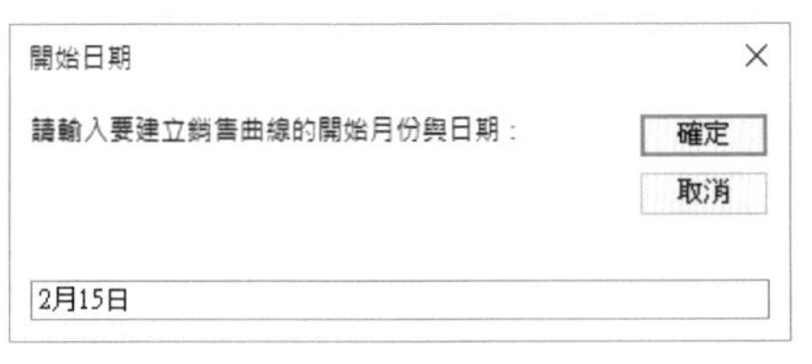

圖 9-15 輸入開始日期

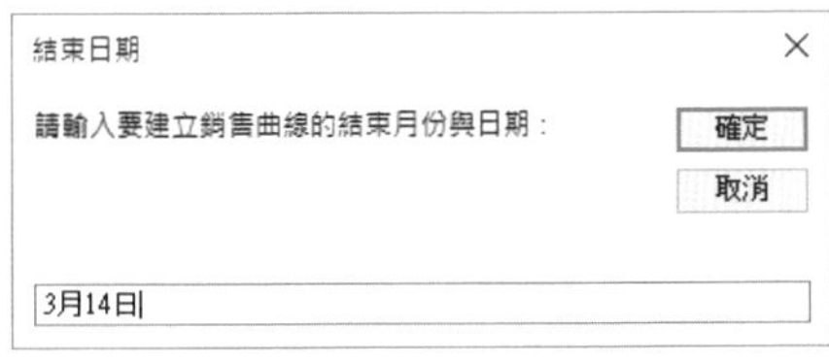

圖 9-16 輸入結束日期

第 6 步，檢視建立的圖表。輸入結束日期後，按 Enter 鍵就可檢視建立的銷售額曲線圖，如圖 9-17 所示。

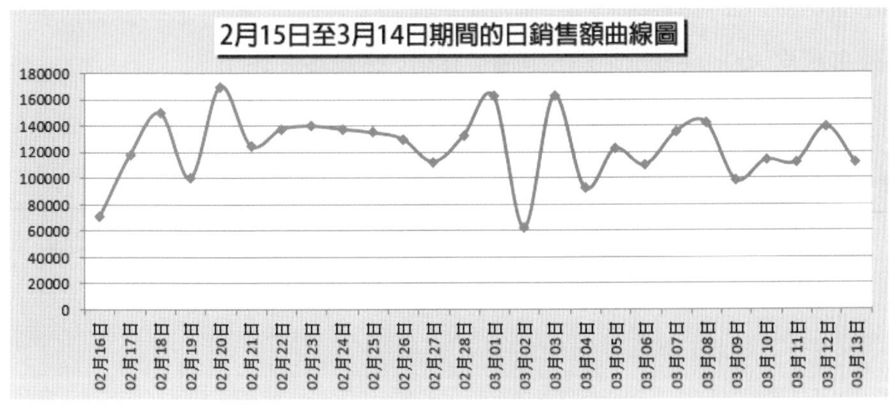

圖 9-17 根據指定日期建立的圖表

9.3 個性化分析企業營收狀況

俗話說：「字不如表，表不如圖」。由此可見，資料視覺化在日常工作中的重要性。然而資料視覺化是講究品質和美觀的，並不是將資料轉換成圖表就可以了。例如，辦公人員常用橫條圖、直條圖、折線圖等分析資料，只要能看出趨勢、對比出大小就算達到目的。然而若是在年終大會上，向主管與同事做總結匯報，這些基礎圖表就顯得有些簡陋。下面就來介紹兩種不一樣的圖表樣式，不但能有效地傳遞資訊，看起來也很美觀。

9.3.1 銷售變化環圈圖

環圈圖我也經常做，沒有什麼個性化啊！不就是圓形圖的特殊表現形式嗎？

這裡所講的環圈圖有不一樣的效果哦！它能在多個圓環之間動態變化！

產品的銷量與銷售額是常用來做銷售分析的兩項資料，透過對這兩項資料的分析，可以掌握企業的銷售狀況。下面的範例能讓使用者透過選項按鈕，控制圖表資料數列的動態顯示，如只顯示月銷量比例，或只顯示月銷售額比例，當然也可以兩者同時顯示。

範例應用 9-5 建立銷售變化環圈圖

原始檔 範例檔>09>原始檔>9.3.1 銷售記錄表.xlsx

完成檔 範例檔>09>完成檔>9.3.1 數量金額環形變動圖表.xlsm

第 1 步，檢視原始表格。開啟原始檔，該活頁簿中有一張「銷售日記錄」工作表，記錄了 2015 年上半年的產品日銷售情況，如圖 9-18 所示。

第 2 步，新增新工作表。新增新工作表，命名為「銷量與銷售額統計」，並設計表格樣式，如圖 9-19 所示。

	A	B	C	D
1	上半年銷售記錄			
2	日期	成本單價	零售價	銷量
3	104年1月1日	$ 1,200.00	$ 2,489.00	40
4	104年1月2日	$ 1,200.00	$ 2,489.00	45
5	104年1月3日	$ 1,200.00	$ 2,489.00	50
6	104年1月4日	$ 1,200.00	$ 2,789.00	44
7	104年1月5日	$ 1,200.00	$ 2,789.00	40
8	104年1月6日	$ 1,200.00	$ 2,789.00	43
9	104年1月7日	$ 1,200.00	$ 2,789.00	45

圖 9-18 原始表格

	A	B	C
1	統計上半年銷量與銷售額		
2	月份	銷量	銷售額
3	1月		
4	2月		
5	3月		
6	4月		
7	5月		
8	6月		

圖 9-19 新增的表格結構

第 3 步，在模組中輸入程式碼。進入 VBA 程式設計環境插入模組 1，然後輸入以下程式碼。該程式碼用來統計「銷量與銷售額統計」工作表中的銷量和銷售額。

行號	程式碼	程式碼註解

```
01  Sub 數量金額環形變動圖表製作 ()
02    Dim Sht As Worksheet, mySht As Worksheet
03    Set mySht = Worksheets(" 銷售日記錄 ")
04    Set Sht = Worksheets(" 銷量與銷售額統計 ")
05    Dim Num1 As Integer, Num2 As Integer
06    Num1 = mySht.Range("A1").CurrentRegion.Rows.Count
07    Num2 = Sht.Range("A1").CurrentRegion.Rows.Count
08    Dim Num As Single, JE As Single
09    For i = 3 To Num2
10      Num = 0: JE = 0
11      For j = 3 To Num1
12        If Val(Sht.Cells(i, 1)) = Month(mySht.Cells(j, 1)) Then
13          Num = Num + mySht.Cells(j, 4)
14          JE = JE + mySht.Cells(j, 3) * mySht.Cells(j, 4)
15        End If
16      Next j
17      Sht.Cells(i, 2) = Num
18      Sht.Cells(i, 3) = JE
19      Sht.Cells(i, 3).Style = "currency"
20    Next i
21    Sht.Range("E1") = 1
22    ActiveWorkbook.Names.Add Name:="Month", _
      RefersTo:=Sht.Range("A3:A8")
23    ActiveWorkbook.Names.Add Name:="ShuLiang", _
      RefersTo:="=IF(OR(" & Sht.Range("E1").Address() & "=1," _
      & Sht.Range("E1").Address() & "=2)," _
      & Sht.Range("B3:B8").Address() & ",{""""})"
```

第 2 ～ 20 行程式碼：計算銷量和銷售額，並設定銷售額數字顯示格式為貨幣格式。

第 21 ～ 24 行程式碼：根據 E1 儲存格的值，利用 IF() 函數和 OR() 函式定義名稱「Month」「Shuliang」和「XiaoShouE」，分別對應月份、銷量和銷售額。

行號	程式碼	程式碼註解

24	`ActiveWorkbook.Names.Add Name:="XiaoShouE", _`
	`RefersTo:="=IF(OR(" & Sht.Range("E1").Address() & "=1," _`
	`& Sht.Range("E1").Address() & "=3)," _`
	`& Sht.Range("C3:C8").Address() & ",{""""})"`	

第 4 步，建立環圈圖。繼續在模組 1 中輸入以下程式碼建立環圈圖，其中省略了設定圖例位置、資料標籤、圖表位置的程式碼。

行號	程式碼	程式碼註解
01	`ActiveSheet.ChartObjects.Delete`	第 1 ～ 9 行程式碼：刪除已有的圖表和選項按鈕。
02	`Dim obj As Shape`	
03	`For Each obj In ActiveSheet.Shapes`	
04	`  If obj.Type = msoFormControl Then`	
05	`    If obj.FormControlType = xlOptionButton Then`	
06	`      obj.Delete`	
07	`    End If`	
08	`  End If`	
09	`Next`	
10	`ActiveSheet.Shapes.AddChart.Select`	第 10 ～ 18 行程式碼：建立空白環圈圖，再根據定義的名稱，新增資料數列和分類座標軸值。讀者要注意根據實際情況修改程式碼中的活頁簿檔案名稱。
11	`ActiveChart.ChartType = xlDoughnut`	
12	`ActiveChart.SeriesCollection.NewSeries`	
13	`ActiveChart.SeriesCollection(1).Name = Sht.Range("B2")`	
14	`ActiveChart.SeriesCollection(1).Values = _` `"='9.3.1 數量金額環形變動圖表 .xlsm'!ShuLiang"`	
15	`ActiveChart.SeriesCollection.NewSeries`	
16	`ActiveChart.SeriesCollection(2).Name = Sht.Range("C2")`	
17	`ActiveChart.SeriesCollection(2).Values = _` `"='9.3.1 數量金額環形變動圖表 .xlsm'!XiaoShouE"`	
18	`ActiveChart.SeriesCollection(2).XValues = _` `"='9.3.1 數量金額環形變動圖表 .xlsm'!Month"`	
……		
19	`ActiveChart.ChartStyle = 10`	第 19 行程式碼：應用圖表樣式 10。
20	`ActiveSheet.OptionButtons.Add(Sht.Range("E4").Left, _` `Sht.Range("E4").Top, 55, 20).Name = "QB"`	第 20 ～ 28 行程式碼：以工作表中特定儲存格為位置基準，新增「全部」「銷量」「銷售額」選項按鈕。
21	`ActiveSheet.Shapes("QB").Select`	
22	`Selection.Characters.Text = " 全部 "`	
23	`ActiveSheet.OptionButtons.Add(Sht.Range("E5").Left, _` `Sht.Range("E5").Top, 55, 20).Name = "XL"`	
24	`ActiveSheet.Shapes("XL").Select`	
25	`Selection.Characters.Text = " 銷量 "`	

行號	程式碼	程式碼註解

```
26    ActiveSheet.OptionButtons.Add(Sht.Range("E6").Left, _
      Sht.Range("E6").Top, 55, 20).Name = "XSE"
27    ActiveSheet.Shapes("XSE").Select
28    Selection.Characters.Text = "銷售額"
29    ActiveSheet.Shapes("QB").Select
30    With Selection
31      .Value = xlOn
32      .LinkedCell = "$E$1"
33      .Display3DShading = False
34    End With
35    ActiveSheet.Range("A1").Select
36  End Sub
```

第 29～36 行程式碼:設定選項按鈕的連結儲存格為 E1 儲存格。

第 5 步，新增按鈕。返回「銷量與銷售額統計」工作表，然後新增表單控制項按鈕，指定巨集名稱為「數量金額環形變動圖表製作」，並修改按鈕文字。

第 6 步，執行程式。按一下上一步新增的「數量金額環形變動圖表製作」按鈕，表格中將統計出銷量和銷售額數據，如圖 9-20 所示。同時還建立了環圈圖和 3 個選項按鈕，如圖 9-21 所示。

統計上半年銷量與銷售額		
月份	銷量	銷售額
1月	1365	$ 3,661,957.00
2月	1366	$ 3,438,488.00
3月	1589	$ 3,930,277.00
4月	1597	$ 3,974,933.00
5月	1580	$ 3,868,120.00
6月	1449	$ 3,606,561.00

圖 9-20 統計結果

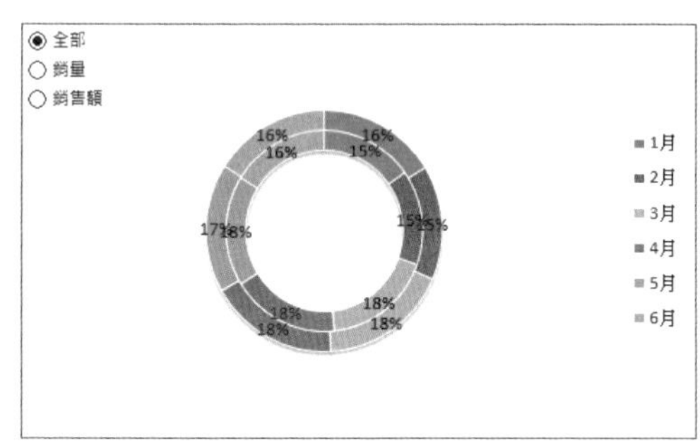

圖 9-21 建立的環圈圖和選項按鈕

第 7 步，單獨顯示銷量和銷售額比例。分別選取「銷量」和「銷售額」選項按鈕，環圈圖的結構會發生相對應的變化，如圖 9-22 和圖 9-23 所示。

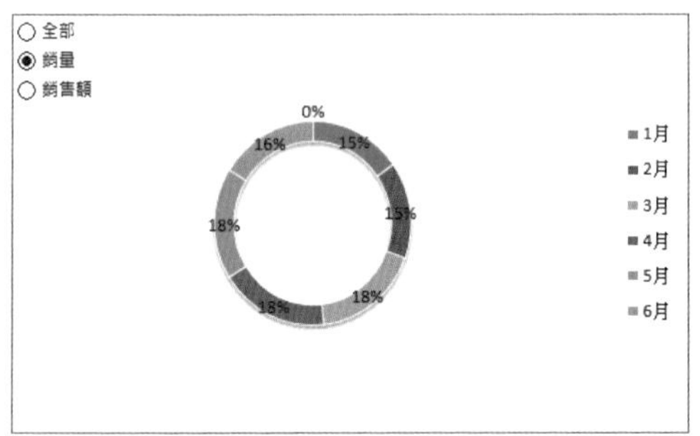

圖 9-22 銷量比例圖

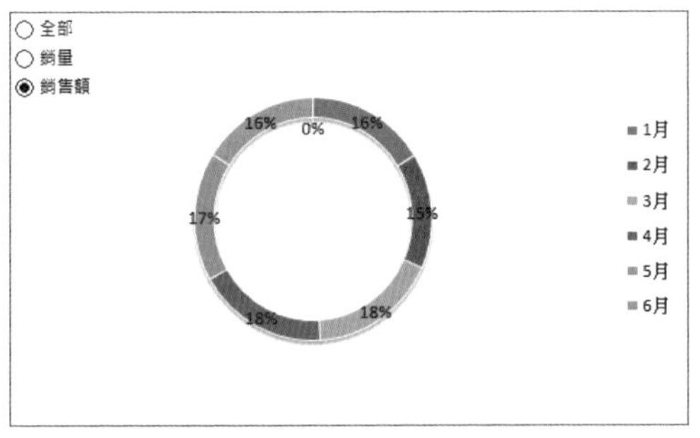

圖 9-23 銷售額比例圖

9.3.2 利潤變化階梯圖

Excel 的基礎圖表中，好像沒有階梯圖吧！是不是和折線圖的效果差不多啊？都是用來表示走勢的！

階梯圖是一種經過個性化設計的圖表。它與折線圖的區別就是可以更清楚、更具體地比對出資料的走勢！

企業為了瞭解某一段時間內的銷售利潤變化情況，可以把相等間隔的時間，所呈現的銷售利潤差額，繪製成資料變化的階梯圖。在 Excel 中，階梯圖實際上是由散佈圖和誤差線組合而成的。它主要用於描述資料的變化，並且有一定的延時性，因此用來分析各時期內的利潤變化很實用。下面會綜合運用 VBA 程式碼與一般方法來完成階梯圖的設計。

範例應用 9-6 建立並設計階梯圖

原始檔 範例檔>09>原始檔>9.3.2 銷售日記錄.xlsx

完成檔 範例檔>09>完成檔>9.3.2 利潤變化階梯圖.xlsm

第 1 步，開啟原始表格。開啟原始檔，該檔案中的資料與範例應用 9-4 中的原始檔相同。

第 2 步，新增表格。新增「銷售利潤變化階梯圖」工作表，並在表格中設計如圖 9-24 所示的表格結構。其中，X 軸誤差值和 Y 軸誤差值是製作階梯圖的輔助資料。

上半年銷售利潤抽查

日期	1/1	1/8	1/15	1/22	1/29	2/5	2/12	2/19	2/26	3/4	3/11
利潤額											
X軸誤差值											
Y軸誤差值											

銷售日記錄　銷售利潤變化階梯圖

圖 9-24 新增的表格結構

第 3 步，輸入程式碼。進入 VBA 程式設計環境，插入模組 1，輸入以下程式碼。其中省略了設定圖表座標軸刻度的程式碼。

行號	程式碼	程式碼註解

```
01  Sub 銷售利潤變化階梯圖 ()
02    Dim Sht As Worksheet, mySht As Worksheet
03    Set Sht = Worksheets(" 銷售日記錄 ")
04    Set mySht = Worksheets(" 銷售利潤變化階梯圖 ")
05    Dim Num As Integer, Col As Integer
06    Num = Sht.Range("A1").CurrentRegion.Rows.Count
07    Col = mySht.Range("A1").CurrentRegion.Columns.Count
08    For i = 2 To Col
09      For j = 3 To Num
10        If mySht.Cells(2, i) = Sht.Cells(j, 1) Then
11          mySht.Cells(3, i) = (Sht.Cells(j, 3) - _
            Sht.Cells(j, 2)) * Sht.Cells(j, 4)
12        End If
13      Next j
14    Next i
15    mySht.Range("B4") = 7
16    mySht.Range("B5") = 0
17    For i = 3 To Col
18      mySht.Cells(4, i) = mySht.Cells(2, i) - _
        mySht.Cells(2, i - 1)
19    Next i
20    mySht.Range("C5").FormulaLocal = "=C3-B3"
21    mySht.Range("C5").Select
```

第 2 ～ 14 行程式碼：根據新建的「銷售利潤變化階梯圖」工作表中的日期計算出相應的銷售利潤額，並將其寫入對應的儲存格。

第 15 ～ 22 行程式碼：根據日期和銷售利潤，計算出各日期之間的 X 軸和 Y 軸誤差值。

行號	程式碼	程式碼註解

```
22  Selection.AutoFill Destination:=Range("C5:AA5"), _
    Type:=xlFillDefault
23  Dim myRange As Range
24  Set myRange = mySht.Range(Cells(2, 1), Cells(3, Col))
25  ActiveSheet.Shapes.AddChart.Select
26  ActiveChart.SetSourceData Source:=myRange
27  ActiveChart.ChartType = xlXYScatter
28  ActiveChart.HasLegend = False
29  ActiveChart.HasTitle = True
30  ActiveChart.ChartTitle.Text = "銷售利潤變化階梯圖"
31  ActiveChart.SeriesCollection(1).Select
32  Selection.MarkerStyle = xlMarkerStyleNone
33  ActiveChart.SeriesCollection(1).HasErrorBars = True
34  ActiveChart.SeriesCollection(1).ErrorBars.Select
35  ActiveChart.SeriesCollection(1).ErrorBars.EndStyle _
    = xlNoCap
36  ActiveChart.SeriesCollection(1).ErrorBar Direction:=xlX, _
    include:= xlPlusValues, Type:=xlFixedValue, amount:=1
37  ActiveChart.SeriesCollection(1).ErrorBars.Border._
38  ColorIndex = 1
  ......
```

第 23～30 行程式碼：根據日期和銷售利潤建立散佈圖，並設定誤差線的顏色為黑色。

第 31～38 行程式碼：設定資料數列的標記為無，並新增 X 軸和 Y 軸誤差線。

第 4 步，新增按鈕。在「銷售利潤變化階梯圖」工作表中，新增「銷售利潤變化階梯圖」按鈕，並指定巨集名稱為「銷售利潤變化階梯圖」。

第 5 步，檢視計算結果。按一下新增的「銷售利潤變化階梯圖」按鈕，工作表中的利潤額、X 軸誤差值和 Y 軸誤差值都會被自動計算出來，如圖 9-25 所示。

上半年銷售利潤抽查 銷售利潤變化階梯圖

日期	1/1	1/8	1/15	1/22	1/29	2/5	2/12	2/19	2/26	3/4	3/11
利潤額	51560	79450	62350	84825	32625	64220	107445	44000	57200	53900	60984
X軸誤差值	7	7	7	7	7	7	7	7	7	7	7
Y軸誤差值	0	27890	-17100	22475	-52200	31595	43225	-63445	13200	-3300	7084

圖 9-25 計算結果

第 6 步，檢視初始圖表效果。在顯示計算結果的同時，程式還自動建立了圖表，其初始效果如圖 9-26 所示。圖中的水平座標間隔單位被手動增大了，以便能清楚檢視座標標籤。

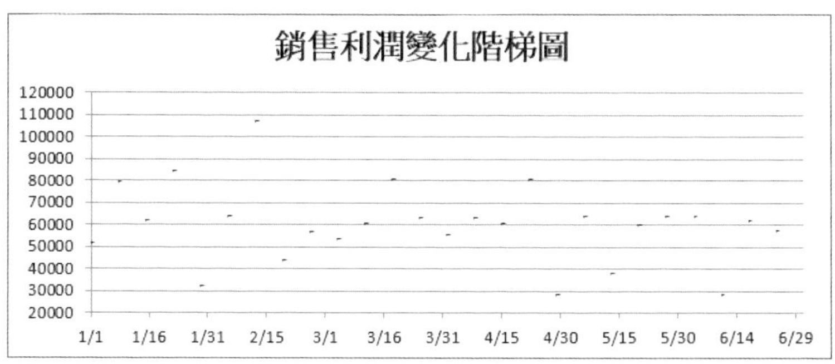

圖 9-26 初始圖表

第 7 步，設定 X 軸誤差線格式。開啟「誤差線格式」窗格，設定水平誤差線的「方向」為「正差」，「終點樣式」為「無端點」，然後自訂誤差量，按一下「指定值」按鈕，如圖 9-27 所示。在彈出的「自訂誤差線」對話方塊中，設定「正錯誤值」為「= 銷售利潤變化階梯圖 !$B$4:$AA$4」，「負錯誤值」為「={1}」，如圖 9-28 所示。

圖 9-27 指定誤差量

圖 9-28 設定錯誤值

第 8 步，設定 Y 軸誤差線格式。在「誤差線格式」窗格中，設定 Y 軸誤差線的「方向」為「負差」，「終點樣式」為「無端點」，指定的誤差量分別為:「正錯誤值」為「={1}」，「負錯誤值」為「= 銷售利潤變化階梯圖 !$B$5:$AA$5」。

第 9 步，檢視階梯圖效果。經過對 X 軸和 Y 軸誤差線的設定，階梯圖基本成型，如圖 9-29 所示。使用者可根據自己的需求，再手動微調圖表大小和其他樣式。

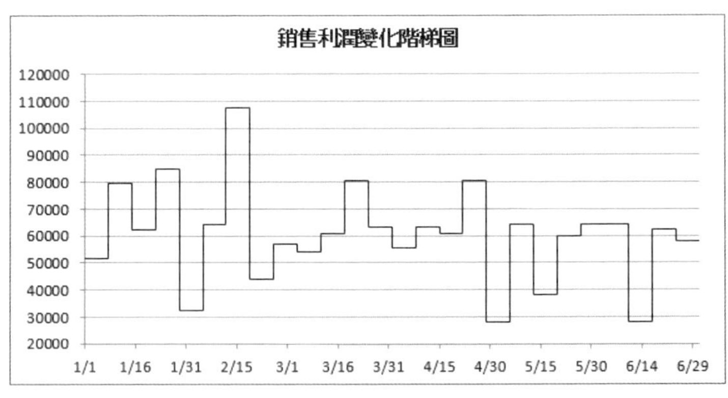

圖 9-29 階梯圖效果

可以看到，最終製作完成的圖表，更加直覺地呈現了上半年的銷售利潤走勢，比常見的折線圖更生動形象，高低起伏也很明顯。這樣一份圖表一定能在主管面前，為你的工作能力加分。讀者也可嘗試利用錄製巨集功能，將第 6 ～ 8 步的手動操作轉換為 VBA 程式碼，新增到完成檔中，達到更加自動化的操作。

Excel VBA 即戰力速成班

作　　者：恒盛杰資訊
譯　　者：吳嘉芳
企劃編輯：莊吳行世
文字編輯：江雅鈴
設計裝幀：張寶莉
發 行 人：廖文良

發 行 所：碁峰資訊股份有限公司
地　　址：台北市南港區三重路 66 號 7 樓之 6
電　　話：(02)2788-2408
傳　　真：(02)8192-4433
網　　站：www.gotop.com.tw
書　　號：ACI028700
版　　次：2017 年 01 月初版
建議售價：NT$380

國家圖書館出版品預行編目資料

Excel VBA 即戰力速成班 / 恒盛杰資訊原著；吳嘉芳譯. -- 初版. -- 臺北市：碁峰資訊, 2017.01
面；　公分
ISBN 978-986-476-290-3(平裝)
1.EXCEL(電腦程式)
312.49E9　　105025152

讀者服務

- 感謝您購買碁峰圖書，如果您對本書的內容或表達上有不清楚的地方或其他建議，請至碁峰網站：「聯絡我們」\「圖書問題」留下您所購買之書籍及問題。（請註明購買書籍之書號及書名，以及問題頁數，以便能儘快為您處理）
http://www.gotop.com.tw

- 售後服務僅限書籍本身內容，若是軟、硬體問題，請您直接與軟體廠商聯絡。

- 若於購買書籍後發現有破損、缺頁、裝訂錯誤之問題，請直接將書寄回更換，並註明您的姓名、連絡電話及地址，將有專人與您連絡補寄商品。

- 歡迎至碁峰購物網
http://shopping.gotop.com.tw
選購所需產品。